PROJECT MANAGEMENT

ITエンジニアのための

プロジェクトマネジメント入門

澤部直太・西山聡・飯尾淳　共著

はじめに

世の中はさまざまなタイプのプロジェクトで溢れています。スポーツイベントの開催や、ビルや橋の建設などがプロジェクトの典型例です。プロジェクトの実施期間も千差万別で、たとえば2020年4月に運用開始した八ッ場ダムなどは、計画されたのが1950年代なので、実に70年弱の歳月をかけた大プロジェクトです。

プロジェクトにはそれぞれに個別の事情があり、またそれに関わる人も異なります。その結果、成功裏に終わるプロジェクトもあれば、失敗して中止に追い込まれたり、計画から大きく遅れたり、大赤字になってしまうものも少なくありません。

そうした失敗をできるだけ少なくするために、過去のプロジェクトから得られた知識を取りまとめたプロジェクトマネジメント手法が開発されました。本書で紹介するPMBOK（Project Management Body of Knowledge）は、国内外で広く利用されるプロジェクトマネジメント手法の代表例です。PMBOKは、1996年に初版が発行されたのち、多くの知見を追加して改定を重ね、現在は2017年に発行された第6版が最新版となっています。

本書では、PMBOK第6版を基本として、PMBOKで説明されているプロジェクトマネジメントの方法を、わかりやすく解説しています。また、主にソフトウェア開発プロジェクトに焦点をあてて、プロジェクトマネジメントに関連するさまざまなトピックスを各章で取り上げています。さらに、各章の終りには演習問題を用意して、本書を通じて学んだ内容の理解度を確認するとともに、プロジェクトマネジメントの知識が確実に身に付くように工夫しました。

本書は、大学の講義教材として使える章節の構成にしています。大学生の方々には、日ごろはなじみのないプロジェクトマネジメントの考え方を、本書を通じて身近に感じてもらえれば幸いです。また、社会人の方々には、特にソフトウェア開発を含むプロジェクトマネジメントに携わる際の入門書として活用できる内容になっています。アジャイル手法を用いたプロジェクトマネジメントについても一部触れていますので、本書を通じてプロジェクトマネジメント手法を実際のプロジェクトに生かすことをお勧めします。

プロジェクトマネジメント手法は、その一部を知っているだけでも、プロジェクトを円滑に進めて、成功裏に終わる確率を高められます。また、日常生活においても、PMBOKが提唱するPDCAサイクルを意識することで、さまざまな失敗を回避することができるようになるでしょう。プロジェクトマネジメントの知識を習得することで、読者の皆さんの人生が豊かになることを願っています。

2020年8月吉日　著者を代表して　澤部 直太

CONTENTS

第 1 章

プロジェクトマネジメント入門

　みなさんは、「プロジェクトマネジメント」という用語に対して、どのような印象をおもちでしょうか。「難しい」「わかりにくい」「面倒くさい」といった、ネガティブなイメージを思い描く方も多いかもしれません。本書では、そうしたイメージのある「プロジェクトマネジメント」について、ソフトウェア開発を題材に、わかりやすく解説していきます。

　本書が想定している読者層は、プロジェクトマネジメントに興味のある大学生以上の方々です。実務経験がない方や、実務経験があってもプロジェクトマネジメント業務に携わったことがない方には、やや難しい内容を扱っている部分もありますが、身近な例とわかりやすい表現で説明しています。プロジェクトマネジメント業務に携わっていない方でも、今後なんらかのプロジェクトにメンバーとして参加するケースは十分考えられます。その場合、プロジェクトマネジメントの進め方を理解した上で参加することをお勧めします。

　また本書では、プロジェクトマネジメントの実務に携わっている方が、体系化されたPMBOK（プロジェクトマネジメントの知識体系。詳細は本章でのちほど説明します）にもとづくプロジェクトマネジメントの考え方を再確認できるように、事例や練習問題を多数用意しました。

1.1 本書の概要

本書は次の15の章で構成されています。

- 第1章　：プロジェクトマネジメントの全体的な概要
- 第2章　：ソフトウェア開発のプロセスについて
- 第3章　：ソフトウェア開発におけるプロジェクトマネジメントについて
- 第4章　：プロジェクトのステークホルダーやライフサイクル、組織構造について
- 第5章　：プロジェクトマネジメントの知識体系を定義するPMBOKの概要
- 第6章　：プロジェクトの立上げ時にとくに重要なスコープ定義について
- 第7章　：プロジェクトの作業をブレークダウンして表現するWBSと、それにかかわる資源計画管理について
- 第8章　：スケジュールの作成と管理の方法
- 第9章　：コストの見積り方法
- 第10章：リスク管理について
- 第11章：プロジェクトにおけるチームの重要性や人材育成のポイント
- 第12章：プロジェクト実施中の実績管理とコントロールの方法
- 第13章：メンバー間や外部とのコミュニケーション管理について
- 第14章：プロジェクト成果物の品質管理の方法
- 第15章：プロジェクトにおける調達管理とプロジェクトを成功裏に終結させるための技術

1.2 プロジェクトとはなにか

プロジェクトマネジメントの各論を紹介する前に、まず、「プロジェクト」とはなにかを考えてみましょう。

1.2.1 プロジェクトがもつ3つの特性

プロジェクトマネジメントの知識体系であるPMBOK（第5章で詳しく説明します）では、プロジェクトを「独自のプロダクト、サービス、所産を創造するために実施する有期の業務である」と定義しています。この定義が示すように、プロジェクトがもつ特性には、次の3つの側面があります。

(1) 独自のプロダクト、サービス、所産

プロジェクトでは、「独自のプロダクト、サービス、所産[1]」を創造することが求められます。つまり、プロジェクトを通じて得られる成果には独自性があり、100のプロジェクトがあれば、100の異なる成果が創造されるということです。同一の製品を製造する「工場建設のプロジェクト」といっても、その工場の規模や生産能力、立地環境など、前提となる条件がそれぞれ異なるため、1つとして同じプロジェクトになることはありません。

なお、プロジェクトは単に成果を出せばよいものではありません。ステークホルダー（プロジェクトに関与するすべての利害関係者を指します。詳細は第4章で説明します）が満足する形で終了させる必要があります。

(2) 有期の業務

プロジェクトは「有期[2]の業務」です。つまり、プロジェクトには期間があり、開始と終了が明確に決まっています。期間が延びることはあっても、終わらないプロジェクトはありません。一方、プロジェクトと対比されるものとして、定常

1　PMBOKの原文はresultです。
2　PMBOKの原文はtemporaryです。

業務があります。定常業務とは、日々繰り返し行われる業務です。簡単な例で比較すると、工場を建設する業務はプロジェクトですが、できあがった工場で製品を製造する業務は定常業務です。

(3) 新たなステージへの移行

プロジェクトを実施することにより得られる成果には、工場、サービス、経営計画、企業システムなど、さまざまなものがあります。これらの成果物に共通していえることは、「新しい」という修飾語をつけて説明できることです。つまり、企業にとってプロジェクトの実施は、得られた成果をベースに新たな定常業務を開始するという、経営上の新しいステージに移行するために実施する助走期間として位置づけられます。

1.2.2 プロジェクトと定常業務の違い

プロジェクトと定常業務の違いを、もう少し詳しく見てみましょう。

プロジェクトの特性には、独自性と有期性があります。一方の定常業務には、企業における「年度」という区切りを考えることがあっても、完了期限は定められていません。清涼飲料水の工場内にある製造ラインで一日中、同一の製品が製造されているのを見ればわかるように、定常業務における成果には独自性はありません。また、企業の経理業務も、成果となる帳簿類の様式が多少異なることがあっても、ほとんどの企業において帳簿類に記載する項目は同一であり、独自性はないといえます。

一方で、プロジェクトと定常業務には共通点もあります。双方とも、与えられた環境（人材や資源、予算の制約や条件を含みます）のもと、人や組織によって実施されるということです。また、プロジェクトでは成果を創造するために、計画、実行、コントロールという管理作業を実施しますが、定常業務においても同様です。たとえば「生産性5%向上」という改善目標が設定された場合、定常業務においても、計画、実行、コントロールという管理作業が行われます。

1.2.3 プロジェクトマネジメントに失敗するとどうなる？

残念ながら、すべてのプロジェクトが計画通りに進むわけではありません。ここでは1つの事例を通じて、プロジェクトマネジメントに失敗するとどうなるのかについて考えてみましょう。ここで取り上げるのは、欠陥マンションを建築してしまった事例です。

【事例】引渡し前に欠陥が見つかり、建て替えとなったマンション

2013年12月東京都内に建設中のマンションで、上下の階をつなぐ配管や配線を通すための貫通孔（スリーブ）が設計図面通りに配置されていないという事態が明らかになりました。このことに気づいた施工業者は、この不備に対処するために不適切な穴あけを実施してしまい、そのことがマンション引き渡しの4か月前に判明しました。あとから穴あけを実施した結果、構造物である鉄筋をいくつか切ってしまっていることもわかりました。このため、販売会社はこのマンションの販売を中止し、契約者には手付金と迷惑料を支払い、売買契約の解除を行いました。また、問題のマンションについては、解体の上、建て替えることも決定されました。

こうした欠陥マンションを建築してしまったことによって生じる主な影響について、ステークホルダー（このマンションに関係する人や組織）別にまとめると、次のようになります。

①販売会社

- 自社の信用低下
- 自社の株価下落
- 社員の士気の低下
- マンションの解体、建て替えに要するコストの増加
- 契約解除に伴う手付金と迷惑料に要するコストの増加
- 新規マンション販売に対する悪影響
- 販売済みのマンションに対する風評被害

②施工会社

- 自社の信用低下
- 自社の株価下落
- 社員の士気の低下
- 販売会社からの賠償請求

・新規受注の喪失
・完成済みの案件に対する風評被害

③マンション購入者

・購入する予定だったマンションに代わる入居先の確保
・入居先の変更に伴う諸手続き（子供の学校、住宅ローン、など）

④近隣住人

・マンションの解体、建て替えに伴う騒音や工事車両による影響の継続

⑤株主

・株価下落に伴う資産の減少

ここに挙げた影響はほんの一例ですが、プロジェクトの失敗はそのプロジェクトに直接関わるメンバーだけでなく、幅広い範囲に影響を与えてしまうことを留意すべきです。

1.2.4 プロジェクトマネジメントで実施すること

では、プロジェクトが失敗しないためには、どのようにマネジメント（管理）すればよいのでしょうか。ここでは、ヒト・モノ・カネ、QCD、そしてリスクの観点から説明します。

(1) ヒト・モノ・カネ

ヒト・モノ・カネは、プロジェクトを実施する上で必要となる資源（リソース）です。

ヒトは、プロジェクト・チームに参加する人材です。対象業務や経験によってスキルの違いがあります。一般にスキルの高い人材は複数のプロジェクトから参加要請が多く、人数にも限りがあるため、費用（月当たりの単価）も高くなります。また、社外のパートナーなどから人材を補充しようとすると、社内の人材よ

りも高額になることが多いでしょう。

モノは、プロジェクトの成果そのものの他、プロジェクトで利用する設備や機器、成果の素材となる物資や材料を指します。モノの需給状況と価格は、その時々の社会情勢によって変化することを理解しておく必要があります。

カネは、ヒトやモノを利用したときに必要となる予算や資金です。

ヒト・モノ・カネが、全体でどれくらい必要となるのかを把握することは重要です。加えて、プロジェクト期間のいつ、もしくはいつまでに、どの程度の量を用意しなければならないのかを明確にしないと、必要なときに利用できず、プロジェクトが遅延する原因となってしまいます。

(2) QCD

QCDは、品質(Quality)、コスト(Cost)、納期(Delivery)を指します。プロジェクトの関係者は、これらが要求水準内に収まった状態でプロジェクトが完了することを望んでいます。このため、プロジェクト・チームにとってQCDを要求水準内に収めることが、プロジェクトを実施する上での制約となります。

一方、品質を高めるための検査要員や納期を守るための開発要員の増員、作業効率のよい開発環境の導入は、コストの増加を招きます。このことからわかるように、QCDの水準を3つ同時に高めるのは不可能です。プロジェクトの遂行にはこうした競合関係にある制約について、バランスを保ちながら解消していくことが求められます。

(3) リスク

プロジェクトの遂行時に最も気を付けなければならないのは、リスク(不確実性)への対応です。プロジェクトのスケジュールは、プロジェクト開始時に想定したシナリオや条件のもとに作成しますが、その通りに進むとは限りません。したがって、プロジェクトの遂行中はシナリオ通りに進んでいるかどうかを常に監視し、シナリオから外れそうなときには対策を打つ必要があります。

たとえば、なんらかのイベントを開催するプロジェクトでは、イベントの参加人数を想定して計画を立てます。プロジェクトの遂行中に想定した人数よりも少なくなりそうであれば、参加人数を増やすための宣伝やプロモーション活動を実施する必要があるでしょう。一方、参加人数が想定より多くなりそうであれば、イベント会場内での参加者の誘導や、必要に応じて入場制限を行うための管理要員を増加するといった対応が求められます。

1.2.5 PMBOK

プロジェクトマネジメントの手法にはいくつかありますが、国内では米国のプロジェクトマネジメント団体であるPMI（Project Management Institute）が発行しているPMBOK（「ピンボック」と読みます）が、標準的な手法として広く認知されています。

PMBOK（Project Management Body Of Knowledge：プロジェクトマネジメント知識体系）は、プロジェクトマネジメントの専門家が業務を通じて培った知識やプラクティス（実践から得られた経験則）を体系的にまとめたものです。PMBOKはほぼ4年に1回改訂が行われ、本書を発行する時点での最新版は、2017年9月に発行された第6版です。

PMBOKについては、第5章で詳しく解説します。

1.3 ソフトウェア開発プロセスとソフトウェア開発方法論

ソフトウェア開発プロセスやソフトウェア開発方法論は、ソフトウェア開発計画や管理手法など、ソフトウェア開発のための手順をまとめた考え方です。

そうした考え方がまとめられる以前のソフトウェア開発プロジェクトでは、一般的なソフトウェア開発プロセスや、各社がソフトウェア開発プロジェクトの経験を通じて策定した独自のソフトウェア開発方法論にもとづいて管理されてきました。しかし1990年代に入ってからは、現在のような形で体系化されたプロジェクトマネジメントの考え方が、ソフトウェア開発プロジェクトに適用されるようになりました。

1.3.1 ソフトウェア開発プロセスが利用される背景

本格的なソフトウェア開発が行われるようになったのは1960年代以降です。ソフトウェア開発を行う中で発生した種々の問題を解決するために、さまざまな試みや提案が実践されました。その結果、ソフトウェア開発プロセスやソフトウェア開発方法論が体系化されました。PMBOKのようなプロジェクトマネジメント手法が導入される以前のソフトウェア開発プロジェクトでは、それまでに体系化されたソフトウェア開発プロセスを通じて、次のような実践的な対応を行ってきました。

- プロジェクト開始前に作業内容を明確にし、正確な見積りを行う
- 品質を確保するために必要なテスト内容を設定する
- ソフトウェア開発に関する属人化を解消する
- 組織にノウハウを蓄積する

PMBOKを通じて提供される考え方は、ソフトウェア開発プロセスやソフトウェア開発方法論と同様です。プロジェクトを通じて得られる知識や知見を、個人のものとしてとどまらせることなく、組織内に蓄積することを目的としています。この結果、組織として成長することが可能となり、プロジェクトを成功裏に終わ

らせる能力が高まります。

PMBOKのようなプロジェクトマネジメントの考え方が定着してきた現在においてもなお、ソフトウェア開発プロセスにもとづいた開発作業が、大半の組織で実施されています。その際、ソフトウェア開発プロセスでカバーできない部分については、PMBOKなどにもとづくプロジェクトマネジメントが実施されます。

1.3.2 共通言語としての共通フレーム

前項でも説明したように、国内の企業が利用しているソフトウェア開発標準は、それぞれの企業が独自に策定した手法で管理されてきました。このため、同じ上流工程のプロセスに対して「基本設計」や「外部設計」のように異なる名称を使っていたり、同じ「詳細設計」という名称を使っていても実施内容が異なったりすることなどがありました。その結果、複数の企業が共同で作業を行う場合や商取引を行う際に名称の定義が異なるため、トラブルが生じるケースがありました。

そうした背景のもと、ソフトウェア開発と関連するあらゆる取引を適正なものとすることを目的として、「共通フレーム2013」というソフトウェア開発に関係する作業項目を定義した文書が作成されました。これは、SLCP（Software Life Cycle Process：ソフトウェアライフサイクルプロセス）の国際規格であるISO/IEC 12207を翻訳した日本産業規格[3]JIS X0160を拡張したものです。現在では共通フレーム2013は、世界中のソフトウェアエンジニアと開発プロセスの話をするための辞書として使われています。

3 JISは「工業標準化法」により、これまで日本工業規格と呼ばれてきましたが、2019年7月の工業標準化法の改正によりJISの対象範囲が広がったことに伴い、日本産業規格に名称が変更されました。

1.4 演習

第1章では、プロジェクトとはなにか、また、その性質や定常業務との違いやプロジェクトマネジメントの必要性などについて学びました。それらを踏まえて本節で演習を行い、知識を確実に身につけていきましょう。

本書では各章の最後に、その章で学んだことを確認するための演習問題を用意しています。

1.4.1 プロジェクトの事例を探そう

私たちの生活を改めて振り返ってみると、意外と「プロジェクト」と呼べるような活動を見つけることができます。まずは、あなたの身近にあるプロジェクトの事例を探してみましょう。

仕事がプロジェクトそのものであることも多いでしょう。大学生であっても、学生生活の中にいくつもプロジェクトは転がっているはずです。たとえば、「大学祭で模擬店を出す」のも立派なプロジェクトです。なぜなら、そのようなイベントは定常的に行うものではなく、始まりと終わりがあり、独自のサービスを提供するものだからです。

「これはプロジェクトだ！」とあなたが思える例を見つけたら、紙に書き出して整理します。そして、そのプロジェクトの特徴について、**表1.1**のプロジェクト事例シートに書き込んでみましょう。

表1.1　プロジェクト事例シート

プロジェクト事例		
プロジェクトと考えられる理由	有期性	
	独自の成果	
	段階的詳細化[4]	

4　段階的詳細化とは、最初は大まかに計画を立てておき、状況が明確になった時点で具体的な計画に落とし込む手法です。第5章で詳しく説明します。

例題：建築物の建造プロジェクト

図1.1　高速道路に建設中の新しい入口

図1.1は、首都高速道路3号線下り方向に新しく設置された渋谷入口の建設途中の様子です。この新しい入口を建設するという作業は、プロジェクトと考えてよいでしょう。その理由を**表1.2**にまとめました。

この例はやや大掛かりなものですが、もう少し生活に密着したもののほうが見つけやすいかもしれません。

表1.2　プロジェクト事例シートの記入例

プロジェクト事例		高速道路に新しい入口を建設するプロジェクト
プロジェクトと考えられる理由	有期性	着工から竣工まで期限が明確に決められている。竣工したら運用フェーズに入り、供用される。
	独自の成果	高速道路に入口は多数存在するが、今回の地形、道路線形に適合させた形の入口は他には存在しないため、この場所に新しく建設された入口は独自の成果物と考えられる。
	段階的詳細化	着工時点では完成までの詳細計画が定められておらず、平成30年度内の完成が予定されていたが、当初の計画では間に合わず、およそ1年間の工期が延期された。

1.4.2 開発プロセスの特徴を理解しよう

ソフトウェア開発プロセスとは、ソフトウェアを作り上げる（開発する）ための手順、プロセスのことです。一般に開発プロセスといえば、なにかを開発する手順をまとめたものと考えてよいでしょう（詳しくは次章で説明します）。

なにかを作り上げるという作業の概要を理解するために、まずは、最も身近ななにかを「作り上げること」、たとえば、料理の手順に注目してみましょう。作る料理のメニューはなんでも構いません。カレーでも、野菜炒めでも、炊き込みご飯でも、あなたの好きな料理を想像してください。目玉焼きのような簡単なものよりも、多少は手が込んだ料理のほうがよいでしょう。料理を作るためのレシピを整理すると、それは開発プロセスと同じようなものになるはずです。

まずは、必要な材料を揃えるところからはじめましょう。材料が冷蔵庫の中にあるかを確認し、不足する材料があればスーパーマーケットに買い出しに行かなければなりません。調味料の過不足も確認しておく必要があるでしょう。

材料が揃ったら、食品の加工を進めていきます。野菜や肉は細かく切りましょう。魚を使うのであれば、内臓や鱗を落として3枚におろすような下準備が必要です。一通り下準備が終わったら、火を使って焼いたり炒めたり、あるいは、料理によっては混ぜたり和えたりする手順に移ります。

このように、料理をする手順を部分部分にまとめると、具体的なレシピの完成です。以下では料理を作るといった身近な事例を題材として、開発プロセス（のようなもの）を考えてみました。それぞれの段階で、なにをチェックしなければならないのか（過不足なく材料が用意されているか、味は整っているか、など）も考えて、**表1.3**のシートに必要事項を記入していきましょう。それぞれの手順には、名前を付けてわかりやすく表現してください。

表 1.3　開発プロセス記述シート

つくるもの		
手順	手順の詳細	チェック項目
手順1 「　　　　　　　」		
手順2 「　　　　　　　」		
手順3 「　　　　　　　」		

なお、本演習の応用例として、料理以外の「身近な開発」を考えて、同じように作業手順を整理してみてください。

1.4.3 失敗の原因を考えてみよう

たいへん残念なことに、世の中には失敗に終わるプロジェクトは数多く存在します。日経ビジネスが実施した2018年の調査[5]によれば、情報システム開発のプロジェクトに関して、その成功率は52.8%（回答者数1201件、プロジェクト件数1745件）だったそうです。ということは、半分弱のプロジェクトが失敗しているともいえます。これは恐ろしい割合です。なお、2003年の調査ではそもそも成功率が26.7%（回答者数1746件）だったそうなので、成功率が上がっているとはいえ、それでも半分が失敗するというのは、まだ改善の余地が十分にあるということが示唆されます。

情報システム開発のプロジェクトではありませんが、さきほど紹介した首都高速の新しい入口の建設プロジェクトも、定められた納期が守られなかった（表1.2に言及しているように、本来は平成30年度の供用開始予定でしたが、およそ1年の工期延長となりました）ため、いまのところは「失敗」したプロジェクトとして考えてよいかもしれません。

さて、工期が1年も延びてしまったことを失敗と捉えたとき、その失敗はなにが原因だったのでしょうか。もちろん、実際にはいろいろと複合的な要素が絡まって工期が延びてしまったのでしょう。ここでは、考えられる原因をいくつか列挙してみます。なお、実際の原因はわからないため、公共工事が延長されるケースの一般論も踏まえて考えてみます。

- 2020年の東京オリンピックに向けた建設工事ラッシュで、必要な資材や人員の手配が難しくなったため
- この入口は坂道にかかっており、高架部分を構築すると共に一部の土地を削る必要があった。掘削を進めていたら予想以上に複雑な地中構造物が存在し、その撤去や回避に手間がかかったため

5　谷島宣之、『プロジェクト失敗の理由、15年前から変わらず』日経ビジネス電子版、経営の情識、2018年3月8日
https://business.nikkei.com/atcl/opinion/15/100753/030700005/（2019年8月13日参照）

・工事を進める上で、仮土壌置き場の位置などについて近隣住民と新たな調整が必要になり、その対応に追われてしまったため

このように、プロジェクトはどうしても開始の段階で完璧な計画を立てることができないため[6]、失敗のリスクはいつでもつきまといます。そのために、適切なプロジェクトマネジメントが必要になってくるのです。

インターネット上には、プロジェクトの失敗事例が数多く紹介されています。興味深い失敗事例を見つけたら、その原因を想定して、上の例のように書き出してみましょう。また、もし可能であれば、その失敗を防ぐにはどうしたらよかったのか、失敗の原因に対する対策も考えてみましょう。

データベースに記録されている内容が若干古いという点が残念ですが、失敗学会が提供している「失敗知識データベース」[7]も参考になるかもしれません。また、同学会では「失敗年鑑」も公開しており、失敗事例に関して原因と対策についての考察にも触れています。これらの情報も参考にしてください。

6 それがプロジェクトの特徴でもあるわけなので。
7 http://www.shippai.org/fkd/index.php

第2章

ソフトウェア開発プロセス

世界で最初の商用コンピュータが納入されたのは1951年でした。初期のコンピュータは、10進演算が主体の事務処理用と、浮動小数点演算が主体の科学技術計算用の2種類があり、それぞれ用途別の専用機として提供されていました。当時それらのコンピュータ上では、事務処理であれば給与計算や売上高の集計計算などを、科学技術計算であれば機器設計の数値データ解析などを行うソフトウェアが開発されていました。

1964年にIBMが発表したSystem 360[1]は、事務処理と科学技術計算の両方を扱える最初のコンピュータだったので、「汎用機」と呼ばれるようになりました。専用機だったコンピュータが汎用機となったことで、コンピュータの用途は広がり、開発されるソフトウェアの数も増加し、処理内容も複雑化していきました。その結果、コンピュータの価格が劇的に低下する一方で、ソフトウェアの開発費用は急激に上昇しました。

そのような中、1968年11月にドイツのGarmischにて、ソフトウェア工学会議が開催されました。この会議は、ソフトウェア開発で次のような課題が頻発していることから、その解決策を見出すために開催されたものでした。

・開発されたソフトウェアの品質が悪い（仕様通りのソフトウェアが開発されない）

1　360は、円の全周の角度が360度であることから採られたものです。

・開発スケジュールが遅れる
・開発費用が予算内に収まらない

この会議では、上記の課題を総称する「ソフトウェア危機（software crisis）」に対する問題意識について議論が行われた他、ソフトウェア開発に工学的なアプローチを導入するための枠組みとして、「ソフトウェア工学（software engineering）」についての意見交換が行われました。

ソフトウェア開発を工学的にとらえるという観点から、ソフトウェア開発の流れをいくつかのプロセスに分けて管理しようという考え方が、「ソフトウェア開発プロセス」です。

ソフトウェア開発プロセスは、次の7つの代表的なフェーズ（段階）で構成されています。それぞれのフェーズは次節以降で説明します。

・要件定義
・基本設計
・詳細設計
・コード作成
・単体テスト
・結合テスト
・システムテスト

ソフトウェア開発プロセスでは、これらのフェーズごとにスケジュールや予算、品質を管理することによって、ソフトウェア開発全体を当初の想定通りに進めようとします。

ソフトウェア開発プロセスの考え方をさらに拡大して、企画から廃棄までのライフサイクル（企画、開発、運用、保守、廃棄）を通してソフトウェアを管理するという考え方もあります。この考え方をSLCP（Software Life Cycle Process）と呼びます。SLCPについては、本章の最後で解説します。

2.1 ソフトウェア開発プロセス

1968年のソフトウェア工学会議に前後して、高品質のソフトウェアを高い生産性で開発できるようにするために、ソフトウェア開発の工程をいくつかのフェーズに分けてモデル化しようというアイデアが生まれました。これがソフトウェア開発プロセスです。

ソフトウェア開発プロセスとして最初に紹介されたのは、「ウォーターフォールモデル[2]」でした。ウォーターフォールモデルは、1970年代の登場から長年にわたって利用されてきましたが、近年ではさまざまな課題も指摘されています。ソフトウェアの開発技術や開発環境の進化に伴い、新しいソフトウェア開発プロセスが提案されるようになりました。

ここでは、ソフトウェア開発プロセスについて、ウォーターフォールモデルの利点と欠点を明らかにするとともに、新しいソフトウェア開発プロセスについても説明します。

2.1.1 ウォーターフォールモデル

ウォーターフォールとは「滝」のことです。ウォーターフォールモデルは、**図2.1**に示すように、「要件定義」「基本設計」「詳細設計」「コード作成」「単体テスト」「結合テスト」「システムテスト」という7つのフェーズから構成されます。それらのフェーズが順番に進められることから、「滝の水が上から下に流れていく」様子に結び付けられて名付けられました。なお、ウォーターフォールモデルで示される開発プロセスの構成要素は、これら7つのフェーズに固定されているわけではありません。参照する資料によっては、フェーズの名称や数が変わることがあります。しかし、基本的な考え方は同じとして差し支えありません。

2　ウォーターフォールモデルは、Winston W. Royceによって1970年に考案されたものと長年いわれてきましたが、近年、それは誤りであることが指摘されています。
参考文献：小椋俊秀『ウォーターフォールモデルの起源に関する考察：ウォーターフォールに関する誤解を解く』、商學討究 64 (1)、105-135、2013-07、小樽商科大学

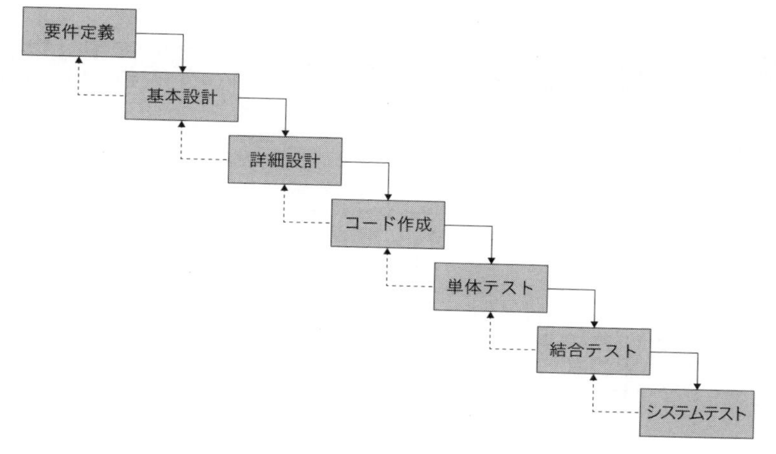

図2.1　ウォーターフォールモデル

ウォーターフォールモデルは、直前のフェーズで作られた成果物の内容にもとづいて作業を実施します。そしてそのフェーズの成果物を作成して、次のフェーズに渡します。建設業や製造業における作業の流れとの親和性もあり、わかりやすいモデルとなっています。図2.1では各フェーズから戻る点線の矢印も示しています。これは、それぞれのフェーズで問題や不具合が発生したときに、直前のフェーズに戻って再作業（手戻り作業）を行うことを意味しています。

ウォーターフォールモデルの各フェーズで行われる作業内容と成果物を**表2.1**に示します。

(1) ウォーターフォールモデルとV&V

ウォーターフォールモデルは、上から下へ流れるモデルとして説明しましたが、**図2.2**の示す「V字モデル」と呼ぶV字型の図を用いることで、フェーズ間の関係を明確にすることができます。ここで考える関係がV&V（Verification and Validation：検証と妥当性確認）です。Verification（検証）とは、要求通りに成果物が作成されているかを確認することを指します。一方、Validation（妥当性確認）とは、最終的な成果物が本来求められていた要求事項を実現しているかを確認することを指します。

表 2.1　ウォーターフォールモデルの各フェーズの作業内容と成果物

フェーズ	作業内容	成果物
要件定義	開発するソフトウェアに求める機能や条件を要件として定義する。定義した要件に間違いがあったり、曖昧な内容になっていると、以降に続くフェーズ全体に影響を与える。	要件定義書 システムテスト仕様書
基本設計	要件定義書にもとづき、ソフトウェアの実現方式を定義する。ソフトウェアの構造について、ソフトウェアを構成するコンポーネントレベルの関係で定義する。データベースを利用する場合は、データベースの最上位の設計もこの段階で行う。	基本設計書 外部仕様書 結合テスト仕様書
詳細設計	基本設計で定義された内容にもとづき、開発するソフトウェアの詳細な内容を定義する。具体的には、ソフトウェアコンポーネント、ソフトウェアコンポーネント間のインタフェース、およびデータベースについて詳細な設計を行う。	インタフェース設計書 データベース設計書 内部仕様書 単体テスト仕様書
コード作成	詳細設計で定義された設計書や内部仕様書に従って、ソフトウェアとデータベースを実現（コーディング）する。	ソフトウェア
単体テスト	コーディングされたソフトウェアがそれぞれ単独で正しく動作するかどうかを確認する。	単体テスト結果
結合テスト	ソフトウェアをソフトウェアコンポーネントに組み合わせた状態で動作することを確認する。また、ソフトウェアコンポーネントからデータベースが正しく参照できるかどうかについても確認する。	結合テスト結果
システムテスト	開発したすべてのソフトウェア、およびデータベースを統合したソフトウェア全体（システム）が、要件定義書に記載されている通りに動作するかどうかを確認する。システムテストに合格したソフトウェアは、実環境で使用される。	システムテスト結果

ウォーターフォールモデルをV字モデルで表すことにより、要件定義の内容を確認するのがシステムテスト、基本設計の内容を確認するのが結合テスト、詳細設計の内容を確認するのが単体テスト、という関係が明確になります。

ウォーターフォールモデルはフェーズを上から順番に進めていきますが、検証

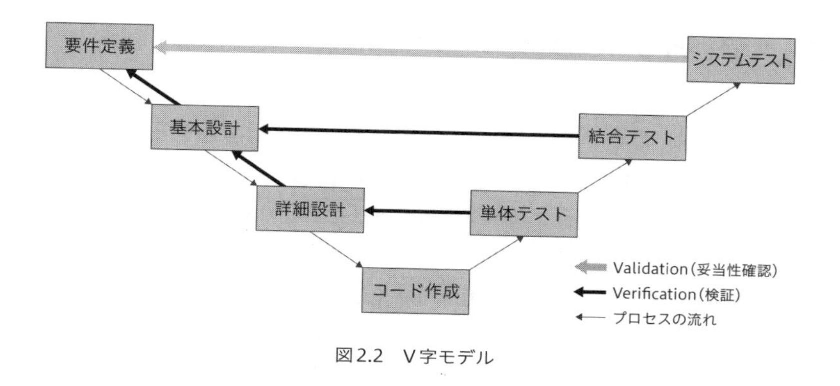

図2.2　V字モデル

や妥当性確認の作業で不具合があることがわかった場合にはどうなるでしょうか。不具合が見つかると、その原因がどこで入り込んだのかを、フェーズをさかのぼって確認する必要があります。たとえば結合テストで不具合が見つかったとすると、次のような確認の流れになります。

① 単体テストは、適切に実施されたか
② コード作成は、詳細設計で定義された内容に従って実施されているか
③ 詳細設計は、基本設計で定義された内容に従って実施されているか
④ 基本設計は、要件定義で定義された内容に従って実施されているか

このようにウォーターフォールモデルでは、ソフトウェア開発の初期段階で混入した不具合の原因を認識できるのが、開発作業の終盤になってしまいます。その結果、その不具合の修正を実施するにはかなりの手戻り作業が発生します。手戻りの発生は、納期の遅れや開発費用の増大につながるため、できるだけ避ける必要があります。こうした手戻りを防ぐためには、要件定義を完璧に行い、その内容を下流工程[3]の作業に確実に反映していくことが求められます。しかしながら、完璧な要件定義を行うことは事実上不可能です。この点がウォーターフォールモデルの限界として認識されています。

3　ウォーターフォールモデルに合わせ、要件定義や基本設計などの初期のフェーズを「上流工程」、それに続くフェーズを「下流工程」と呼びます。

2.1.2 スパイラルモデル

手戻りの発生など、ウォーターフォールモデルの弱点を補うために提案されたのが、「スパイラルモデル」です。スパイラルモデルは、開発するソフトウェアを実現すべき機能群で分割します。そして**図2.3**に示すように、分割した単位ごとに要件定義、設計、開発、テストを繰り返し行っていくものです。把握しにくいソフトウェア全体の要求内容を細分化することで的確にその内容を把握し、手戻りが発生したとしてもその影響度を小さくしようというアプローチです。なお、スパイラルモデルについても、最初のサイクルを回す際はウォーターフォールモデルと同様に、要件定義が不十分なものになりがちという問題点が指摘されています。

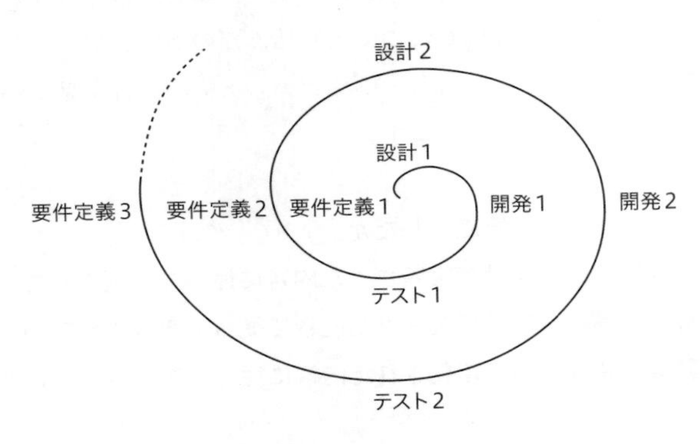

図2.3　スパイラルモデル

では次に、スパイラルモデルでは、どのような観点でソフトウェアを機能群に分割するのかを考えてみましょう。主な分割方法には、重要度や優先度にもとづいてサブモジュールに分割する方法と、独立な機能群に分割する方法の2つがあります。

前者の場合、スパイラルが回るにつれて、重要度や優先度が高いサブモジュールから順番に実現されます。この開発方法を「イテラティブ（iterative）開発」と呼びます（**図2.4 (a)**）。

後者の場合、スパイラルが回るにつれて独立した機能が順次実現されます。この開発方法を「インクリメンタル（incremental）開発」と呼びます（**図2.4 (b)**）。

また、イテラティブ開発とインクリメンタル開発を合わせて「反復型開発」と呼びます。

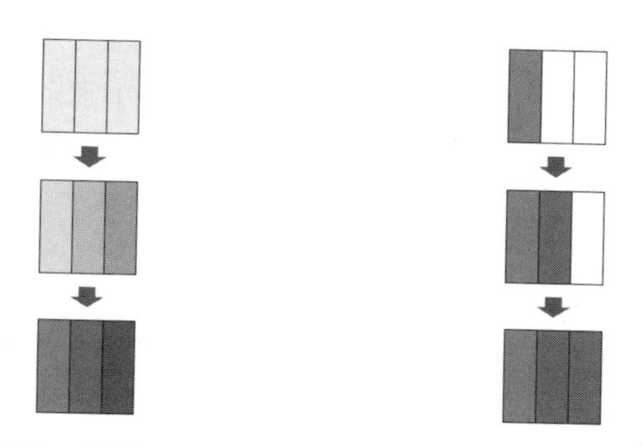

(a) イテラティブ開発のイメージ　　(b) インクリメンタル開発のイメージ

図2.4　イテラティブ開発とインクリメンタル開発

2.1.3 アジャイル開発

スパイラルモデルと同じようなアイデアにもとづいて考案されたのが「アジャイル開発」です。アジャイル（agile）とは、「機敏な」「敏捷な」という意味の英語です。稼働するソフトウェアを素早く実現することを目的としたソフトウェア開発プロセスとして、2000年以降注目を浴びるようになりました。

(1) アジャイル開発の概要

アジャイル開発はスパイラル開発と同様に、要件定義、設計、開発、テストのサイクルを繰り返すことで、ソフトウェア開発におけるリスクを軽減します。スパイラル開発との違いは、1回のサイクルが1週間から4週間程度と極めて短いこと、また、1回のサイクルが終了したときに提供されるソフトウェアが稼働可能なものであることです。そのため、各サイクルが終了するたびに、提供されるソフトウェアの機能がアップデートされていきます。

ウォーターフォールモデルが開発計画に変更が生じた際に融通がきかなかった

のに対して、アジャイル開発では1回のサイクルが短いため、開発チームを取り巻く状況に応じて開発順序の変更などに柔軟に対応できます[4]。また、アジャイル開発では、開発者と顧客（ユーザー）とのコミュニケーションを重視しています。繰り返し実施される各サイクルの終了時には、顧客によるソフトウェアのレビューが必ず実施されます。逆のいい方をすると、顧客は開発者とともに各サイクルに積極的に関与し、できあがるソフトウェアの品質に責任をもちます。

(2) アジャイル開発のプラクティス

アジャイル開発では、そこで使用する手法を実践するための指針として、「プラクティス（実践的な方法）」が用意されています。独立行政法人情報処理推進機構（以下、IPA）が2013年3月に公開した「アジャイル型開発プラクティス・リファレンスガイド[5]」では、アジャイル開発のプラクティスを次の3つの分類で紹介しています。

① プロセス・プロダクト
　アジャイル開発のプロセスや開発するプロダクトに関するもの
② 技術・ツール
　設計、開発、保守を行う際の技術やツールに関するもの
③ チーム運営・組織・チーム環境
　アジャイルチームの運営や組織内のコミュニケーションに関するもの

プラクティスは、アジャイル開発を推進するためにまとめられたものですが、チーム運営や組織に関するものは、アジャイル開発に限らず従来型のソフトウェア開発のチーム運営でも活用できます。

(3) アジャイル開発の適用分野

アジャイル開発は説明した通り、1週間～4週間と短い期間で実際に稼働する

4　第5章で説明するPMBOKでは、アジャイル開発に対応するライフサイクルを「適応型ライフサイクル（Adaptive Life Cycle）」と呼んでいます。
5　https://www.ipa.go.jp/files/000030082.pdf

ソフトウェアの開発を積み重ねていきます。そのため、Webアプリケーションなどの小規模ソフトウェア開発に適用されることが多く、大規模ソフトウェア開発には不向きとされてきました。短期間でサイクルを回すためには、ソフトウェアモジュールが疎結合で接続されている必要があるからです。

たとえば、2つのソフトウェアモジュール（A、B）のデータの受け渡しについて考えてみましょう。この場合、AとBが相互にデータをやり取りするケース（ソフトウェアが「密結合」であるといいます）と、Bからの要求に応じて、AからBにだけデータが受け渡されるケース（ソフトウェアが「疎結合」であるといいます）の2つが考えられます（**図2.5**）。ソフトウェアモジュールBを開発する際、前者（密結合）ではソフトウェアモジュールA、Bの双方について（AがBから受け取ったデータが正しいか、およびBがAから受け取ったデータを正しく処理できているか）テストを行う必要があります。一方、後者（疎結合）では、BがAから受け取ったデータを正しく処理できているかについてのみ確認すればよいことになり、Bでの処理内容に変更があっても、Aの処理に影響を与えないことになります。つまり、Bの実現方法はAとは独立しているため、疎結合のソフトウェアの方がアジャイル開発に向いていることがわかります。

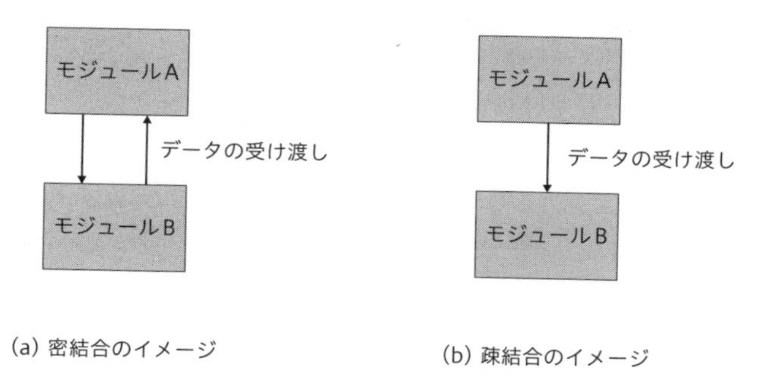

図2.5　密結合と疎結合

大規模ソフトウェア（とくに、過去に作られたもの）では、データ処理の効率を優先して対象業務全体を1つのシステムとして組み上げています。そのため、結果的に密結合を多用したソフトウェアになっており、アジャイル開発が適用しにくくなっています。しかし、既存の大規模ソフトウェアを再構築する際、疎結合となるようにソフトウェア構造を再設計すれば、大規模ソフトウェアであってもアジャイル開発手法を適用できる可能性があります。

(4) アジャイル開発手法の例

アジャイル開発手法の代表例として、国内および米国のソフトウェア開発で広く採用されているScrum（スクラム）とXP（エックスピー）（eXtreme Programming）を紹介します。

① Scrum

Scrumは、1990年代の前半にKen SchwaberとJeff Sutherlandがそれぞれ独自に実施していたソフトウェア開発のやり方を統合したものです[6]（**図2.6**）。

次に、Scrumに登場する代表的な用語とプラクティスを示します。

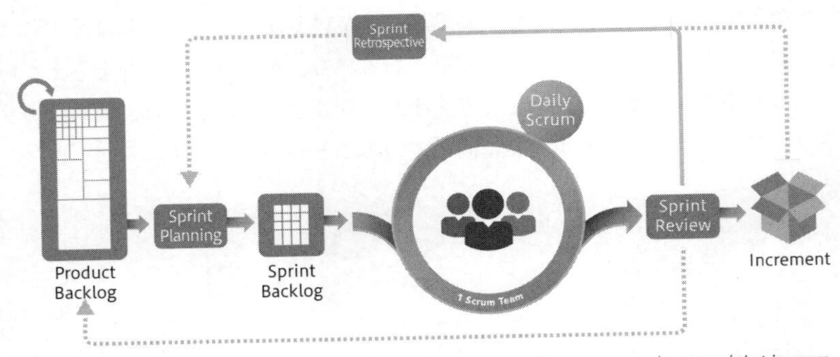

（出典）Scrum.org, https://www.scrum.org/resources/what-is-scrum

図2.6　Scrumのフレームワーク

・スクラムチーム

ソフトウェア開発を担当するチームの名称で、プロダクトオーナー、スクラムマスター、開発チームで構成されます。

開発チームは10名以内で構成するのが適切とされています。

・プロダクトオーナー

開発するソフトウェア（プロダクト）に対して責任を負います。プロダクト

6　Ken Schwaber, Jeff Sutherland. "The Scrum Guide". Scrum.org. https://www.scrum.org/resources/scrum-guide

オーナーから提示されるソフトウェアに対する要求は、プロダクトバックログとしてまとめられます。

・スクラムマスター

開発チームがScrumの方法論にもとづいてアジャイル開発を進めるために支援します。加えて、開発チームとプロダクトオーナーの間に立ち、プロジェクトの調整役となります。

・スプリント

ソフトウェア開発を行う際の1回のサイクル（1～4週間の期間）のことです。スクラムマスターの下で、開発チームにより開発作業が進められます。

プロダクトバックログの登録内容にもとづいて、各スプリントで実現すべき内容がスプリント計画（Sprint Planning）で検討され、スプリントバックログに登録されます。

各スプリントでは、スプリントバックログに登録されているどの項目を誰が担当するのかを、毎日15分間開催されるデイリースクラムで決定します。

スプリントが終了した段階でスクラムチーム全員が集まり、開発された成果の増分（increment）に対するレビューを実施します。そして、顧客に対して提供（リリース）できるものになっているかどうかを判断します。これをスプリントレビューと呼びます。

また、スプリント終了時点では、そのスプリントをどのように実施できたかを振り返り、スプリントチームとしての成長を確認するスプリントレトロスペクティブ（スプリント振り返り）も実施します。

これらの作業が終了したあと、新しいスプリントが開始されます。

② XP（eXtreme Programming）

XPは、Kent Beckによって1999年に発表されたアジャイル開発手法です。XPは、プロジェクトで管理すべき対象は実施すべき作業の管理ではなく、変更を伴う要件を管理することで動作するソフトウェアを顧客に提供し続けること、という考え方にもとづいています。XPの実施にあたっては、**表2.2**に示す5つの価値にもとづいて、よりよい成果を導くことが求められています。またこれらの5つの価値の下、**表2.3**に示す12のプラクティスが提示されています[7]。

7　ここに示したプラクティスはXPが発表された時点のものです。現在は、プラクティスの追加や変更が行われています。

表 2.2 XP の 5 つの価値

簡潔さ (simplicity)	必要なこと、求められることだけを実施する。
コミュニケーション (communication)	日々、対面でのコミュニケーションを実施する。
フィードバック (feedback)	提供したソフトウェアに対するコメントをしっかり聞き取り、その内容を次の成果に反映させる。
尊敬 (respect)	チーム・メンバー、顧客、経営層は、相互に尊重しあう。
勇気 (courage)	自分たちが実施している内容、提供した成果について、（勇気をもって）自信をもつ。

2.1.4 DevOps

これまでのソフトウェア開発では、テストが終了して完成したソフトウェアは、実環境上でのテストを含む導入作業を経て、実運用に入りました。つまり、ソフトウェアの開発と運用は独立していて、連携していませんでした。たとえば銀行で新システムが導入されて切り替わる際、ATMが使えなくて困った経験をされた方もいるかもしれません。これは、新しく開発したソフトウェアを実環境へ移行するのに時間がかかることによるものです。

21世紀になり、クラウド環境の登場やインターネットの高速化など、ICT（Information Communication Technology：情報通信技術）を取り巻くインフラ環境が変化してきました。加えてAIやIoTなど、アプリケーションの基盤となる技術も大きく変化し、ビジネスのあらゆる面で市場投入までの時間を短くすることが求められるようになってきました。このような中、開発（development）と運用（operation）が密接に連携することで、不具合の修正や新機能の導入などが迅速に、かつ柔軟に対応できる、DevOps（デブオプス）という考え方が生まれました。

DevOpsを実現するポイントは、運用環境で稼働しているソフトウェアに対する改善要求を素早く開発側に伝えて、開発側でもソフトウェア改善を素早く行い、運用環境にリリースすることです。こうしたソフトウェア改善のサイクルを実現するためには、アジャイル開発を取り入れるなどの組織風土の改革と、DevOps

表 2.3　XP の 12 のプラクティス

計画ゲーム	顧客の要求とそれに対する開発者が作業内容の見積りについて折衝を行い、双方が納得する形で次のリリース内容を決定する。
小規模リリース	必要最小限の機能セットから開始し、短期間でのリリースを繰り返す。
システムメタファ	ソフトウェアの構造を比喩（メタファ）で表現することで、参加メンバーの理解を促進する。
シンプルデザイン	できる限り簡潔な設計内容となることを目指す。
テスティング	開発者が実施する単体テストと、顧客が実施する機能テストがある。いずれのテストも、開発前にそのテスト内容を決める必要がある。
リファクタリング	作成したコードの見直しを行い、機能を変更することなく冗長な部分を取り除く。
ペアプログラミング	2人で1台のマシンを使って、コード作成を行う。
コードの共同所有権	個人のコードは存在しない。登録されているコードについて、誰もがいつでも修正や追加を行うことができる。
継続的インテグレーション	単体テストが終了したコード（の集合）は、都度、インテグレーション（ビルド）し、顧客に提供可能な状態にしておく。
週40時間	1週間の労働時間は40時間。
オンサイト顧客	開発者からの質問に対してその場で回答できるように、顧客も開発チームに参加する。
コーディング標準	コーディング標準に従って、コードを作成する。均質なコードが書かれれば、リファクタリングの際の効率が上がる。誰が作成したコードかわからなくなるのが理想的である。

を支える開発環境、運用環境の整備が欠かせません。DevOpsを支える開発環境や運用環境に求められる事項には、**表2.4**に挙げる要件や機能が考えられます。

表 2.4　DevOps を支える開発環境や運用環境に求められる要件や機能

開発環境に求められる要件や機能
・新規機能、あるいは既存機能に関する変更要求への対応状況の管理 ・個別のプログラムのバージョン管理とプログラム、およびプログラムモジュール全体としてのコンフィギュレーション・マネジメント（構成管理） ・コンフィギュレーション・マネジメントの情報を参照して、プログラムおよびプログラムモジュールを統合する機能 ・プログラムおよびプログラムモジュール全体に関するテストの実施状況とその結果の管理
運用環境に求められる要件や機能
・統合されたソフトウェアを実環境に配置し、実運用を行うための条件が整っていることを確認する機能 ・現在稼働しているソフトウェアから、新たに配置されたソフトウェアに稼働を切り換える機能 ・稼働しているソフトウェアの稼働状況をモニタリングする機能 ・稼働しているソフトウェアに対する運用側の改善要求を登録・管理する機能

2.2 SLCP（ソフトウェアライフサイクルプロセス）と共通フレーム2013

ソフトウェアに関連するプロセスには、ソフトウェア開発プロセス以外にも、開発作業に入る前に開発内容を検討する「企画プロセス」があります。また、開発作業が終わったあとには、「運用プロセス」や「保守プロセス」があります。さらに、新しいソフトウェアと置き換えられて不要になった際には、「廃棄プロセス」があります。これらすべてを合わせて、「ソフトウェアライフサイクル」と呼びます。ソフトウェアライフサイクルは、SLCP（Software Life Cycle Process）として、国際規格ISO/IEC 12207が制定されています。日本では、それを翻訳したものが日本産業規格JIS X0160となって活用されています。ここではSLCPと、SLCPにもとづいて作成された「共通フレーム2013」について説明します。

2.2.1 SLCPの背景

ソフトウェアに対するニーズが高まった1960年代後半にソフトウェア工学会議が開催され、ソフトウェアの品質について議論されたことは、この章の最初で説明しました。品質管理の世界には、「品質は製造段階から作り込むものである」という考え方があります。そのため、製造段階がどのようなプロセスから構成され、それぞれのプロセスでなにを実施するのかを明らかにしておく必要があります。

SLCPは、ソフトウェアを含むシステム開発を行う組織が、システム開発のプロセスを構築し、品質管理の体制を整備する際に指針とすべき内容をまとめたものです。システムとは、ハードウェアとソフトウェアが一体となったものを指します。たとえば家電製品であれば、クーラーや洗濯機などのハードウェアの開発と、その動作を制御する組込みソフトウェアの開発を合わせたものが、システム開発となります。SLCPの日本語訳であるJIS X0160：2012[8]では、ソフトウェアライフサイクルプロセスとして、**表2.5**の7つのプロセスが定義されています。

8　2012年版のJIS X0160という意味です。

2

ソフトウェア開発プロセス

表 2.5　SLCP で定義された 7 つのプロセス

合意プロセス	システム、あるいはソフトウェアに関する製品やサービスを取得する組織と、供給する組織との間で合意を確立するためのアクティビティ（作業）を定義。
組織のプロジェクトイネーブリングプロセス	プロジェクトの開始、支援、および制御によって、製品やサービスを取得する組織と、供給する組織の能力を管理するプロセス。
プロジェクトプロセス	プロジェクトマネジメントとプロジェクト支援の両方の視点からプロジェクトに関わるプロセス。
テクニカルプロセス	ステークホルダー（利害関係者）の要求事項定義、システム要求事項分析、システム基本設計、実装、システム結合、システム適格性確認テスト、ソフトウェア導入、ソフトウェア受入れ支援、ソフトウェア運用、ソフトウェア保守、ソフトウェア廃棄といったシステム、あるいはソフトウェアのライフサイクルに関連する技術的なプロセス。
ソフトウェア実装プロセス	ソフトウェアの実装に関するプロセスで、ソフトウェア要求事項分析、ソフトウェア基本設計、ソフトウェア詳細設計、ソフトウェア構築、ソフトウェア結合、ソフトウェア適格性確認テスト、といったプロセスから構成される。
ソフトウェア支援プロセス	ソフトウェア開発を成功に導き、品質を高める、ソフトウェア文書化管理、ソフトウェア構成管理、ソフトウェア品質保証、ソフトウェア検証、ソフトウェア妥当性確認、ソフトウェアレビュー、ソフトウェア監査、ソフトウェア問題解決、といったプロセスから構成される。
ソフトウェア再利用プロセス	他のプロジェクトで開発されたソフトウェアの構成要素を再利用することを支援するプロセス。

2.2.2 共通フレーム2013

ソフトウェア開発を行う組織は、開発作業を行う前に自組織のソフトウェアライフサイクルを定義し、それぞれのプロセスで、なにをどのように実施するのかを開発標準として定めます。まさにこれから開発標準を作成しようという組織は、SLCPの国際規格であるISO/IEC 12207（JIS X0160）をひな型にして作成することができます。そして、国際規格にもとづいて作られた開発標準では、その中で使われているプロセスの区分や用語などは、ISO/IEC 12207（JIS X0160）に準拠した内容になります。その場合、異なる組織からメンバーが集まってソフトウェア開発を行うことになっても、プロセスや用語の意味を取り違えるような問題は生じないはずです。

ところが残念なことに、実際には様子が異なります。**表2.6**は、ソフトウェア開発を行っている国内企業の開発標準から取り出したソフトウェア開発プロセスの例です。各社で使われている用語が大きく異なっており、大まかな対応関係はわかるものの、詳細な内容を含めた対応を関連付けることはできません。

表 2.6　国内企業のソフトウェア開発プロセスの例

A社	B社	C社
企画	システム化計画	システム企画
基本設計	システム要件定義	要件定義
詳細設計	ユーザーインタフェース設計	外部設計
製造	システム構造設計	基本設計
テスト	プログラム構造設計	機能設計
運用準備・移行	プログラミング	内部設計
運用	プログラムテスト	製造
	結合テスト	単体テスト
	システムテスト	結合テスト
	運用テスト・移行	総合テスト
	運用・保守	移行

たとえば、A社とB社のメンバーがチームを作ってソフトウェア開発を行おうとしても、A社の「基本設計」がB社のどのプロセスに相当するのかが明確ではありません。開発スケジュールのすり合わせを行おうとしても、各プロセスで実施する内容を細かく吟味してからでないと、調整がうまくできません。

ISO/IEC 12207が最初に制定されたのは1995年、その翻訳であるJIS X0160が発行されたのが1996年です。それよりも以前に各組織で作成された開発標準は、それぞれの組織が個別にソフトウェア開発プロセスと用語を定義したため、このようなことが起きています。

ソフトウェア開発を発注する企業と開発業務を受託する企業の間、あるいは開発業務の元受け企業と下請け企業との間など、ソフトウェア開発の商取引に関わるすべてのステークホルダー間で開発プロセスと実施内容の認識が一致していないと、納期や品質に関わる大きなトラブルに発展してしまいます。こうした問題を解決するために、国内の情報処理産業の実情に合わせ、JIS X0160：2012を拡張する形で策定された枠組みが「共通フレーム2013」です。共通フレーム2013は、それぞれのステークホルダーが自組織で使用しているプロセスや用語の定義に関して、他のステークホルダーとコミュニケーションを行う際の辞書として利用されることを目的としています。

図2.7に共通フレーム2013の基本構成を示します。図中の「規格部分」がベースとなったJIS X0160：2012に含まれているプロセス、そして色付けされた「共通フレームで拡張した部分」が日本の事情を踏まえて共通フレーム2013で拡張したプロセスです。

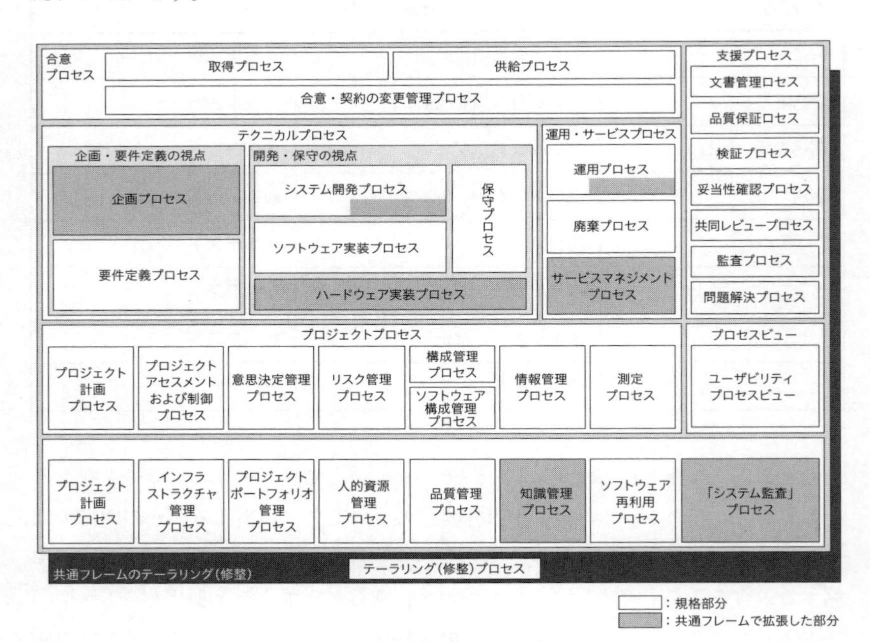

「共通フレーム2013」独立行政法人 情報処理推進機構、2013年12月
(https://www.ipa.go.jp/sec/publish/tn12-006.html)より

図2.7　共通フレーム2013の基本構成

2.3 演習

第2章では、ソフトウェア開発プロセスについて学びました。代表的なものとして、ウォーターフォールモデルやスパイラルモデル、アジャイル型開発について学び、さらにソフトウェアのライフサイクルについて勉強しました。本章のまとめとして、それらに関する演習に取り組んで、学んだ知識を確実なものにしましょう。

2.3.1 開発プロセスの得失を比較してみよう

本書で扱ったソフトウェア開発プロセスについて、そのメリットやデメリット、また、どのようなシステムの開発に向いているのかを一覧表として整理してみましょう（**表2.7**）。

ウォーターフォールモデルとアジャイル開発は対極的な関係にあるため、メリットやデメリットはそれぞれ裏返しの関係になるはずです。その他、本文中で説明したそれぞれの開発モデルに関する記述なども参考にしながら、表2.7を埋めていきましょう。

表 2.7 ソフトウェア開発プロセスの比較

開発プロセス	メリット	デメリット	どのようなシステム開発に向いているか
ウォーターフォールモデル			
スパイラルモデル			
アジャイル型開発			

2

ソフトウェア開発プロセス

2.3.2 ソフトウェア開発の課題はなにか考えよう

日本におけるIT産業はそれなりに主要産業として認められている一方で、数多くの課題も指摘されています。国際大学グローコム研究所長の前川徹氏が2017年3月3日に行った講演「日本のソフトウェア業界が直面している課題」の資料[9]によれば、日本のソフトウェア業界は以下のような課題に直面しているそうです。

- ソフトウェア人材の不足
- デスマーチ、新3K、7K
- ウォーターフォール型開発における手戻り
- ソフトウェア技術者の生産性のバラツキ
- 見積根拠としての「人月」という工数と「人月単価」
- 業界の多重下請構造と定額請負契約
- ユーザー企業の丸投げ（経営者のソフトウェア軽視）
- パッケージソフトの利用率の低さ
- Apple、Google、Facebookのような企業が生まれない風土、など

「経営者のソフトウェア軽視」や「Apple、Google、Facebookのような企業が生まれない風土」のように、日本の企業文化を根底から変革しなければ難しそうな課題はさておくとして、ここでは現場でなんとかできそうな課題の解決を考えてみましょう。実際に、適切なプロジェクトマネジメントで解決できる課題もあるのではないでしょうか。

たとえば、「ウォーターフォール型開発における手戻り」という課題は、そもそもウォーターフォール型ではない開発方法を採用すれば解決します[10]。

「ソフトウェア技術者の生産性のバラツキ」も、人間がソフトウェア開発に携わっている以上はなかなか解決が難しい課題です。しかし、ソフトウェア開発の自動化や潤沢なソフトウェア資産の利活用、パッケージソフトの活用といった技術的な解決方法もありそうです。さらには、技術者には生産性のバラツキが存在

9 https://www.esd21.jp/news/c7c4003e57cd20cde48ff5e106752ce1884265fc.pdf

10 もちろん、先に見たようにそれぞれの開発プロセスには得失があるため、別の課題が発生する可能性はあります。

することを認めた上で、適切にマネジメントするという解決策を選ぶこともできるでしょう。

いずれかの課題を選び、その原因と解決策を考えてみましょう（**表2.8**）。

表 2.8　ソフトウェア開発における課題、原因と解決策（記入例）

課題	ソフトウェア技術者の生産性にバラツキが存在する。
原因	ソフトウェア開発は、ソフトウェア技術者の思考の産物であり、ソフトウェア技術者の能力に強く依存しているため。
解決策	（短期的な解決策）ソフトウェア開発の自動化やソフトウェア部品の利活用を進める。ソフトウェア技術者の能力に応じた適切なプロジェクトマネジメントを行う。 （長期的な解決策）ソフトウェア開発の人材育成を強化する。

2.3.3 SLCPにおけるさまざまなプロセスを確認しよう

SLCPは、日本においてはJIS X 0160：2012として規格化されています。

初めて学ぶ方にとっては、これらの規格をすべて理解するのはなかなか難しいかもしれません。しかし、このような規格が存在していることは知っておくべきでしょう。さらに、それらのプロセスがどのように定められているのかを見ておくことも、経験としては意義があるのではないでしょうか。

この演習では、JIS X 0160：2012で定義されているプロセスのうち、どれでもよいので1つのプロセスを選び[11]、その目的や内容などを簡単に説明することに挑戦してみましょう。例として、「ソフトウェア文書化管理プロセス」をわかりやすく説明したものを**表2.9**に示します。他のプロセスを参照し、同様な方法で記述してみましょう。

11　https://kikakurui.com/x0/X0160-2012-01.html

表 2.9　SLCP におけるプロセスの簡単な説明（記入例）

プロセス名	ソフトウェア文書化管理プロセス
目的と成果	ソフトウェアの情報が文書で記録・管理されている状態を維持することを目的として実施する。 このプロセスにより、適切な情報が記録・レビュー・承認されていることが確実となり、ソフトウェアの情報を文書で参照できるようになる。
作業の概要	ソフトウェアの情報を文書で管理することについて、その計画を作成し、具体的な情報を文書で記録、発行、管理、保管する。必要に応じて文書の内容を修正するなどの保守も行う。

第 3 章

プロジェクトマネジメントとソフトウェア開発

この章では、ITプロジェクトの中でも、とくにソフトウェア開発を含むプロジェクトに絞って、プロジェクトマネジメントとの関係を説明します。

ソフトウェア開発プロジェクトは、プロジェクトマネジメントを行う対象として、扱いにくい性質を多く持っています。ソースコードの少しの間違いがソフトウェア全体の品質を大きく損なうこともあります。また、不具合（バグ）が特定の条件下でしか発見できないため、実際の現場で使われてはじめて発見されてその対応に追われることもよく起こります。さらに、環境変化が早いこともソフトウェア開発プロジェクトの特性です。プロジェクト開始時点でメジャーな開発環境が、実環境で稼働する際には時代遅れとなっていることも珍しくありません。

そこで、ソフトウェア開発プロジェクトでは、プロジェクトマネジメントを適切に行うことが求められます。本書では、本章以外の章でも、ソフトウェア開発にプロジェクトマネジメント手法を適用した例を用いて説明しています。

本章で解説する項目は次の通りです。

- 3.1 ソフトウェア開発プロジェクトにおけるプロジェクトマネジメントの重要性
- 3.2 ソフトウェア開発における管理

3.1 ソフトウェア開発プロジェクトにおけるプロジェクトマネジメントの重要性

1人のプログラマーが数時間で書けるようなサイズのソフトウェアであれば、プロジェクトマネジメントを考えるまでもなく、ひたすらコーディングに徹すればよいでしょう。しかし、たとえ小規模なものであっても1週間以上かかるようなソフトウェア開発であれば、なんらかの計画は必要になります。ましてや、複数人のプログラマーが参加して何か月もかかるようなソフトウェア開発プロジェクトになると、しっかりとプロジェクトマネジメントを行わなければ完成前にとん挫したり、バグを多数含んだソフトウェアしか作れない可能性が高まります。

3.1.1 プロジェクトマネジメント不足が招くシステムトラブル

発電システム、金融システム、航空システム、などの社会基盤（インフラ）の運用にも、さまざまなソフトウェアを含んだシステムが使われています。そうした重要なシステムに使われるソフトウェアが十分に管理されずに使われたら、どのようなことになるでしょう。

日本国内でも、そうした重要システムの不具合を報告するニュースが巷をにぎわすことがあります。まずは、トラブル事例をいくつか見ていきましょう。

【トラブル事例①：九州電力の出力抑制トラブル】

2018年10月、九州電力では過剰となった太陽光の発電量を調節するために「出力抑制」を行いました。その際、出力制御を行うシステムのプログラムの不具合から、本来は調整する必要が無かった発電所の出力まで抑制してしまうというトラブルが発生しました。

主な原因はプログラムの不具合でしたが、事前のテストが十分にできておらず、不具合を事前に発見できなかったために、実稼働時に不具合が見つかることになりました。太陽光発電の出力抑制のように、1年に数回しか実行されない機能や、一時期に多数の端末が同時に稼働するシステムでは、同様のトラブルが起こりがちです。

【トラブル事例②：東京証券取引所の株式売買システムトラブル】

2012年2月、東京証券取引所の株式売買システムにトラブルが発生し、株式の多数の銘柄が3時間半にわたって売買できなくなりました。

直接的な原因はハードウェアの故障でした。しかし、本来は冗長構成[1]を組んだハードウェアの予備系で稼働し続けるはずの自動切換が作動しませんでした。加えて、運用監視の担当者が予備系のハードウェアが稼働していたことから、自動切換がうまくできていると思い込んだ人為ミスが、大きなトラブルに発展しました。

株式売買システムのように、ハードウェアの冗長構成をとっている場合でも、その切換はまれにしか起こらないため、いざ故障が起きたときに自動切換がうまく作動しないケースはよくあります。冗長構成の各機能が正しく動作することは、システムをリリースする段階に加えて、システム稼働後も定期的に試験をすることで、こうしたトラブルを減らすことができます。また、自動切換がうまくいかなかった場合にどのように対応するのかを、設計時から想定して手順を定めておくことも大切です。

【トラブル事例③：全日本空輸の国内線システムトラブル】

2016年3月、全日本空輸（ANA）の国内線システムにトラブルが発生し、自動チェックインシステムの機能が使えなくなるなどの影響で、多数の欠航や遅延が発生しました。冗長構成を取っていたデータベース（DB）サーバが次々と停止したことが理由ですが、その原因はそれらのサーバをつなぐネットワークスイッチの不具合でした。ネットワークスイッチが完全に停止していればすぐに原因が特定できたはずです。しかし、停止せずに問題なく稼働しているようにみえるものの、実際はDBサーバの通信ができない状態になっており、トラブルの原因特定に時間がかかってしまいました。

ソフトウェアやシステムを構築する際には、不具合や故障を検知する「異常監視」の仕組みを組み込みますが、どのような不具合や故障を想定するかによって監視の仕方が異なります。とくに重要なシステムであれば、ハードウェアの故障のみならず、アプリケーションソフトウェアの不具合も含めて「故障状態」を十分に定義し、それぞれの故障状態を監視する仕組みを組み込む必要があります。

システムにトラブルが発生する原因は、必ずしもソフトウェア開発のみに起因するわけではありません。複数の要因が重なって起きる場合もあり、非常に複雑です。しかし、ソフトウェア開発時に実際に運用される際の状況が十分に考慮されていない、あるいは開発時に想定していた使用方法が運用時に考慮されずに間違った使い方をされることで、トラブルになるケースがよくあります。ソフト

1　冗長構成とは、故障などに備えて、予備のハードウェアを追加してシステムを構成することです。

ウェア開発にあたっては、要件定義から運用・廃棄までのソフトウェアライフサイクル全般にわたった考慮が必要です。そのため最近では、第2章で紹介したDevOpsと呼ばれる開発手法も使われるようになってきました。

3.1.2 プロジェクトマネジメントからみたソフトウェア開発プロジェクトの特徴

プロジェクトマネジメントの観点で考えた場合、ソフトウェア開発プロジェクトは、その他の一般的なプロジェクトとどのような違いがあるでしょうか。要件を定義し、設計して成果物を作成するところは一般的なITプロジェクトと共通していますが、次のような特徴があります。

(1) 開発工期が相対的に短い

多くのソフトウェア開発プロジェクトは、その工期の短さからプロジェクトマネジメントを難しくしています。メガバンクの巨大システムであれば数年間もの長期にわたった工期が確保できますが、Webアプリやスマートフォンアプリなどでは数か月間でリリースするのも一般的です。このため、計画段階に多くの時間を費やすことが困難であり、プロジェクトの一部作業が遅延しただけでプロジェクト全体の遅れにつながりかねません。

(2) プロジェクト開始時点で要求仕様が十分固まっていない

一般的なプロジェクトは、プロジェクト開始時点で要求仕様が概ね決まっているものです。しかし、ソフトウェア開発プロジェクトでは、要件定義を行う前段階で完成形を正確にイメージすることが難しく、最終的に作成するソフトウェアが備えるべき機能や性能に関する要求仕様が十分に固まっていません。そのため、要件定義フェーズまで含めたプロジェクトの場合、プロジェクト開始時点で定額契約を結んでしまうと、要求仕様が膨れ上がってコストが予想よりも高くなり、赤字プロジェクトに陥る可能性があります。

(3) 要求の追加・変更がプロジェクトの途中で継続的に発生する

ソフトウェア開発では、プロジェクトの途中で要求仕様の追加・変更が継続的に発生します。多少の要求仕様の変更は一般的なプロジェクトでも起こりますが、ある程度ソフトウェア開発が進んだのちでも、追加・変更が求められがちなところが特徴的です。とくにソフトウェア開発がほぼ完了して、ユーザーによる受入試験の段階で機能不足が指摘されるケースがあり、大きな手戻りが発生することも珍しいことではありません。

(4) 利用すべき新しい技術や製品がプロジェクトの途中でリリースされる

作成するソフトウェアが稼働するサーバのミドルウェア[2]や、端末側で使用するブラウザなどのクライアントソフトウェアは、対象とするバージョンをある程度限定して開発を進めます。しかし、昨今の技術開発の速さやセキュリティ上の問題から、ミドルウェアやブラウザは頻繁にアップデートが行われます。多くの場合は下位互換性が取られますが、アップデートによってはアプリケーションの動作が変わってしまうこともまれに起こります。

(5) さまざまなインタフェースに対応する必要がある

かつて、クライアント・サーバ方式のシステムが普及した当時は、パソコン向けに開発した専用アプリケーションのインタフェースを用意するだけで十分でした。しかし昨今では、スマートフォンやタブレットなどのさまざまな端末があり、インタフェースもブラウザやスマートフォンアプリなど多様化しています。ユーザーからはあらゆる端末に対応することが求められがちで、将来新たなインタフェースが主流となった場合にそれらへの対応ができないと、ソフトウェアの競争力が失われてしまいかねません。

3.1.3 ソフトウェア開発プロジェクトが失敗する理由

前節で説明した特徴と相まって、多くのソフトウェア開発プロジェクトは残念

2 ミドルウェアとは、Webサーバやデータベースサーバなどの、アプリケーションが稼働する際に基盤として使用するソフトウェアです。

ながら失敗に陥りがちです。プロジェクトが中止に追い込まれるという大失敗に陥らないまでも、スケジュール遅延、コスト超過、品質低下、などで計画通りに進まないこともあります。では、どうしてソフトウェア開発プロジェクトは失敗しがちなのでしょうか。その理由は数々ありますが、本節では代表的な例をいくつか紹介します。

(1) ユーザー企業とベンダー企業の対立

ユーザー企業がベンダー企業[3]に発注して自社アプリケーションを開発する場合、多くの落とし穴が待ち構えています。ベンダー企業側に責任があるケースもありますが、ユーザー企業側に責任があるケースも少なくありません。

ユーザー企業側ではITに関する知識不足のため、ソフトウェア開発の多くの部分をベンダー企業に丸投げしたり、逆に中途半端な知識で判断した結果、できあがったソフトウェアに満足できないことがよく起こります。また、ユーザー企業側でプロジェクトに参加しているのがシステム部門の担当者だけだった場合には、自社の業務内容が正しく仕様に反映できず、ソフトウェアが完成してから社内の事業部門から不満が頻出するケースもよく起こります。

一方、ベンダー企業側ではプロジェクトマネジメントが十分にできず、とくにユーザー企業とタイムリーに情報共有しなかったために、プロジェクト終盤に多くの問題が発覚することがあります。また、ベンダー企業の固有技術や従来のやり方に固執して最適な技術やソリューションを提供できず、完成したソフトウェアが時代遅れのものになる場合もあります。

(2) 安易な要件の変更

たとえばビル建築のプロジェクトであれば、建築作業がはじまってから建物の階数が増えたり、基礎的な躯体の構造が変わることはまずないでしょう。しかしソフトウェア開発では、コーディングの工程に入ってからも、大幅な仕様変更を余儀なくされることも頻繁に起こります。

---

3 ベンダー企業とは、ソフトウェアやITシステムを開発して販売やサービス提供する企業を指します。それに対して、ベンダー企業が提供するソフトウェアやITシステムを利用する企業をユーザー企業と呼びます。

これは、ソフトウェア開発の発注側が、ソフトウェアは簡単に変更ができるものと考えていることが一因でしょう。発注側もITに関する知識をつけて、要件変更がソフトウェアやプロジェクト全体に与える影響がどれくらいあるのかを理解できるようになる必要があります。また、このような要件の変更が想定しうるプロジェクトであれば、適用する開発プロセスや契約形態を検討し、適切なものを選択する工夫も欠かせません。

(3) ステークホルダー間の利害調整の失敗

プロジェクトに複数のステークホルダーが関与する場合、その利害関係は一致しないと考えた方がよいでしょう。社内向けのアプリケーション開発を行う場合、限られた予算内でできるだけ低コストで開発したいシステム部門と、便利で使いやすい機能をできるだけ盛り込みたい事業部門では、開発するアプリケーションに対する期待も要件も異なります。

そうした利害の調整に失敗すると、仮にプロジェクトで決定した仕様通り開発できても、完成したソフトウェアに対する評価は低くなり、プロジェクトマネジメントの観点では失敗といわざるを得ません。

(4) 工期不足と予算不足

一般的なプロジェクトでも工期不足と予算不足は失敗に直結しがちですが、ソフトウェア開発ではその双方がよく起こります。ソフトウェア開発の主な成果物はプログラム（ソースコード）とドキュメント（設計書など）です。しかし、そのいずれもが「うまくいけば」短期間でできる可能性があるため、その最小の工期や予算でできる前提で計画を立てがちです。

工期不足も予算不足も、プロジェクトにさまざまな無理を強いることになり、少しのトラブルで回復不能な状況に陥ることがあります。プロジェクトマネジメントでは、リスクに対する予備を設定することで、こうした工期不足や予算不足を回避する工夫を行います。

(5) 予期せぬ不具合

ソフトウェア開発には不具合（バグ）がつきものです。単純なコーディングミスであれば修正できますが、まれな条件でのみ発生したり、長時間稼働したあとに発生するようなバグは、その根本原因を特定するのが難しい場合もあります。

とくに最近ではさまざまなミドルウェアを用いたアプリケーションも多く、また外部のAPI[4]呼び出しによって、機能の一部を実現するアプリケーションも増えてきています。そうした場合に、ミドルウェアやAPIに不具合があるケースや、特殊な条件が重なったときだけ不具合が発現するケースもあり、ますます原因特定を難しくしています。

4 Application Programming Interfaceの略。ソフトウェアの一部の機能をパッケージにして、与えられた入力に対して計算結果を返す仕組みを指します。

3.2 ソフトウェア開発における管理

ソフトウェア開発プロジェクトで、管理すべき対象にはどんなものがあるでしょうか。最も重要なものは、もちろん開発したソフトウェア（ソースコード）です。加えて、顧客から依頼されて開発したソフトウェアであれば、設計書やテスト結果、取扱説明書、などのドキュメント管理が必要です。これらの管理は一般に、「成果物の管理」と呼ばれます。

また、ソフトウェア開発プロジェクトを円滑に進めて成功するためには、スケジュール、リソース（開発要員や開発環境など）、コスト、品質、などを管理する必要もあります。これらの管理は一般に、「プロセスの管理」と呼ばれます。

3.2.1 成果物の管理

(1) ソースコードの管理

ソースコードの管理を考える場合、バージョン管理機能を備えたシステムの利用は必須でしょう。CVS[5]やSubversion[6]といった中央集権型のバージョン管理システムもありますが、最近ではクラウド上で分散管理が可能なGitHub[7]がよく使われています。

バージョン管理システムは、とくに複数人が複数拠点にわかれて、ソフトウェア開発を行う際に威力を発揮します。ファイルのバージョン管理を行う機能に加えて、排他制御や競合解決などの機能を備えており、複数人の効率的な同時編集を支援します。また、仮に個人でプログラム開発をする場合でも、変更履歴の保存やバックアップ目的で利用することをお勧めします。

5 Concurrent Versions Systemの略。1990年代によく利用されたバージョン管理システムです。

6 CVSの欠点などを改善したバージョン管理システムです。2000年代から現在までよく利用されています。

7 分散型バージョン管理機能を提供するクラウドサービスです。オープンソース・ソフトウェアを中心に、多くのソフトウェア開発プロジェクトでの利用が進んでいます。

(2) ドキュメントの管理

ソフトウェア開発では、多くのドキュメントがソースコードとともに作成されます。たとえばコーディング作業をする前に、要求仕様書や設計書が作られます。コーディングが終わったあとでは、レビュー記録や試験結果成績書、課題管理表、などが作られます。

ドキュメントの管理で大事なことは、ソースコードと同様に、バージョン管理を適切に行うことです。ドキュメントもソースコードと同じく、多くの場合、複数の担当者によって作成されます。そのためドキュメントについても、ソースコードと同様のバージョン管理システムで管理したいところです。しかし現状では、ドキュメントをワープロソフトや表計算ソフトで作ることが多く、広く使われているバージョン管理システムとの親和性があまり高くないところが課題です。

3.2.2 プロセスの管理

(1) スケジュールの管理

個人的な趣味で行うソフトウェア開発でない限り、多くの場合ではスケジュール管理が必要です。スケジュールを作成して管理することで、そのソフトウェア開発がいつ完了する予定なのかがわかるとともに、開発チーム全体に、各自が作成する成果物（ソースコードやドキュメント）の位置づけを示すことができます。

ソフトウェア開発が大規模化・複雑化するとともに、スケジュール管理の重要性は高まります。開発チーム・メンバーの作業や生成する成果物の依存関係が強くなり、1人のメンバーの1日の作業遅延が全体に与える影響も大きくなります。この場合、スケジュールの管理を適切に実施していると遅延に気づきやすいとともに、その遅延を回復するための調整も行いやすくなります。

(2) リソースの管理

ソフトウェア開発でいちばん重要なリソースは、いうまでもなくプロジェクト・メンバーである「ヒト」です。ソフトウェア開発に求められる能力はさまざまで、各メンバーが備えている能力も異なります。そこで、各メンバーの能力や特性を把握し、適材適所の配置を行うことが大切です。また、各メンバーの能力が最大限に発揮できるように、働きやすい環境を整備することも求められます。
プロジェクトの途中で一部のメンバーが離脱する事態は、ソフトウェア開発ではとくに回避したいリスクです。能力に優れたメンバーが離脱すると、同様の能力を備えた新メンバーをすぐにアサインするのは難しく、仮にアサインできても参加当初の生産性は確実に落ちてしまいます。また、スケジュール遅延などのトラブルに陥ったプロジェクトでは、途中で多数の新規メンバーを追加投入することがよくあります。しかし結果として、スケジュール遅延が解消できるケースはそれほど多くありません。逆に新規メンバーへの導入教育や作業の再調整などで、かえってスケジュール遅延が増長されるリスクも想定するべきでしょう。

(3) コストの管理

多くのソフトウェア開発では、定められたコスト内で完成させることが求められます。そのため、開始する前に作業工程を綿密に定めて、それに必要なコスト（予算）を算出します。その上で、プロジェクト遂行中には定期的にコストとプロジェクトの進捗状況を把握し、常にプロジェクト完了までにかかるコストとスケジュールの予測を行います。
コスト管理で失敗に終わるプロジェクトの多くは、遂行中に予算と実績の管理（予実管理）が適切にされなかったことで、プロジェクト終盤にコスト超過が判明し、回復不可能な状況に陥ります。

(4) 品質の管理

ソフトウェア開発では、品質の管理は重要かつ難しい課題です。なぜならば、開発されたソフトウェアが稼働する条件と入力をすべて網羅することはできないからです。その結果、目指しているソフトウェアに対して、開発されたソフトウェアが完全に合致しているかどうかは、いくらテストに十分な時間をかけてもわかりません。そこで、完璧なソフトウェアは存在しないという前提で、いかに不具合を少ない状態にするのかが重要です。そのためには、開発したソフトウェアに対するテスト仕様を上手に作ることが求められます。少ないテストケースで検査したい内容を多くカバーすることができれば、品質確保とスケジュール短縮やコスト節約が両立できます。

3.3 演習

第3章では、ソフトウェア開発にプロジェクトマネジメントが必要な理由と、ソフトウェア開発における開発管理の実態について学びました。ソフトウェア開発プロジェクトが失敗しがちだということはすでに第1章の演習でも指摘しましたが、ここでは、その失敗の原因をさらに追求してみる演習を行います。また、まったく別のパラダイムとしてオープンソース・ソフトウェア開発の手法についても学んでみましょう。

3.3.1 ソフトウェア開発の失敗例を分析してみよう

「3.1.3 ソフトウェア開発プロジェクトが失敗する理由」で、よくある失敗の原因について学びました。それを踏まえ、次のシナリオの危険性を指摘してみましょう。どの部分が、どのように危ういのかを考えてみてください。

【あるシステム開発の例】

A社は中堅のシステム開発企業です。製造業向けのシステム開発を得意としており、これまで、資材管理システムや製品在庫管理システム、関連会社と連携させた部品の受発注システム、などを多数手掛けてきました。

今回、とある経緯で顧客管理システム、いわゆるCRM（Customer Relationship Management）システムの開発プロジェクトを受注することになりました。直接の顧客は、B社の経営管理部門です。ところが、実際にこのシステムを使うエンドユーザーは、B社の親会社であるC社の営業部門の社員でした。B社はC社の子会社であり、いわゆる情報システム系子会社で、C社の情報システムに関する開発や管理を担っている企業です。

本来、この案件はB社が独自開発する予定でした。ところがB社の事情で、本件の開発に回す人的リソースが足りません。そこで、B社は付き合いがあった何社かに声をかけ、入札で本システムの開発を外部に発注することにしました。これまでA社は、B社とそれほど深い付き合いをしてきたわけではありませんでした。しかし、A社の経営も順風満帆というわけではありません。事業拡大のチャンスとばかり、本件を戦略的価格（すなわち少し無理のある低予算）で応札し、受注にこぎつけたという経緯です。

赤字覚悟ではじめたプロジェクトではあるものの、本プロジェクトは難航を極めました。そもそも、発注元のB社が協力的ではありません。システムの詳細な仕様を決めるためには、実際の利用者であるC社の営業部門にいろいろとヒアリングをしなければなりませんが、そのアポイントメントはB社を通じて行わなければならないという謎の制約がありました。C社はC社で、肝心の営業社員たちが新しいシステムの必要性を感じていない様子があり、システム開発には非協力的です。それなのに、システムのプロトタイプができあがってくると、いろいろと細かな注文を付けてくるようになりました。

さて、A社はこのシステムの完成を、納期に間に合わせることはできるでしょうか。ヒントは、不十分な要件定義、追加作業の発生、相次ぐシステムの仕様変更、などです。さあ、この案件に潜むリスクはなんでしょうか。あなたにこのシステム開発プロジェクトを成功に導くことはできますか？

3.3.2 オープンソース・ソフトウェア開発の手法を考えよう

オープンソース・ソフトウェアは、ソースコードを公開し、誰もが開発に参加できるようにして、開発を進める形態のソフトウェアです。ただ単にソースコードを公開するだけではだめで、「ライセンス」と呼ばれる一種の契約で利用する条件に、特別なルールが定められているといった決まりごとがあります。しかし、基本的にはソフトウェア開発の楽しさを皆で分かち合おうという精神にもとづき、共同作業で開発を進めるソフトウェアといえるでしょう。そして肝心のソースコードはリポジトリと呼ばれるデータベースで管理され、誰もがアクセスできるような状態に置かれることがしばしばあります（**図3.1**）。なお、図3.1は、3.2.1で説明したGitHubの画面例です。

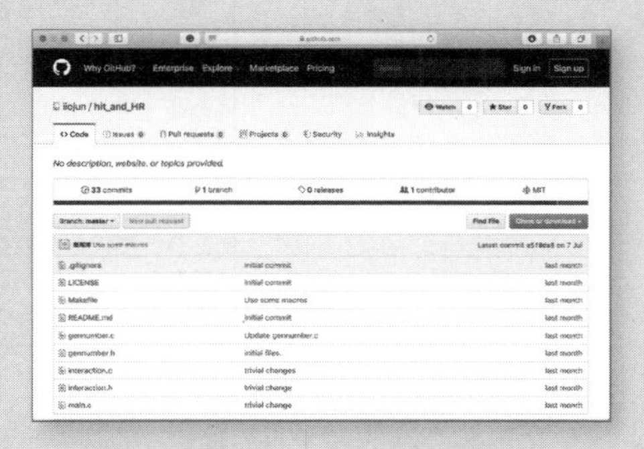

図3.1　オープンソース・ソフトウェアのソースコードリポジトリ

3 プロジェクトマネジメントとソフトウェア開発

ところで、厳密にいえば、オープンソース・ソフトウェアの開発はプロジェクトではありません。なぜならば、一般的なソフトウェア開発と異なり、「いつまでに、どのような仕様のソフトウェアが動作しなければならない」という、終わりの期限が切られていることはめったにないからです。プロジェクトの特徴として、「期限が定まっている有期性」というものがありました。その点を考慮すると、オープンソース・ソフトウェアの開発は厳密にはプロジェクトではありません。

しかし、独自の成果物が生み出されることや、段階的詳細化の考え方は、オープンソース・ソフトウェアの開発にもあてはまります。ここでは、オープンソース・ソフトウェアの開発もプロジェクトの一種とみて、商用ソフトウェアの開発と比較してみることにしましょう。**表3.1**のように、それぞれの対比をまとめてみてください。表3.1では、オープンソース・ソフトウェア開発の部分だけ情報を書き込んでみました。残りの空欄を埋めてみましょう。

表 3.1　商用ソフトウェア開発とオープンソース・ソフトウェア開発の対比

	商用ソフトウェア開発	オープンソース開発
開発体制		開発に賛同する技術者が開発に参加する。大きなプロジェクトになると、緩やかに結ばれてはいるが、しっかりした開発体制が組まれることもある。
品質の担保		ソフトウェアにより品質はさまざまだが、多数のユーザーを抱えるようなものになると、ユーザーからのバグ報告が品質を担保する1つの手段となる。
開発動機		開発したいという技術者が、自ら買って出て開発に参加する。ソフトウェアをよりよいものにしたいという動機で参加することが多いといわれている。
収益の確保		コピーして配布されることが前提であり、直接的な収益を確保することは難しい。間接的な収益でプロジェクトが維持されるケースもある。

第4章

プロジェクトのステークホルダー、ライフサイクル、組織構造

この章では、プロジェクトマネジメントの全体像をとらえる際に、ぜひ理解しておいてもらいたいステークホルダー、ライフサイクル、組織構造について詳しく説明します。

少人数で実施するプロジェクトでは、プロジェクトマネジメントの対象として、具体的な成果物を作成している段階や、それに直接携わっている人に目が向きがちです。一方、プロジェクトの規模や大きくなるにしたがって、直接プロジェクトに関わっていない人の影響や、計画段階での活動の影響が大きくなっていきます。たとえば、新しい橋を建築するようなプロジェクトでは、計画段階で綿密なスケジュールや予算を検討し、地域の住民の方々へ丁寧な説明をしないと、プロジェクトを成功裏に終えることは難しいでしょう。

本章で解説する項目は次の通りです。

- 4.1 ステークホルダー
- 4.2 プロジェクト・ライフサイクル
- 4.3 組織とプロジェクト

4.1 ステークホルダー

ステークホルダーとは、プロジェクトの利害関係者の総称です。プロジェクトの目標は、ステークホルダーの期待に応える成果物を完成させることです。ここでは、プロジェクトに登場するステークホルダーとその特性について考えてみましょう。

4.1.1 さまざまなステークホルダー

プロジェクトには、実にさまざまなステークホルダーが登場します（**表4.1**）。ソフトウェア開発プロジェクトでは、ソフトウェア開発を実行する「プロジェクト・チーム・メンバー」と、そのプロジェクトを管理する「プロジェクト・マネージャー」が真っ先に思い浮かびます。また、完成したソフトウェアを利用する個人や組織も、プロジェクトの成功に関心が高いステークホルダーです。

プロジェクトの成功は、メンバーが所属する「母体組織」も期待しています。大規模なプロジェクトになると、プロジェクトマネジメントの専門チームによって、プロジェクトの支援をすることもあります。また、ソフトウェア開発の費用を出資している「スポンサー」も、完成したソフトウェアから得られる利益を見込んでいます。こうした母体組織やスポンサーもステークホルダーといえます。

プロジェクトや完成したソフトウェアに関心のあるステークホルダーは、他にもいます。母体組織やスポンサーに資金を貸し付けている金融機関や、完成したソフトウェアが利用される分野の規制当局、さらには一般の消費者など、少なからず関心をもっている個人や組織は、すべてステークホルダーと考えるべきでしょう。

4.1.2 プロジェクトとステークホルダーの関係

ステークホルダーは、プロジェクトの成功に期待を寄せており、プロジェクトにさまざまな影響を与えます。株式会社であれば、その会社が実行しているプロジェクトに、ステークホルダーである株主は大きな関心を寄せます。その結果、収益が見込めないようなプロジェクトがあれば、改善や中止に向けて働きかける

表 4.1　さまざまなステークホルダー

ステークホルダー	概要
プロジェクト・マネージャー	プロジェクトを管理するマネージャー。 プロジェクトリーダーが兼ねることもある。
プロジェクト・チーム・メンバー	プロジェクトを実行するチームを構成するメンバー。
母体組織	プロジェクトチームやメンバーが所属する組織（会社など）。
プロジェクトマネジメント・チーム	プロジェクト管理を専門に行うチーム。PMO に属する場合もある。
プロジェクト・マネジメント・オフィス（PMO）	プロジェクトマネジメントを専門に行う組織。
顧客、ユーザー	成果物（開発したソフトウェアなど）を利用する個人や組織。 スポンサーが含まれることもある。
スポンサー	プロジェクトに対して出資する個人や組織。
その他のステークホルダー	プロジェクトに影響を与える個人や組織。 金融機関、規制当局、消費者や市民団体、など。

ことがあります。また、自治体が行う公共事業であれば、その自治体で生活する市民にさまざまな関心を呼びます。その公共事業が自分にどのような影響があるのか、税金が効果的に使われているのか、などが気になるところでしょう。

プロジェクトの成果物が社会に与える影響が大きい場合、ステークホルダーは非常に広範囲にわたります。エネルギー問題を解決するような画期的な開発を行うプロジェクトであれば、世界中の人々が関心をもつでしょう。また、道路や発電所などの社会インフラの建設プロジェクトであれば、利益を受ける住民と、不利益を被る住民の双方からさまざまな働きかけがプロジェクトに対してあるでしょう。

このように、プロジェクトの性質によってステークホルダーは広範囲にわたります。そして、それらのステークホルダーの期待を適切にコントロールしなければ、プロジェクトの遂行に支障をきたすような影響を受けてしまうことを忘れないようにしましょう。

4.2 プロジェクト・ライフサイクル

次に、プロジェクト・ライフサイクルについて説明します。プロジェクト・ライフサイクルとは、プロジェクトの開始から完了に至るまでに、そのプロジェクトが経由する一連のフェーズ群を指します。プロジェクトの規模や性質によって、さまざまなタイプのプロジェクト・ライフサイクルが考えられます。大事なことは、プロジェクト全体を適切なフェーズに分けて、各フェーズで作成すべき成果物を定め、その成果物をどのように検証・承認するのかを決めることです。

以下では、プロジェクト・ライフサイクルやプロジェクト・フェーズについて説明していきます。

4.2.1 さまざまなプロジェクト・ライフサイクル

実施すべきプロジェクトでどのようなプロジェクト・ライフサイクルを採用するのかは、慎重に考えるべき課題です。組織やプロジェクト・マネージャーは、過去に成功したプロジェクトと同じプロジェクト・ライフサイクルを採用しがちです。しかし、個々のプロジェクトの特性に合わないものを採用すると、無駄なプロジェクトマネジメント作業が多かったり、逆に必要な検証・承認作業が不足してプロジェクト終盤にトラブルに陥る可能性があります。

プロジェクト・ライフサイクルのさまざまなパターンを**表4.2**に示します。プロジェクト開始時に実施すべき内容（スコープ）が明確であれば、最初からプロジェクト完了までの詳細な計画を立てる「予測型ライフサイクル」を採用するのがよいでしょう。一方、プロジェクト開始時に最終的な成果物が明確でなく、プロジェクトの途中ですり合わせが必要な場合は、「反復型ライフサイクル」や「漸進型ライフサイクル」をお勧めします。

ソフトウェア開発において、以前は予測型ライフサイクルであるウォーターフォール手法が多くのプロジェクトで採用されていました。しかし最近では、反復型ライフサイクルや漸進型ライフサイクルの中でも、反復の期間が非常に短い「適用型ライフサイクル」であるアジャイル手法が使われるケースも増えてきました。

表 4.2　プロジェクト・ライフサイクルのさまざまなパターン

ライフサイクルのパターン	概要
予測型ライフサイクル	・プロジェクトの初期に実施すべき内容（スコープ）や必要な時間・コストが明確な場合に適している。 ・ソフトウェア開発におけるウォーターフォール手法が相当する。
反復型ライフサイクル	・プロジェクトの初期に実施すべき内容が十分にわからないため、一連のサイクルを何度も繰り返すことで、最終的に目的の成果物を得る。
漸進型ライフサイクル	・反復型ライフサイクルに対して、前のサイクルの成果物に機能を追加するなどして、漸進的（少しずつ進める）に最終的な目的の成果物に近づける。
適用型ライフサイクル	・反復の期間が非常に短い（通常２週間～４週間）、反復型あるいは漸進型ライフサイクル。 ・ソフトウェア開発におけるアジャイル手法に相当する。
ハイブリッド型ライフサイクル	・予測型と反復型を組み合わせたもの。 ・十分に内容が把握されている要素は予測型で行い、初期段階で内容が把握しきれない要素は反復型で行う。

4.2.2 プロジェクト・フェーズ

プロジェクトは、複数のフェーズに分割して管理されます。ソフトウェア開発であれば、要件定義、設計、コーディング、テスト、などがフェーズに相当します。プロジェクトをどのようなフェーズに分割するのかは、プロジェクトの規模や期間、作成する成果物を勘案して、プロジェクト開始時に定めます。とくに重要なことは、各フェーズに成果物を割り当てることです。ソフトウェア開発においては、たとえば要件定義フェーズに対して、その成果物である要件定義書が割り当てられます。

フェーズに成果物を割り当てる理由は、その成果物を検証することで、フェーズが完了できるか否かを判断できるからです。完成した要件定義書を検証して、ステークホルダーが満足する内容であることが確認できて初めて、要件定義フェーズが完了できます。

ここで注意したいのは、1つのフェーズを適切な規模（期間）に保つことです。

たとえば、大規模プロジェクトで要件定義フェーズが長期間にわたる場合に、最終的な要件定義書ができるまで検証・承認が行われないとなると、検証結果に問題が発生した際に大きなスケジュール遅延になりかねません。こうした場合は、中間成果物を設定して、フェーズをサブフェーズに分割することをお勧めします。ただし、あまり細かく設定しすぎると、検証・承認の手間が増えてしまうので注意が必要です。

4.2.3 プロダクト・ライフサイクル

プロジェクトを実施する際には、成果物そのもののライフサイクルを示すプロダクト・ライフサイクルを意識することも大切です。ソフトウェア開発であれば、ソフトウェアが完成すればプロジェクトは完了です。しかしプロダクト・ライフサイクルでは、そのソフトウェアが市場で使用され、さらに利用価値がなくなって廃棄するまでが範囲になります（**図4.1**）。

たとえば、パッケージソフトウェアとして市場で販売されている最中に、ユーザーから機能の改善や新機能への要望が寄せられることがあります。それらの要望と自組織のビジネス計画を勘案して、アップグレードの要否が決定されます。アップグレードするとなると、新たなプロジェクトが立上げられて、再びプロジェクト・ライフサイクルがはじまるわけです。

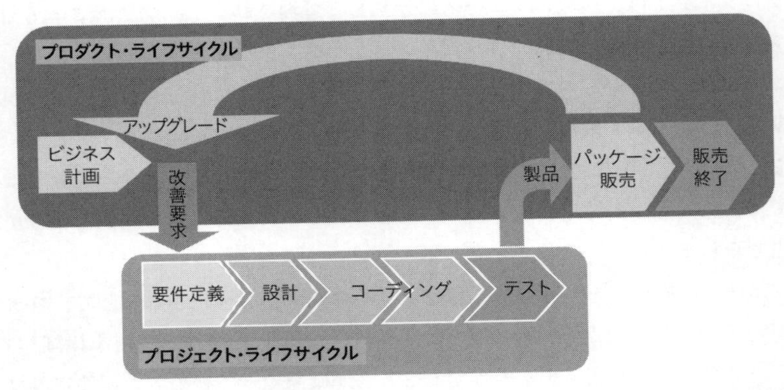

図4.1　ソフトウェア開発に関するプロジェクト・ライフサイクルとプロダクト・ライフサイクル

4.3 組織とプロジェクト

次に、組織とプロジェクトの関係について説明します。世の中の組織は千差万別で、多様な組織文化をもち、組織構造もそれぞれに異なります。そうした組織を母体としてプロジェクトを行う場合、その組織の特性がプロジェクトの実施方法やスケジュール、コストにさまざまな影響をおよぼします。

プロジェクトにどのようなメンバーを選定するのかは、組織文化や組織構造に依存します。部署の結びつきが強い組織では、プロジェクトを主に担当する部署に所属するメンバーの中から選定される場合が多いでしょう。また、リスクに対する許容度も組織文化に大きく影響を受けます。一般に、大企業であるほどリスクの少ないプロジェクトを好みます。一方、小規模なスタートアップ企業であればリスクをある程度許容しつつ、大きな成功をプロジェクトに期待するでしょう。

4.3.1 組織構造

典型的な組織構造に、「機能型組織」と「プロジェクト型組織」があります（**表4.3**）。

表 4.3　典型的な組織構造

組織構造	概要
機能型	各従業員に1人の明確な上司がいる階層構造。従業員は最上位階層で製造や経理などの専門によりグループ分けされている。
プロジェクト型	チーム・メンバーが同一の場所で作業していることが多い。組織のほとんどの資源はプロジェクト作業に使われ、プロジェクト・マネージャーは強い独立性と権限をもつ。
マトリックス型	機能型組織とプロジェクト型組織の性格を併せもった組織。
弱いマトリックス型	機能型組織の性格を多くもち、プロジェクト・マネージャーの役割は調整役や促進役。
バランスマトリックス型	プロジェクト・マネージャーの役割は認めるが、プロジェクトの資金に対する権限をもたせていない。
強いマトリックス型	プロジェクト型組織の性格を多く備えている。かなり強い権限をもつ専任のプロジェクト・マネージャーと事務スタッフが存在。

機能型組織では、部門・部・課のように部署を階層状に定めて、各部署の従業員には明確な上司が存在します。そして、プロジェクトはその組織構造に従って割り当てられます。たとえば、あるプロジェクトを実施する際に特定の課がその担当となり、メンバーの多くもその課の中から選定されるとします。この場合、プロジェクト・マネージャーは課のメンバーが兼任で担当し、プロジェクトマネジメントは課の運営の延長で行われます。

一方、プロジェクト型組織では、プロジェクト・メンバーは各人の能力や専門性を考慮して、さまざまな部署から選定されます。プロジェクト・マネージャーは専任として割り当てられて、プロジェクトマネジメントはもっぱらこのプロジェクト・マネージャーが担当します。

また、機能型組織とプロジェクト型組織の両方の性格を併せもった「マトリックス型組織」の組織構造を取る組織も多いでしょう。マトリックス型組織には、機能型とプロジェクト型のどちらの要素が強いかによって、「弱いマトリックス型」「バランスマトリックス型」「強いマトリックス型」などがあります。

4.3.2 組織構造とプロジェクト・マネージャーの権限

組織構造は、プロジェクト・マネージャーの権限の高低に大きな影響を与えます（**表4.4**）。機能型組織ではプロジェクト・マネージャーの権限は非常に小さく、一方、プロジェクト型組織では大きな権限がプロジェクト・マネージャーに与えられます。

とくに、資源（ヒト・モノ）と予算（カネ）に対する権限がどの程度プロジェクト・マネージャーに与えられるかによって、プロジェクト運営の責任と柔軟性が大きく違ってきます。プロジェクトでトラブルが発生した場合、権限が大きなプロジェクト・マネージャーであれば、多くの対処が自らの権限のもと実行できます。しかし、権限が小さなプロジェクト・マネージャーは、さまざまな判断を都度上司に仰がないと実行できません。

表 4.4　組織構造とプロジェクト・マネージャーの権限

	機能型	プロジェクト型	弱いマトリックス型	バランスマトリックス型	強いマトリックス型
プロジェクト・マネージャーの権限	ほとんど無し	高	低	低～中	中～高
資源利用の柔軟性	ほとんど無し	高	低	低～中	中～高
プロジェクト予算の管理者	機能部門マネージャー	プロジェクト・マネージャー	機能部門マネージャー	両マネージャー	プロジェクト・マネージャー
プロジェクト・マネージャーの任命	兼任	専任	兼任	専任	専任
プロジェクトマネジメント・事務スタッフ	兼任	専任	兼任	兼任	専任

4.3.3 PMO（プロジェクト・マネジメント・オフィス）

最近では、組織内の複数のプロジェクトマネジメントを一元管理する、「プロジェクト・マネジメント・オフィス（PMO）」と呼ばれる部門を創設する組織も増えてきました。

PMOの役割は、プロジェクト・マネージャーのプロジェクト遂行を支援しつつ、組織全体の視点で複数プロジェクトの調整を行います（**図4.2**）。たとえば、非常に優秀な成績を収めていて、高い品質を達成できそうなプロジェクトがあるとします。しかし、組織内の別のプロジェクトで問題が発生しそうな場合には、優秀なプロジェクトの資源（ヒト、モノ）を再配置し、問題プロジェクトに振り分けるような判断をすることもあります。また、プロジェクトの規模や難易度によっては、プロジェクト・マネージャーの支援にPMOスタッフを派遣したり、間接的な支援を通じてプロジェクト運営の円滑化に努めます。

昨今では、組織のガバナンス（統治）強化が求められています。そうした動きに応えるように、PMOは、組織で実行されるプロジェクト全体にガバナンスを効かせることを期待されています。そのためには、PMOの活動を通じて、すべてのプロジェクトが一貫した手法でコントロールされ、プロジェクト活動が適切に文書化される必要があります。また、ステークホルダーとコミュニケーションをとることで、プロジェクトの成功を目指すことが求められます。プロジェクト・マネージャーとPMOの役割の違いを**表4.5**に示します。

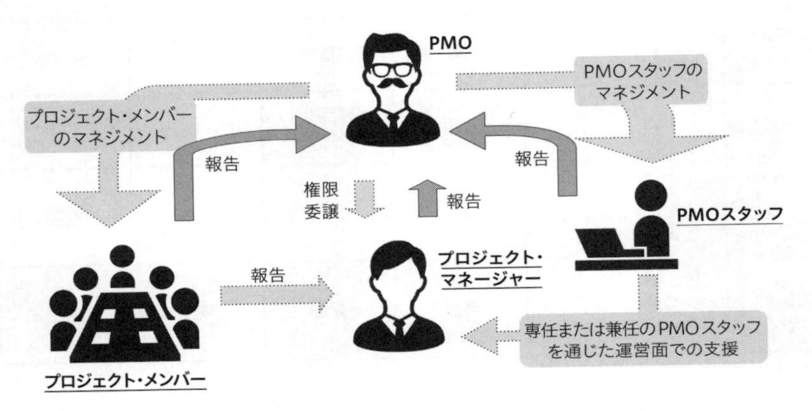

図4.2　プロジェクト・マネジメント・オフィス（PMO）

表4.5　プロジェクト・マネージャーとPMOの役割の違い

	プロジェクト・マネージャー	PMO
責任の範囲	プロジェクトの目標達成に責任をもつ。	組織全体の目標達成に責任をもつ。
スコープのマネジメント	プロジェクトのスコープ達成を目指してマネジメントする。	複数プロジェクトのスコープを変更することで、組織全体の潜在的機会を見出す。
資源のマネジメント	プロジェクトの目標達成を目指して、プロジェクトに割り当てられた資源をマネジメントする。	組織全体の複数プロジェクトに関わる共有資源を全体最適化する。
品質のマネジメント	プロジェクトの成果物に対する品質をマネジメントする。	複数プロジェクトの総合的な品質とプロジェクト間の相互関係などをマネジメントする。
報告の範囲	担当するプロジェクトの進捗などを報告する。	複数プロジェクトの総合的な状況と組織レベルの見解を報告する。

4.4 演習

第4章では、プロジェクトのステークホルダーとライフサイクルについて学びました。また、組織のあり方とプロジェクトの関係についても整理しました。本演習では、その知識をより確かなものにするために、身近な事例を考え、その上で具体的なステークホルダーやライフサイクル、組織のあり方について、再度考えてみます。

4.4.1 ステークホルダー分析をしてみよう

では、ステークホルダー分析を実際にやってみましょう。対象はどんなものでも構いません。自分が参加しているプロジェクトがあれば、それを対象に考えればよいでしょう。とくに思い浮かばない人は、自分の生活を振り返ってみて、イベントやグループ、組織など、関わり合っている仕事や作業を思い浮かべてみてはどうでしょうか。もしなにも浮かばないという人は、身近にある商品を手にとって、その商品に関連したステークホルダーを考えてみるということでも構いません。

【用意するもの】

可能であれば、大きめの模造紙と付箋紙、ペンを用意しましょう。模造紙は壁に貼り、その上で付箋紙を貼ったり剥がしたりしながら議論すると、作業がはかどります。

模造紙や付箋紙を用意できない場合は、A4 ～ A3版の白い紙でも構いません。ただし、書いたり消したりできるように、鉛筆と消しゴムで作業するようにしましょう。

【手順】

1. まず、用意した模造紙またはA4 ～ A3版の用紙に、横軸と縦軸を書き込みましょう。横軸は関心度、縦軸は重要度を表します（**図4.3**）。関心度は、いま考えている対象に各ステークホルダーがどれだけ関心を示しているのかを表します。重要度は、そのステークホルダーがどれだけ重要な人物として位置づけられるのかを表します[1]。
2. 次に、思いつくままにステークホルダーを列挙していきましょう。模造紙と付箋紙

1 縦横の真ん中にそれぞれ点線を引いて、大まかに「関心度の大小」「重要度の大小」で区別できるようにしておくとよいでしょう。

で作業している場合は、付箋紙にステークホルダーを書き込みます。そのあとで、その付箋紙を、関心度と重要度を考えながら該当する位置に貼り付けます（鉛筆と消しゴムでやる場合は、直接、鉛筆で書き込みましょう）。

3. さまざまなステークホルダーをイメージしながら、アイデアが出ないところまで知恵を絞ってください。また、必要に応じて付箋紙を貼り付ける位置を修正しながら、全体として、各ステークホルダーの関係を調整します。

図4.3　ステークホルダー分析

このようにして、ステークホルダー分析を進めます。分析が終了した時点で、どのステークホルダーを大切に扱わなければならないのか、あるいは、どのステークホルダーにはそれほど注意を払わなくてもよいのかといった関係性が明確になります。

4.4.2 プロジェクトとプロダクトのライフサイクルを考えよう

「4.2 プロジェクト・ライフサイクル」では、プロジェクト・ライフサイクルとプロダクト・ライフサイクルは違う、ということを学びました。以下は、あるプロダクト・ライフサイクルを説明した文章です。これを読み、どこからどこまでがプロジェクトに相当するのか、そしてそれらのプロジェクトではなにが成果として得られたのかを考えてみましょう。

【プロダクト・ライフサイクルに関する説明】

1. D社のある日の企画会議で、新製品Eの製造と販売を行うことが決まった。そのため、綿密な市場調査を行い、Eはどんなデザインにすべきか、どのような機能をもつべきか、といった事前の調査を行うことにした。
2. しっかりした調査を行った結果、新製品Eは相当の需要が見込まれることが判明、また、想定顧客は若い男性であるということも定まった。それらの結果をD社のデザイン部と開発部に伝え、設計を依頼し、プロトタイプができあがった。
3. プロトタイプにもとづき、次は生産工程を考える。生産計画を作成し、部材の調達をどうするか、部品メーカーや関連企業との交渉が続く。工場のラインも用意しなければならない。
4. 生産計画と並行して、販売計画、営業計画も策定した。販売促進のためのCMをどうするか、どのような販売網に乗せて製品を供給するか。新製品Eの販売促進キャラクターとして新進気鋭の若手女優Fが抜擢された。
5. いよいよ発売日が決まった。とあるイベントとタイアップして大々的なキャンペーンを実施。事前予約も好調で、販売開始したところ1か月で予定販売数を超えるという、まずは大成功の滑り出しとなった。
6. 1年後、売れ行きが徐々に落ちてきていたため、テコ入れをするための機能改善をすべきだということが企画会議で決まった。実際のユーザーと、購入には至っていないものの購入を考えていそうなユーザー候補に的を絞って、市場調査をすることになった。
7. 調査の結果、デザインにもう少し派手さがほしいという意見が多いことがわかった。また、機能的にも過不足があるということも明らかになった。これらは改善する必要がありそうだ。
8. デザインの変更と、機能の追加削除を行うことにした。再び、デザイン部と開発部を交えた大幅な製品の変更である。変更すべきものは設計図だけでなく、販売計画や生産計画など多岐にわたる。
9. 3年後、マイナーチェンジを実施したため、若干、売上をもち直すことができた。今後は、将来を見据えて次の製品の企画に取り掛かる必要があるだろう。

さて、上記の「プロダクト・ライフサイクルに関する説明」は、いくつかのプロジェクトに分割することができます。**表4.6**に最初の1つを例として書き込んであります。未記入部分として残されている2つのプロジェクトに関する記述を追加して、空欄を埋めてみましょう。

表 4.6　製品 E に関するプロジェクト

実施期間	目的	概要	成果物
1. ～ 2.	新製品Eの企画を行い、それがビジネスとして成功するかどうかを判断する。	新製品Eの市場調査を行う。また、調査結果にもとづいて新製品Eのプロトタイプを試作する。	新製品Eの需要予測、想定顧客といった調査結果とプロトタイプ。
3. ～ 5.			
6. ～ 8.			

4.4.3 組織を分類してみよう

「4.3 組織とプロジェクト」では、組織とプロジェクトのあり方について学びました。あなたの所属している組織[2]はプロジェクトの遂行に関して、どのような形の組織となっているでしょうか。

自分が所属している組織をイメージして、そこでなにかのプロジェクトを行うことを考え、それに対して、以下の観点から組織はどう働くかということを書き出してみましょう。

- 組織の全体構成はどうなっていますか？
- 組織の中で実施されるプロジェクトにはどのようなものがありますか？
- そのプロジェクトは誰が、どうやってマネジメントしますか？
- プロジェクトマネジメントに対する組織のポリシーはありますか？

2　社会人の方は所属している部や課、あるいは、チームやグループなどを想定してください。学生であれば、所属している大学、学部や学科といった大きな組織だけでなく、研究室やゼミ、あるいはサークルや部活動などを想定してみましょう。

第 5 章

PMBOK

本章では、プロジェクトマネジメントの方法論としてよく使われるPMBOKについて解説していきます。

PMBOK（Project Management Body of Knowledge）は、プロジェクトマネジメントに関するさまざまな知識やプラクティス（実践的な方法）を体系的にまとめたものです。米国のプロジェクトマネジメント団体であるPMI（Project Management Institute）が発行しています。国内ではPMBOKに従ってプロジェクトマネジメントを行うスタイルが、デファクトスタンダード[1]になっています。

PMBOKの初版は1996年に発行されました。当時国内では、エンジニアリング業界が、海外で石油プラントや化学プラントの建設プロジェクトを受注する際の要件として、PMBOKに準拠する必要がありました。そのため、初版のPMBOKの日本語版が、財団法人エンジニアリング振興協会（現在の一般財団法人エンジニアリング協会）により、1997年に刊行されました。

PMBOKは、ほぼ4年に1回の頻度で改訂版が発行されています。2004年に発行されたPMBOK第3版では内容の大幅な改定が行われ、2013年に発行されたPMBOK第5版では国際標準であるISOに準拠するようになりました。本書を執筆している現在の最新版は、第6版です。

PMBOKはプロジェクト・マネージャーに対して、プロジェクトを遂行する上で必要となる情報を提供しています。また、PMBOKを用いることで、プロジェ

1　de facto standard、「事実上の標準」のことです。デファクトスタンダードに対して、国際標準化機関などにより定められた標準規格のことをデジュールスタンダード（de jure standard）と呼びます。

クトマネジメントに関わる共通の用語[2]の定義を参照できます。これにより、プロジェクトに関わるすべてのステークホルダー間で、誤解やコミュニケーション障害の発生が少なくなります。

本書ではPMBOK第6版にもとづいて、PMBOKの概要を説明します。なお、本書で用いている用語は、PMBOK第6版の日本語版に準拠しています。そのため、カタカナ表記が多くなっていることや、「所産」「承認済み変更要求」というような、PMBOK特有の表現がある点を最初にお断りしておきます。

本章で解説する項目は次の通りです。

5.1 PMBOKの概要

PMBOKでは、プロジェクトマネジメント活動で管理対象となる項目について、フェーズごとにプロジェクトマネジメント・プロセスとして定義します。本節では、プロジェクトマネジメント・プロセスを理解する上でポイントとなるPMBOKがベースとしている管理方法と、PMBOKで使われる用語を説明します。

5.1.1 PMBOKの管理方法

目標管理のモデルとして、今日よく使われるのはPDCAサイクルです。PDCAサイクルは、Plan（計画）、Do（実行）、Check（確認）、Act（処置）の4つのフェーズから構成されます（**図5.1**）。「計画」を立て、それにもとづいて「実行」し、計画通りの結果が得られたかを「確認」し、その内容にもとづく「処置」を施す、というサイクルを繰り返すものです。

2　プロジェクトマネジメントに関する用語はPMBOKで定義されます。プロジェクトの対象領域（プラント、システムなど）に関わる専門用語については、必要に応じて、各プロジェクトで独自の用語集を用意する必要があります（演習5.4.1で課題を用意しています）。

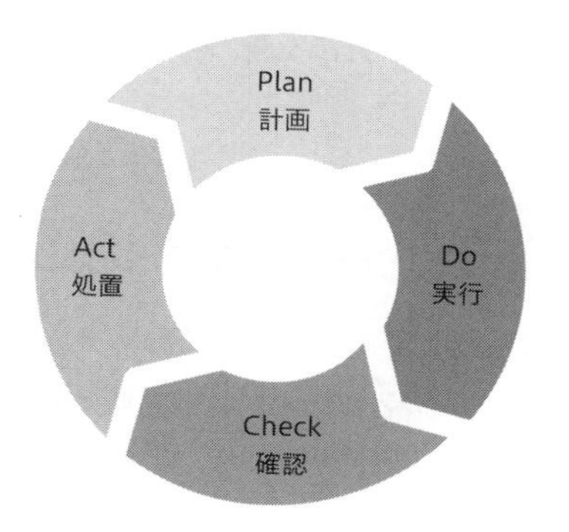

図5.1　PDCAサイクル

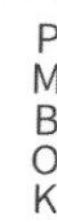

PMBOKの管理方法は、以下のようにPDCAサイクルをベースとして実行されます。

① Plan

プロジェクトにおけるPDCAサイクルをどのように回すのかを計画します。次項で説明するPMBOKの「知識エリア」にまとめられている個々の管理対象（スケジュール、コスト、など）ごとに「マネジメント計画書」を作成します。

マネジメント計画書に記載される主要な項目は、次の通りです。

・管理指標とする項目
・管理指標に関して収集するデータ、収集方法、収集のタイミング
・収集したデータの評価方法
・評価結果を承認するための許容範囲

② Do

プロジェクトの作業を実行します。その際、管理対象ごとにマネジメント計画書で定めた管理指標について、指定された方法でデータを収集します。

③ Check

Doで収集したデータについて、マネジメント計画書で指定された評価方法にもとづき、評価、確認作業を行います。

④ Act

Checkでの評価結果が、マネジメント計画書に記載されている許容範囲を超

えている場合は、必要な改善方法を提案し、ステークホルダーの合意の上、改善します。

5.1.2 知識エリアとプロジェクトマネジメント・プロセス群

PMBOKでは、プロジェクトマネジメント活動で実施される一連のアクティビティ（作業）を、プロジェクトマネジメント・プロセス（以下「プロセス」と略します）と呼びます。

PMBOK第6版では、49のプロセスを定義しています。これらのプロセスは、管理対象を定義した「知識エリア」と、PDCAサイクルをベースとした「プロジェクトマネジメント・プロセス群」（以下「プロセス群」と略します）の、2つの面からまとめています。

(1) 知識エリア

PMBOKでは、管理対象として10項目の「知識エリア」を定義しています（**表5.1**）。49のプロセスは、いずれかの知識エリアに割り当てられます。

表5.1　PMBOKの知識エリア

知識エリアの名称	管理対象
プロジェクト統合マネジメント	プロジェクト全体の管理
プロジェクト・スコープ・マネジメント	プロジェクトの作業範囲や成果物の管理
プロジェクト・スケジュール・マネジメント	スケジュールの管理
プロジェクト・コスト・マネジメント	資金面の管理
プロジェクト品質マネジメント	成果物に関する品質の管理
プロジェクト資源マネジメント	ヒトとモノの管理
プロジェクト・コミュニケーション・マネジメント	コミュニケーションの管理
プロジェクト・リスク・マネジメント	リスクの管理
プロジェクト調達マネジメント	外部資源調達の管理
プロジェクト・ステークホルダー・マネジメント	ステークホルダーとの関係の管理

(2) プロジェクトマネジメント・プロセス群

PMBOKでは、プロセスをPDCAサイクルに対応する5つのプロセス群にグループ化しています（**表5.2**）。5つのプロセス群の関係を**図5.2**に示します。

表5.2　PMBOKのプロジェクトマネジメント・プロセス群

プロセス群の名称	プロセス群の概要
立上げプロセス群	・プロジェクトとして、なにをいつまでに実施するのかを公式に認可するプロセスの集合。 ・プロジェクトマネージャーが任命され、プロジェクトがスタートする。 ・プロジェクトに関与するステークホルダーとして誰がいるのかを把握する。また、それぞれがこのプロジェクトにどのように関わっているのか、プロジェクトへの影響力をどれだけもっているのか、といった分析作業も行う。
計画プロセス群	・PDCAサイクルのPlanに対応するプロセスの集合。 ・知識エリアごとのマネジメント計画書をまとめるためのアクティビティが定義されている。 ・すべてのマネジメント計画書の整合性を取る形で、プロジェクトマネジメント計画書が作成される。
実行プロセス群	・PDCAサイクルのDoに対応するプロセスの集合。 ・各マネジメント計画書に従って、プロジェクトを推進するためのアクティビティが定義されている。 ・プロジェクトの進行状況を把握するために、各マネジメント計画書に書かれているデータが収集される。
監視・コントロール・プロセス群	・PDCAサイクルのCheckとActに対応するプロセスの集合。 ・プロジェクトの進め方を改善するアクティビティが定義される。 ・実行プロセス群で収集されたデータを確認し、計画時の想定値との差が許容範囲内かどうかを評価する。また、プロジェクトの進め方を改善する必要があれば、プロジェクトマネジメント計画書を修正する。
終結プロセス群	・プロジェクトに関わるすべての活動を完了させ、プロジェクトを正式に終了させるプロセスの集合。 ・調達（外注）を実施しているときは、調達に関わる契約作業などについても完了させる。

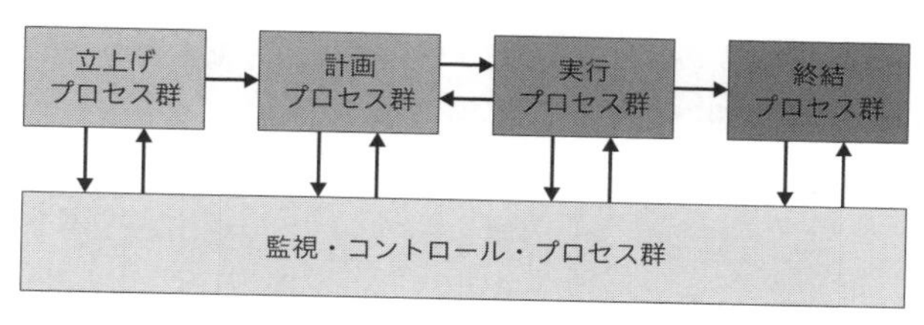

図5.2　5つのプロセス群の関係

5
PMBOK

5.1.3 PMBOKで使われる用語

PMBOKでは、特徴的な用語が使われています。ここでは、PMBOKを特徴づけている主な用語を説明します。

(1) 段階的詳細化

プロジェクト開始時に、プロジェクトに関わるすべての環境や状況を明確にすることは困難です。十分明確になっている事項もありますが、半分程度しか状況がつかめていない事項や、方向性は見えていても具体的な状況が把握できない事項があるものです。このように、プロジェクト開始時には、プロジェクトの状況が不透明な場合はよくあります。しかし、状況が明確になるまで待っていては、プロジェクトを開始することができません。

そこで、最初はその時点で把握できる程度の粗さで計画を立てておき、状況が明確になった時点で、具体的な計画に落とし込む「段階的詳細化」の考え方を取ることが有効です。これにより、プロジェクトに着手することができるようになります。なお、粗いレベルで計画した項目について、詳細化を行う条件(「○が明確になったら」「○月○日の時点で」など)を明確にしておくと、プロジェクトが失敗する可能性を低くすることができるでしょう。

(2) 組織体の環境要因

組織体の環境要因とは、プロジェクトを運営する上で、プロジェクト・チームの母体組織(所属する会社)の制約や、実施条件などを指します。

母体組織の内的な条件の例には、その組織の1年間の稼働日を規定した「組織カレンダー」があります。たとえば、8月12日から16日までを夏季休業と決めている場合、この期間はプロジェクトを進めることができません。

母体組織の外的な条件の例には、監督省庁が定めた管理基準があります。管理基準の中で申請や報告が義務付けられている場合、プロジェクトを一時停止してでも、これらの申請や報告を行う必要があります。

(3) 組織のプロセス資産

PMBOKでは、プロジェクトマネジメント活動を通じて得られた知識やノウハウを母体組織内に蓄積することを推奨しています。そうして蓄積された知識やノウハウは「組織のプロセス資産」と呼ばれ、次のプロジェクトマネジメント活動に活かされます。

組織のプロセス資産に含まれるものには、プロジェクト遂行時に作成される各種文書のテンプレートや、各種手続きのガイドライン、過去のプロジェクトを通じて得られた品質管理データ、などがあります。

(4) 変更要求

プロジェクト遂行時に得られた管理指標に対応するデータが許容範囲内であれば、そのままプロジェクトを推進できます。一方、許容範囲内ではあるものの、あと少しで許容範囲を超えそうな場合は、あらかじめそれ以上悪化しないための対策（「予防処置」と呼びます）を変更要求として発行します。また、許容範囲を超えている場合は、状態を改善するための対策（「是正処置」と呼びます）を発行します。

「変更を実施する」のではなく、「変更要求を発行する」のは、プロジェクト・チームが自らの判断で、マネジメント計画書を変更させないためです。PMBOKでは、マネジメント計画書の変更は、ステークホルダーの合意の下で行うことが決められています。なお、発行された変更要求は必ず承認されるものではない、という点も留意しておく必要があります。

5.1.4 PMBOKプロセスの記法

PMBOKではプロセスの内容を、「インプット」「アウトプット」「ツールと技法」の3つの要素で説明しています（**表5.3**）。

本章では、各プロセスを説明する際にPMBOKで示されているインプットとアウトプットのうち、主要なものを「主な情報源」および「主な成果物」として説明しています。

表 5.3　PMBOK のプロセス記法

インプット（主な情報源）	プロセスを実施する上で、入力として提供される情報
アウトプット（主な成果物）	プロセスの出力として生成される文書、成果物、情報
ツールと技法	インプットからアウトプットを生成する際に、利用できるツールや技法、プラクティス

5.2 知識エリアで見る49プロセス

ここでは、前節で説明したPMBOKの10の知識エリア（表5.1）の観点から、49のプロセスについて説明します。**表5.4**は、PMBOKの知識エリアとプロセスの関係を俯瞰するためにまとめたマトリックスです。

5.2.1 プロジェクト統合マネジメント

プロジェクト統合マネジメントには、7つのプロセスがあります（**表5.5**）。立上げプロセス群から終結プロセス群まで、プロジェクトのPDCAサイクルを担うプロセスが含まれています。

5.2.2 プロジェクト・スコープ・マネジメント

プロジェクト・スコープ・マネジメントには、6つのプロセスがあります（**表5.6**）。ステークホルダーが要求するプロジェクトの範囲と、成果物に関わる知識エリアです。

計画プロセス群では、ステークホルダーの要求事項を正確にプロジェクト計画に反映することが求められます。また、プロジェクトの遂行段階では、計画された内容にもとづいて成果物が要求通りに作られているか、監視・コントロールが行われます。

5.2.3 プロジェクト・スケジュール・マネジメント

プロジェクト・スケジュール・マネジメントには、6つのプロセスがあります（**表5.7**）。プロジェクトのスケジュールを管理します。

計画段階では、「WBSの作成」プロセスで作成されたWBS（Work Breakdown Structure）[3]の内容から成果物を作成するためのアクティビティ（作業）に分解します。そしてその前後関係や所要期間を考慮して、カレンダーと紐づいた具体的

3　WBSは、成果物を細分化して木構造で表したものです。WBSの詳細は、第7章で説明します。

表 5.4　PMBOK の知識エリアとプロセスの対応

知識エリア・プロセス	プロジェクトマネジメント・プロセス群				
	立上げプロセス群	計画プロセス群	実行プロセス群	監視・コントロール・プロセス群	終結プロセス群
プロジェクト統合マネジメント	・プロジェクト憲章の作成	・プロジェクトマネジメント計画書の作成	・プロジェクト作業の指揮・マネジメント ・プロジェクト知識のマネジメント	・プロジェクト作業の監視・コントロール ・統合変更管理	・プロジェクトやフェーズの終結
プロジェクト・スコープ・マネジメント		・スコープ・マネジメントの計画 ・要求事項の収集 ・スコープの定義 ・WBSの作成		・スコープの妥当性確認 ・スコープのコントロール	
プロジェクト・スケジュール・マネジメント		・スケジュール・マネジメントの計画 ・アクティビティの定義 ・アクティビティの順序設定 ・アクティビティの所要期間見積り ・スケジュールの作成		・スケジュールのコントロール	
プロジェクト・コスト・マネジメント		・コスト・マネジメントの計画 ・コストの見積り ・予算の設定		・コストのコントロール	
プロジェクト品質マネジメント		・品質マネジメントの計画	・品質のマネジメント	・品質のコントロール	
プロジェクト資源マネジメント		・資源マネジメントの計画 ・アクティビティ資源の見積り	・資源の獲得 ・チームの育成 ・チームのマネジメント	・資源のコントロール	
プロジェクト・コミュニケーション・マネジメント		・コミュニケーション・マネジメントの計画	・コミュニケーションのマネジメント	・コミュニケーションの監視	
プロジェクト・リスク・マネジメント		・リスクマネジメントの計画 ・リスクの特定 ・リスクの定性的分析 ・リスクの定量的分析 ・リスク対応の計画	・リスク対応策の実行	・リスクの監視	
プロジェクト調達マネジメント		・調達マネジメントの計画	・調達の実行	・調達のコントロール	
プロジェクト・ステークホルダー・マネジメント	・ステークホルダーの特定	・ステークホルダー・エンゲージメントの計画	・ステークホルダー・エンゲージメントのマネジメント	・ステークホルダー・エンゲージメントの監視	

（出典）PMBOK 第 6 版にもとづき作成

表 5.5　プロジェクト統合マネジメント

プロセス群	プロセス名
立上げプロセス群	・プロジェクト憲章の作成
計画プロセス群	・プロジェクトマネジメント計画書の作成
実行プロセス群	・プロジェクト作業の指揮・マネジメント ・プロジェクト知識のマネジメント
監視・コントロール・プロセス群	・プロジェクト作業の監視・コントロール ・統合変更管理
終結プロセス群	・プロジェクトやフェーズの終結

表 5.6　プロジェクト・スコープ・マネジメント

プロセス群	プロセス名
立上げプロセス群	−
計画プロセス群	・スコープ・マネジメントの計画 ・要求事項の収集 ・スコープの定義 ・WBSの作成
実行プロセス群	−
監視・コントロール・プロセス群	・スコープの妥当性確認 ・スコープのコントロール
終結プロセス群	−

表 5.7　プロジェクト・スケジュール・マネジメント

プロセス群	プロセス名
立上げプロセス群	−
計画プロセス群	・スケジュール・マネジメントの計画 ・アクティビティの定義 ・アクティビティの順序設定 ・アクティビティの所要期間の見積り ・スケジュールの作成
実行プロセス群	−
監視・コントロール・プロセス群	・スケジュールのコントロール
終結プロセス群	−

なスケジュールに組み上げます。

プロジェクトの遂行段階では、計画したスケジュールから遅延していないか、監視・コントロールが行われます。

5.2.4 プロジェクト・コスト・マネジメント

プロジェクト・コスト・マネジメントには、4つのプロセスがあります（**表5.8**）。プロジェクト費用に関する管理を行います。

コストの見積りには、プロジェクトのスケジュールや資源に関する情報が必要です。また、最初に決められたプロジェクト費用には上限があるため、スケジュールや資源を含む他の知識エリアの計画プロセスとの調整が欠かせません。

プロジェクトの遂行段階では、計画した予算から逸脱していないか、監視・コントロールが行われます。

表5.8　プロジェクト・コスト・マネジメント

プロセス群	プロセス名
立上げプロセス群	−
計画プロセス群	・コスト・マネジメントの計画 ・コストの見積り ・予算の設定
実行プロセス群	−
監視・コントロール・プロセス群	・コストのコントロール
終結プロセス群	−

5.2.5 プロジェクト品質マネジメント

プロジェクト品質マネジメントには、3つのプロセスがあります（**表5.9**）。プロジェクトの成果物の品質が、ステークホルダーの要求を十分満たすために必要な管理を行います。

表 5.9　プロジェクト品質マネジメント

プロセス群	プロセス名
立上げプロセス群	–
計画プロセス群	・品質マネジメントの計画
実行プロセス群	・品質のマネジメント
監視・コントロール・プロセス群	・品質のコントロール
終結プロセス群	–

5.2.6 プロジェクト資源マネジメント

プロジェクト資源マネジメントには、6つのプロセスがあります（**表5.10**）。プロジェクトで必要となる人的資源と物的資源の管理を行います。

計画段階では、プロジェクトで実行するアクティビティ（作業）に対して、どのような資源がいつ、どの程度必要なのかを見積ります。また、遂行段階では、見積った資源を確実にプロジェクト・チームに提供します。

プロジェクト資源マネジメントのもう1つの役割は、割り当てられた人材をプロジェクト・チームに編成し、プロジェクト遂行に必要なパフォーマンスを発揮できるように育成することです。

表 5.10　プロジェクト資源マネジメント

プロセス群	プロセス名
立上げプロセス群	–
計画プロセス群	・資源マネジメントの計画 ・アクティビティ資源の見積り
実行プロセス群	・資源の獲得 ・チームの育成 ・チームのマネジメント
監視・コントロール・プロセス群	・資源のコントロール
終結プロセス群	–

5.2.7 プロジェクト・コミュニケーション・マネジメント

プロジェクト・コミュニケーション・マネジメントには、3つのプロセスがあります（**表5.11**）。

PMBOKではプロジェクトマネジメントにおいて、コミュニケーションは必要不可欠な要素であると説明しています。プロジェクト・チームの良好な運営には、コミュニケーションが欠かせません。また、ステークホルダーに対して、プロジェクトの状況を適切なタイミングで説明する必要があることは、いうまでもありません。

表5.11　プロジェクト・コミュニケーション・マネジメント

プロセス群	プロセス名
立上げプロセス群	－
計画プロセス群	・コミュニケーション・マネジメントの計画
実行プロセス群	・コミュニケーションのマネジメント
監視・コントロール・プロセス群	・コミュニケーションの監視
終結プロセス群	－

5.2.8 プロジェクト・リスク・マネジメント

プロジェクト・リスク・マネジメントには、7つのプロセスがあります（**表5.12**）。プロジェクトの遂行に影響を与える課題（リスク）を洗い出し、それらが発生する前に発生した場合の対策を立てます。そして、プロジェクト遂行中は、そうしたリスクが発生していないかを監視し、リスクが発生した場合には、事前に用意した対策を実施します。

5.2.9 プロジェクト調達マネジメント

プロジェクト調達マネジメントには、3つのプロセスがあります（**表5.13**）。調達とは、組織の外部から製品やサービスを購入、または取得することです。

表 5.12　プロジェクト・リスク・マネジメント

プロセス群	プロセス名
立上げプロセス群	－
計画プロセス群	・リスク・マネジメントの計画 ・リスクの特定 ・リスクの定性的分析 ・リスクの定量的分析 ・リスク対応の計画
実行プロセス群	・リスク対応策の実行
監視・コントロール・プロセス群	・リスクの監視
終結プロセス群	－

表 5.13　プロジェクト調達マネジメント

プロセス群	プロセス名
立上げプロセス群	－
計画プロセス群	・調達マネジメントの計画
実行プロセス群	・調達の実行
監視・コントロール・プロセス群	・調達のコントロール
終結プロセス群	－

調達にあたっては、それぞれの組織で決められたルールが多いため、それに従って実施することが重要です。

5.2.10 プロジェクト・ステークホルダー・マネジメント

プロジェクト・ステークホルダー・マネジメントには、4つのプロセスがあります（**表5.14**）。ステークホルダーとして誰が存在するのかを特定し、すべてのステークホルダーの期待通りにプロジェクトが遂行、完了するように、ステークホルダーとの関係を維持します。

表 5.14　プロジェクト・ステークホルダー・マネジメント

プロセス群	プロセス名
立上げプロセス群	・ステークホルダーの特定
計画プロセス群	・ステークホルダー・エンゲージメントの計画
実行プロセス群	・ステークホルダー・エンゲージメントのマネジメント
監視・コントロール・プロセス群	・ステークホルダー・エンゲージメントの監視
終結プロセス群	–

5.3 国際標準 ISO 21500 "Guidance on project management"

本章の最初で、PMBOKが国内ではデファクトスタンダード（事実上の標準）となっていると説明しました。一方、デジュールスタンダード（規格）としては、日本プロジェクトマネジメント協会（PMAJ）の「プロジェクト&プログラムマネジメント標準ガイドブック（P2M）」が、国内で開発されたプロジェクトマネジメントの規格として存在します。また、英国には、英国政府調達室のPRINCE2（Projects In Controlled Environments）と英国規格協会（BSI）のBS6079（Project Management. Principles And Guidance For The Management Of Projects）という代表的な2つの規格があります。

このように、各国がバラバラにプロジェクトマネジメントの手法を用意するようになると、第2章で説明したソフトウェア開発標準と同様の問題が発生します。つまり、プロジェクトマネジメントという目的は同じでも、用語や構成が似て非なるものとなってしまい、お互いの意思疎通にも困る状況が発生するわけです。

このような状況を打開する方策として、2012年9月にプロジェクトマネジメントに関する国際標準（ガイダンス）として、ISO 21500 "Guidance on project management"が制定されました。

ISO 21500では、5つのプロセスグループ（Initiating、Planning、Implementing、Controlling、Closing）と10のサブジェクトグループ（Integration、Stakeholder、Scope、Resource、Time、Cost、Risk、Quality、Procurement、Communication）、そして39のプロセスが定義されています。

PMBOKの第4版までは、プロジェクト・ステークホルダー・マネジメントは、プロジェクト・コミュニケーション・マネジメントの中に含まれており、知識エリアは9つでした。ISO 21500が制定されたあとに発行された第5版以降は、プロジェクト・ステークホルダー・マネジメントが独立した知識エリアとなり、ISO 21500に準拠した内容となりました。

5.4 演習

第5章では、PMBOKについて学びました。PMBOKは10項目の知識エリアと、5つのプロジェクトマネジメント・プロセス群で整理されたプロセス（手続き）標準を定める知識体系です。プロジェクトマネジメントの標準としては定評のあるPMBOKですが、なにしろ大規模なプロジェクトも遺漏なくマネジメントできるように、かなり大掛かりなものとなっています。そのため、さまざまな専門用語が随所に現れたり、記述がややしゃちほこばっていたりと、取っ付きにくさを感じる点も否めません。

そこで、本演習ではまず、用語集を作ることからはじめます。用語を理解できたら、PMP資格を得ることを想定して情報収集を行いましょう。さらに、身近なプロジェクトにPMBOKの知識を活用していくことも考えます。

5.4.1 用語集を作ろう

まずは、用語を理解するところからはじめましょう。できれば、専用のノート[4]を用意するなど、いつでも参照できるようにしておくことが望ましいです。用語集のスタイルは、皆さんがやりやすいように決めてください。**表5.15**のように、表形式で整理する方法もよいでしょう。

PMBOKをざっと眺めて、まずは「なんだかよくわからない」と感じた単語を拾いあげます。そして、それらの用語が意味するところを調べ、用語集に書き込んでいきましょう。

5.4.2 PMP資格を得るための準備をしよう

PMPは、PMI（Project Management Institute）が認めるProject Management Professional（プロジェクトマネジメント専門家）の専門家資格です。PMPとして認められれば、あなたはもうプロジェクトマネジメントの専門家として認められたということです。

4　パソコンでいつでも参照できるように用語集のファイルを作るというやり方でも構いません。

表 5.15　PMBOK 用語集

用語	用語の説明
独自のプロダクト、サービス、所産	プロジェクトの成果として得られる、他に類のない製品（プロダクト）やサービス、アウトプット（所産）のこと。
組織のプロセス資産	組織が所有している、プロジェクトの遂行に役に立つさまざまなものののこと。これまでの経験で得られた知識を明記したマニュアルや手順書、議事録、報告書など、公式、非公式を問わず、組織に存在する知的財産を指す。
スコープ	対象とする範囲のこと。たとえば、在庫管理システムの開発プロジェクトであればそのスコープは在庫の管理であって、販売管理や勤怠管理はこのプロジェクトのスコープに含まれない。
（用語を追加しよう）	（以下、用語の説明を書き込んでいきましょう）

PMP資格は、履歴書に書ける資格です。すなわち、プロジェクトマネジメントに関して一定の知識や経験をもっているということを証明してくれる資格です。履歴書に書いておけば、採用者から能力を認められるので有利だということです。

PMP資格を得るためにはなにをすればよいでしょうか。PMPの試験を受けて合格すれば、PMPになることができます。ただし、知識と経験が問われる資格のため、そもそも素人が受験をすることはできません。ですが、まだプロジェクトマネジメントの経験がない方であっても、大丈夫。資格を得るための準備をいまからしておけば、効率よく資格を得ることができるでしょう。

表5.16は、PMP受験に必要なことをリストアップしたものです。空欄になっているところを調べて埋めておきましょう。

表 5.16　PMP 受験に必要なこと

受験費用を用意する	555 USDが必要なので、用意する。
受験申請の方法	PMIへアカウント申請する。申請方法は～（調べてみよう）。
前提条件を満たす	前提条件は以下の２つ ・35時間のPM公式研修の履修が完了していること ・規定された実務経験をもつこと
PM公式研修の例	（公式研修にはどのようなものがあるか、調べてみよう）
実務経験の例	（どのような実務経験を問われているか、調べてみよう）
試験会場で受験	（どこで試験が行われるか、調べてみよう）

5.4.3 PMBOKの知識を活用しよう

PMBOKの知識体系は網羅的かつ大規模なため、身近にある小さなプロジェクトには少し大げさに感じてしまうかもしれません。「牛刀をもって鶏を割く」[5]ように感じることもあるでしょう。しかし、それに対しては「つまみ食いでOK」と考えます。すなわち、PMBOKのすべてをきっちりと適用しなくてもよいということです。

もちろん、大きなプロジェクトになればなるほど、PMBOKで定められているプロセスを厳密に適用しなければ、そもそもプロジェクトは失敗に終わる可能性が高くなってしまいます。しかし、小さなプロジェクトでPMBOKのプロセスをきっちり適用させると、かえって負荷が大きくなってしまい、効率が悪くなる可能性があります。

PMBOKで定める各プロセスの詳細は次章以降で詳しく学んでいきますが、まずは身近な例を考えて、それらがPMBOKのどの知識エリアに該当しそうかを考えてみましょう。

以下は、学園祭で模擬店を出すという事例をプロジェクトに見立てて、そこで考えられる心配事に関して、それぞれ、どの知識エリアのプロセスで解決できそうかを考えてみたものです。あなたの身近な事例を考えて、それぞれがどの知識エリアで対応できるか、列挙してみてください。

・どんな模擬店をいつからいつまで実施するのか。その準備はどうするのか。
　→ スコープ・マネジメントとスケジュール・マネジメント
・材料の調達はどうするのか。予算と売上予測はどうなっているのか。
　→ 調達マネジメントとコスト・マネジメント
・主要なメンバーは誰か。学園祭の期間中、模擬店に張り付いている人員は何人か。
　→ 資源マネジメントとコミュニケーション・マネジメント
・食中毒が出たらどうするのか。
　→ リスク・マネジメント

5　小さな物事を処理するのに必要以上に大げさな手段を用いることのたとえ。

第 6 章

プロジェクトの立上げとスコープ定義

本章から第15章にかけて、いよいよPMBOKの49のプロセスについて1つずつ解説していきます。

まず第6章では、プロジェクトを立上げて、スコープ定義を行うまでの6つプロセスについて、説明します。具体的には、PMBOKの知識エリアである「プロジェクト統合マネジメント」の立上げプロセス群に含まれる「プロジェクト憲章の作成」、「プロジェクト・ステークホルダー・マネジメント」の立上げプロセス群に含まれる「ステークホルダーの特定」、「プロジェクト統合マネジメント」の計画プロセス群に含まれる「プロジェクトマネジメント計画書の作成」。さらに、「プロジェクト・スコープ・マネジメント」の計画プロセス群に含まれる4つのプロセスのうち、「スコープ・マネジメントの計画」「要求事項の収集」「スコープの定義」の3つを解説します。なお、最後に残った「WBSの作成」プロセスについては、WBSの解説も含めて第7章で説明します。

本章で解説する項目は次の通りです。

・6.1 プロジェクトの立上げ
・6.2 プロジェクトマネジメント計画書の作成
・6.3 プロジェクト・スコープ・マネジメント

6.1 プロジェクトの立上げ

PMBOKの立上げプロセス群には、プロジェクトを開始するために必要なプロセスとして、「プロジェクト憲章の作成」が含まれています。プロジェクトを開始する前に必ず決定しておかなければならない項目は、次の2点です。

・プロジェクトの境界
　組織のビジネスニーズや要求事項にもとづいて、プロジェクトで実施する範囲（境界）を明確にする
・プロジェクトの資金調達
　プロジェクトを実施するための資金について、その金額や調達方法を定める

これらはすべて、「プロジェクト憲章」に記載します。そうしたプロジェクト憲章が承認されて初めて、プロジェクトを立上げることができます。

6.1.1 プロジェクト憲章の作成

まずは、「プロジェクト統合マネジメント」の立上げプロセス群に含まれる「プロジェクト憲章の作成」を解説します。

プロジェクト憲章は、プロジェクトの立上げを正式に認めた（認可した）文書です。「憲章」という名前は大げさに聞こえますが、そのプロジェクトを実施する必要性や、プロジェクトの目標、予算、成果物の概要、大まかなスケジュールなどを記載します。

プロジェクト憲章を作成する際の主な情報源には、「ビジネス文書」と「合意書[1]」があります（**図6.1**）。自分の組織環境をベースとして能動的に遂行するプロジェクトにおいて、プロジェクトの背景などを説明するものがビジネス文書です。一方、外部組織からの要請によって受動的に遂行するプロジェクトにおいては、実施すべき内容を発注元と取り交わしたものが合意書（多くの場合は契約書）で

1　PMBOKの原文は、agreementsです。PMBOK第6版日本語版では、「プロジェクト憲章の作成」以外のプロセスでも使われていますが、他のプロセスでの訳語は「合意」となっています。本書では、すべてのプロセスで「合意書」という訳語を使うことにします。

す。多くのプロジェクトはこの2つに分類できます[2]（**表6.1**）。

「プロジェクト憲章の作成」の主な情報源

- ■ ビジネス文書
  - ✓市場の需要
  - ✓組織のニーズ
  - ✓顧客要求
- ■ 合意書
  - ✓契約書
- ■ 組織体の環境要因
- ■ 組織のプロセス資産

「プロジェクト憲章の作成」の主な成果物

- ■ プロジェクト憲章
  - ✓プロジェクト目的
  - ✓概念レベルのプロジェクト記述、境界、および主要成果物
  - ✓概念レベルの要求事項
  - ✓プロジェクトの全体リスク
  - ✓要約マイルストーン
  - ✓事前承認された財源
  - ✓プロジェクト終了基準
  - ✓任命されたプロジェクトマネージャ、その責任と権限のレベル

図6.1 「プロジェクト憲章の作成」の主な情報源と成果物

表6.1 能動的／受動的プロジェクトの例

能動的に遂行するプロジェクトの例	受動的に遂行するプロジェクトの例
・企業活動の中期経営計画の策定作業 ・新しい社屋や工場の建設 ・新製品、新サービスの開発、導入 ・CSR起点の期間限定の貢献活動など	・ソフトウェア開発、工事などの受託作業 ・調査、コンサルティング業務 ・イベントでの警備、管理業務など

図6.1にある「組織体の環境要因」としては、プロジェクトで考慮すべき条件や制約を確認します。たとえば、海外への輸出も想定した新製品を開発するプロジ

2 以降の本書におけるPMBOKの各プロセスの説明では、それぞれのプロセスを実施する上で参照する主要な情報を「主な情報源」、プロセスの成果としてまとめられる文書や情報を「主な成果物」として示しています。

ェクトであれば、その製品に関連する国際標準などに準拠していることなどが制約となるでしょう。

「組織のプロセス資産」としては、過去に実施した類似プロジェクトに関する情報やプロジェクト憲章のテンプレートなど、このプロジェクトに活用できる過去のプロジェクトマネジメントに関する情報を確認します。

上述した主な情報源からプロジェクトを具体化するために、次に挙げるような分析作業を実施します。なお、契約書にもとづく受動的に遂行するプロジェクトの場合、プロジェクトの内容は契約書などに記載済みです。しかし、同様の分析を実施することで、より一層プロジェクトの内容の具体化が図れます。

・想定している成果物は実現可能か
・費用とスケジュールは想定内に収まるか
・完成後、採算は取れるか
・以上の課題のいずれかが満たせない場合、代替案で実現できるか
・プロジェクトに影響をおよぼすリスクとしてなにがありそうか、など

プロジェクト憲章には、こうした分析作業の結果やプロジェクトの目的や概念レベル[3]で記述したプロジェクトの内容、プロジェクトの境界、成果物、要求事項など、プロジェクトの主な要件を記載します。また、プロジェクトに影響を与えるリスクや大まかなスケジュールも記載します。

プロジェクト憲章に記載した内容は、プロジェクトを立上げるために必要な最低限のものです。プロジェクトの具体的な内容は、次節で説明する「プロジェクトマネジメント計画書」に記載します。このように、順を追って具体化する進め方は、第5章で説明した「段階的詳細化」によるものといえます。なお、プロジェクト・マネージャーは、プロジェクト憲章の作成中に任命するのが望ましいとされています。

3 PMBOKの原文はhigh-levelです。

6.1.2 ステークホルダーの特定

次に、「プロジェクト・ステークホルダー・マネジメント」の立上げプロセス群に含まれる「ステークホルダーの特定」を解説します。このプロセスでは、プロジェクトに関わるステークホルダーを洗い出し、プロジェクトに対する期待、関心、影響という観点から、プロジェクトとステークホルダーの関係について分析を行います。

ステークホルダーの特定は、プロジェクト憲章の作成に引き続いて実施されることを前提としています。ただし、異動やプロジェクトを取り巻く環境の変化により、ステークホルダーが変化（増減、交代など）した場合は、プロジェクトの計画時、遂行時を問わず、必要に応じて実施します。

ステークホルダーを特定するための主な情報源には、プロジェクト憲章や合意書があります（**図6.2**）。合意書には、署名捺印者や付属書類である仕様書の内容に、ステークホルダーの特定に有効な情報が含まれています。

「ステークホルダーの特定」の主な情報源

- ■ プロジェクト憲章
- ■ プロジェクトマネジメント計画書
  - ✓ コミュニケーション・マネジメント計画書
  - ✓ ステークホルダー・エンゲージメント計画書
- ■ 合意書
- ■ 組織体の環境要因
- ■ 組織のプロセス資産

▼

「ステークホルダーの特定」の主な成果物

- ■ ステークホルダー登録簿
- ■ 変更要求
- ■ プロジェクトマネジメント計画書 更新
  - ✓ コミュニケーション・マネジメント計画書
  - ✓ リスク・マネジメント計画書
  - ✓ ステークホルダー・エンゲージメント計画書
- ■ プロジェクト文書 更新
  - ✓ リスク登録簿

図6.2 「ステークホルダーの特定」の主な情報源と成果物

海外で実施するプロジェクトの場合は、とくに現地の商習慣や慣行（組織体の環境要因に区分されます）を理解する必要があります。たとえば、国外の地域によっては事務手続きをスムーズに実施するために、さまざまな根回しが不可欠なケースもあります[4]。

ステークホルダーとの関係を良好に維持する方法については、第13章で説明します（「コミュニケーション・マネジメント計画書」と「ステークホルダー・エンゲージメント計画書」)。しかし、いずれの計画書も、プロジェクト立上げ時にステークホルダーを特定する段階では、まだ作成されていないのが一般的です。これらの計画書が先行して作成されていた場合にのみ、情報源として活用します。

ステークホルダーを分析した結果は、以下の情報を中心に「ステークホルダー登録簿」として記録します。

- 氏名、組織、プロジェクトでの役割、など
- プロジェクトに対する要求事項、期待、影響、利害関係、など
- プロジェクトの支持者か、中立者か、抵抗者か、の区分

ステークホルダーの変化に伴ってこのプロセスを実施した場合は、作成済みのプロジェクト計画書やプロジェクト文書に影響を与える可能性があります。その場合は必要に応じて、対象となる計画書や文書に関する変更要求を発行します。更新対象にリスク・マネジメント計画書やリスク登録簿（それぞれの内容の詳細は第10章で説明します）が含まれている理由は、ステークホルダーの変化がプロジェクト運営におよぼす影響が大きいため、改めてリスク分析を行う必要があるからです。

(1) 権力と関心度のグリッド

収集したステークホルダーに関する情報の分析項目の例として、以下のものがあります。

- **権力**：発言に対する権限の強さ

4　グローバルスタンダードの普及により、以前は犯罪とならなかった商習慣が、現在は犯罪となってしまうということも多くなりました。海外で活動する場合は、最新の情報を収集しておくことが必要です。

- **関心度**：プロジェクトの進捗や成果物に対する関心の高さ
- **影響度**：プロジェクトの進捗や成果物に対する影響の大きさ
- **利害関係**：プロジェクトの遂行に関する利害関係の有無[5]
- **役割**：プロジェクトでの役割
- **立場**：プロジェクト内のメンバーか、外部のメンバーか、など

ステークホルダーを分析した結果は、視覚化して表現すると、その様子がわかりやすくなります。権力と関心度にもとづく視覚化の方法として、「権力と関心度のグリッド」の例を示します（**図6.3**）。プロジェクトオーナーの組織に所属するステークホルダー（メンバー）について、それぞれの権力と関心度を分析した結果です。組織内の序列（権力）は、A本部長が最も強いはずです。しかしこのプロジェクトに関しては、C副部長の権力が強く、関心度も高いことがわかります。結果、このプロジェクトを遂行する際には、C副部長を重要なステークホルダーと位置づけ、良好な関係を維持できるように、C副部長と適切なコミュニケーションを取ることの優先順位を高めることが必要となります。

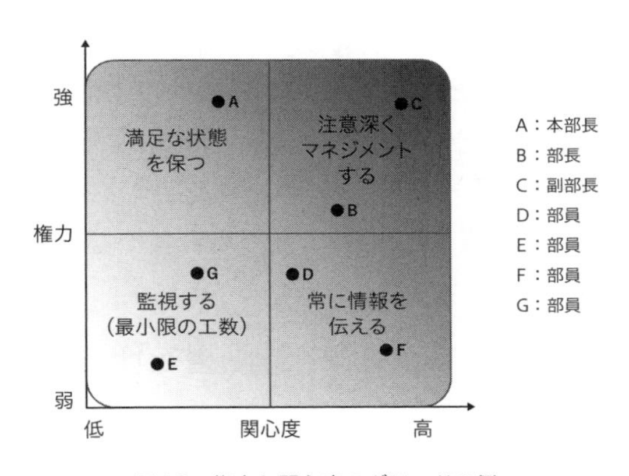

図6.3　権力と関心度のグリッドの例

5　たとえば、環境に影響をおよぼすプロジェクトの場合、環境保護団体などがステークホルダーに加わることになります。

6.2 プロジェクトマネジメント計画書の作成

次に、「プロジェクト統合マネジメント」の計画プロセス群に含まれる「プロジェクトマネジメント計画書の作成」を解説します。このプロセスは、計画プロセス群の中で最後に完成する計画書です。なぜなら、プロジェクト全体を対象とした計画書であるため、計画プロセス群の他のプロセスの、主な成果物に当たる各種計画書がその構成要素に含まれるからです。

表6.2は、表頭（列）と表側（行）に計画プロセス群に含まれる24のプロセスを、知識エリア別に並べたものです。表側（参照先）のプロセスで必要とする情報（計画書）が、表頭（情報源）のどのプロセスで作られるものかを示しています。たとえば、「プロジェクト・スコープ・マネジメントの計画」の「要求事項の収集」プロセスは、「スコープ・マネジメントの計画」と「ステークホルダー・エンゲージメントの計画」の成果物（計画書）を必要としています。また、1行目の「プロジェクトマネジメント計画書の作成」では、すべての計画プロセス群のプロセスで作成する計画書が必要であることがわかります。

表6.2を見ての通り、各プロセスは複雑な依存関係になっています。そのため、あるプロセスを実施しようとした際に、必要な文書がまだ作成されていないこともあります。その場合は、その時点で揃っている情報で作業を行います。足りない情報は対応する文書ができあがった時点で、改めてそのプロセスの成果物を確認し、見直します。

6.2.1 プロジェクトマネジメント計画書を作る

「プロジェクトマネジメント計画書の作成」は、プロジェクトの進め方や終結の基準を定めるものです。具体的には、PMBOKで定める10の知識エリアごとに、どのようにPDCAサイクルを回すのかを規定します。

プロジェクトマネジメント計画書の作成は、プロジェクト憲章や、他の計画プロセス群の各プロセスで作成された情報にもとづきます。作成にあたっては、プロジェクトの成果物に関わる標準や法規制上の制約条件、母体組織の組織構造や文化（組織体の環境要因）を考慮する必要があります。また、組織標準としてプロジェクトの進め方や終結の基準（組織のプロセス資産）が決まっている場合に

表 6.2　プロジェクトマネジメント計画書の作成時の情報の流れ

参照先 ＼ 情報源	プロジェクトマネジメント計画書の作成	スコープ・マネジメントの計画	要求事項の収集	スコープの定義	WBSの作成	スケジュール・マネジメントの計画	アクティビティの定義	アクティビティの順序設定	アクティビティ所要期間の見積り	スケジュールの作成	コスト・マネジメントの計画	コストの見積り	予算の設定	品質マネジメントの計画	資源マネジメントの計画	アクティビティ資源の見積り	コミュニケーション・マネジメントの計画	リスク・マネジメントの計画	リスクの特定	リスクの定性的分析	リスクの定量的分析	リスク対応の計画	調達マネジメントの計画	ステークホルダー・エンゲージメントの計画
プロジェクトマネジメント計画書の作成		○	○	○	○	○	○	○	○	○	○	○	○	○	○	○	○	○	○	○	○	○	○	○
スコープ・マネジメントの計画														○										
要求事項の収集		○																						○
スコープの定義		○	○																			○		
WBSの作成		○	○	○																				
スケジュール・マネジメントの計画		○																						
アクティビティの定義		○			○																			
アクティビティの順序設定					○	○	○																	
アクティビティ所要期間の見積り					○	○	○	○								○					○			
スケジュールの作成					○	○	○	○	○							○					○			
コスト・マネジメントの計画						○												○						
コストの見積り					○					○	○			○		○					○			
予算の設定					○					○	○	○			○						○			
品質マネジメントの計画		○	○		○													○			○			○
資源マネジメントの計画			○		○					○				○							○			○
アクティビティ資源の見積り					○				○			○			○						○			
コミュニケーション・マネジメントの計画			○												○									○
リスク・マネジメントの計画	○	○			○	○				○	○		○	○	○		○						○	○
リスクの特定		○	○		○	○			○	○	○	○	○	○	○			○						○
リスクの定性的分析																		○	○					○
リスクの定量的分析					○			○	○	○		○	○			○		○		○				
リスク対応の計画										○			○		○	○		○			○			○
調達マネジメントの計画		○	○		○			○						○	○	○						○		○
ステークホルダー・エンゲージメントの計画										○					○		○	○				○		

は、その内容に従う必要があります（**図6.4**）。

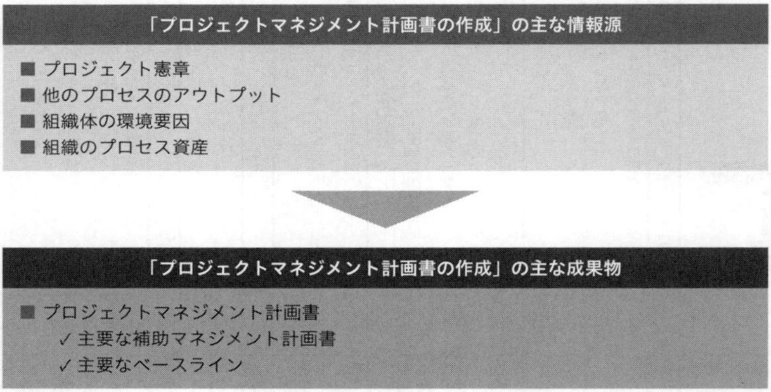

「プロジェクトマネジメント計画書の作成」の主な情報源

- プロジェクト憲章
- 他のプロセスのアウトプット
- 組織体の環境要因
- 組織のプロセス資産

「プロジェクトマネジメント計画書の作成」の主な成果物

- プロジェクトマネジメント計画書
  - ✓主要な補助マネジメント計画書
  - ✓主要なベースライン

図6.4 「プロジェクトマネジメント計画書の作成」の主な情報源と成果物

プロジェクトマネジメント計画書を構成する主要な補助マネジメント計画書は、以下の10種類です。これらは、PMBOKの10の知識エリアとほぼ対応しています。要求事項マネジメント計画書は、プロジェクト・スコープ・マネジメントにおける成果物です。

・スコープ・マネジメント計画書
・要求事項マネジメント計画書
・スケジュール・マネジメント計画書
・コスト・マネジメント計画書
・品質マネジメント計画書
・資源マネジメント計画書
・コミュニケーション・マネジメント計画書
・リスク・マネジメント計画書
・調達マネジメント計画書
・ステークホルダー・エンゲージメント計画書

また、主要なベースラインは、以下の3種類です。プロジェクトの進捗状況を確認する際の基準として作成されます。

・**スコープ・ベースライン**：成果物を規定するもの
・**スケジュール・ベースライン**：スケジュールを規定するもの
・**コスト・ベースライン**：予算を規定するもの

さらに、プロジェクトマネジメントを実施するために必要となる情報として、以下のものが作成されます。

・変更マネジメント計画書
変更要求を認可して、変更作業を確実に実施する方法を規定した計画書
・コンフィギュレーション・マネジメント計画書
プロジェクトを通じて作成されるドキュメント群に対して、変更作業の実施後も一貫性を保つためのコンフィギュレーション・マネジメント（構成管理）について規定した計画書
・パフォーマンス測定ベースライン
プロジェクトの実績データと比較を行うために、スコープ、スケジュール、およびコストの計画を統合したベースライン

6.2.2 プロジェクトマネジメント計画書とプロジェクト文書

PMBOKでは、プロジェクトの計画段階に作成する計画書やベースラインを総称して、「プロジェクトマネジメント計画書」と呼びます。また、プロジェクトマネジメント計画書を作成する際の副産物として作成したり、プロジェクト遂行時に作成する各種文書を総称して、「プロジェクト文書」と呼びます。PMBOKで扱うプロジェクトマネジメント計画書とプロジェクト文書を**表6.3**に示します。

なお、表6.3に示したすべての文書を作成する必要はありません。プロジェクトを遂行する上で大切なことは、ステークホルダーやプロジェクト・メンバー間での円滑なコミュニケーションが取れることです。その観点に立って、それぞれの組織やプロジェクトの状況に応じて、取捨選択することが必要です。

表 6.3　プロジェクトマネジメント計画書とプロジェクト文書

プロジェクトマネジメント計画書	プロジェクト文書	
1. 要求事項マネジメント計画書	1. アクティビティ・リスト	22. 資源ブレークダウン・ストラクチャー
2. スケジュール・マネジメント計画書	2. 前提条件ログ	23. 資源カレンダー
3. コスト・マネジメント計画書	3. 見積りの根拠	24. 資源要求事項
4. 品質マネジメント計画書	4. 変更ログ	25. リスク登録簿
5. 資源マネジメント計画書	5. コスト見積り	26. リスク報告書
6. コミュニケーション・マネジメント計画書	6. コスト予測	27. スケジュール・データ
7. リスク・マネジメント計画書	7. 所要期間見積り	28. スケジュール予約
8. 調達マネジメント計画書	8. 課題ログ	29. ステークホルダー登録簿
9. ステークホルダー・エンゲージメント計画書	9. 教訓登録簿	30. チーム憲章
10. 変更マネジメント計画書	10. マイルストーン・リスト	31. テスト・評価文書
11. コンフィギュレーション・マネジメント計画書	11. 物的資源の割当て	
12. スコープ・ベースライン	12. プロジェクト・カレンダー	
13. スケジュール・ベースライン	13. プロジェクト伝達事項	
14. コスト・ベースライン	14. プロジェクト・スケジュール	
15. パフォーマンス測定ベースライン	15. プロジェクト・スケジュール・ネットワーク図	
16. プロジェクト・ライフサイクルの記述	16. プロジェクト・スコープ記述書	
17. 開発手法	17. プロジェクト・チームの任命	
	18. 品質尺度	
	19. 品質報告書	
	20. 要求事項文書	
	21. 要求事項トレーサビリティ・マトリックス	

6.2.3 コンフィギュレーション・マネジメントの重要性

PMBOKでは、数多くのプロジェクトマネジメント計画書やプロジェクト文書を作成します。また、表6.2に示したように、プロジェクトマネジメント計画書間には依存関係があります。そのため、プロジェクトマネジメント計画書を1つ修正したことにより、他のどの文書を併せて修正しなければならないのかを確実に把握する必要があります。

依存関係にあるプロジェクトマネジメント計画書の修正漏れが発生してしまうと、整合性がなくなってしまいます。これは、システム開発の場合と似ています。

たとえば、複数のモジュールから構成されるシステム開発において、1つのモジュールの修正を行った際に、関連するモジュールの修正が漏れてしまうと、それが原因でそのシステムが正常に動作しなくなることは、容易に想像できるでしょう。

複数の文書やプログラムモジュールを対象として、その依存関係とともに、それぞれの文書やモジュールの最新バージョンを管理することで、文書やシステム全体の一貫性を保つようにする機能を、コンフィギュレーション・マネジメント（構成管理）と呼びます。PMBOKにもとづくプロジェクトマネジメントにおいても、コンフィギュレーション・マネジメントは重要です。各プロジェクトにおけるコンフィギュレーション・マネジメントの方法は、「コンフィギュレーション・マネジメント計画書」としてまとめます。

6.3 プロジェクト・スコープ・マネジメント

情報処理の分野で「スコープ」という言葉は、変数名や関数名を参照できる範囲のことを意味します。一方、プロジェクトマネジメントの世界では、プロジェクトで作成する成果物の特性や機能を指す「プロダクト・スコープ」と、指定された成果物を作成するための活動を指す「プロジェクト・スコープ」の2つを意味します。知識エリアの1つである「プロジェクト・スコープ・マネジメント」では、プロダクト・スコープを定義し、その特性や機能を備える成果物を実現するための各種プロセスを定めています[6]。

6.3.1 スコープ・マネジメントの計画

まずは、「プロジェクト・スコープ・マネジメント」の計画プロセス群に含まれる「スコープ・マネジメントの計画」から解説します。このプロセスでは、プロジェクトのスコープ（成果物）を定義するとともに、定義された成果物をプロジェクトで確実に実現するために、どのようにPDCAサイクルを回すのかを規定します。そしてその結果を、「スコープ・マネジメント計画書」および「要求事項マネジメント計画書」として取りまとめます（**図6.5**）。

スコープ・マネジメント計画書を作成するにあたっては、プロジェクト憲章の成果物や要求事項を参照する必要があります。また、成果物に求める特性（品質の水準など）を確認するために、品質マネジメント計画書も参照します。

スコープ・マネジメント計画書は、プロジェクトを実施した結果、完成したスコープ（成果物）の妥当性を確認する方法を記載したものです。スコープ・マネジメント計画書に記載される主な内容には、以下のものがあります。

・プロジェクト・スコープ記述書[7]を作成する方法
・プロジェクト・スコープ記述書からWBSを作成する方法

6　プロジェクト・スコープは、スコープ・マネジメントで作成されるWBS（Work Breakdown Strucrure）を「アクティビティ」に展開することで、スケジュール・マネジメントでの管理対象となります（第7章、第8章参照）。

7　プロジェクト・スコープ記述書については、「6.3.3スコープの定義」で説明します。

・完成した成果物を受け入れる際に、その妥当性を確認する方法

要求事項マネジメント計画書には、プロジェクトや成果物に関する要求事項を維持、管理するための方法がまとめられています。要求事項マネジメント計画書に記載される主な内容には、以下のものがあります。

・要求事項が詳細化されていく過程で、その内容が維持されていることを確認する方法
・要求事項に対する変更の提案方法、影響の確認方法と変更を承認するための方法
・要求事項に優先順位をつける方法

要求事項の変更は、プロジェクトの実施内容の変更にもつながります。そのため、要求事項マネジメント計画書には、できるだけ詳細で具体的な方法を記載することが求められます。

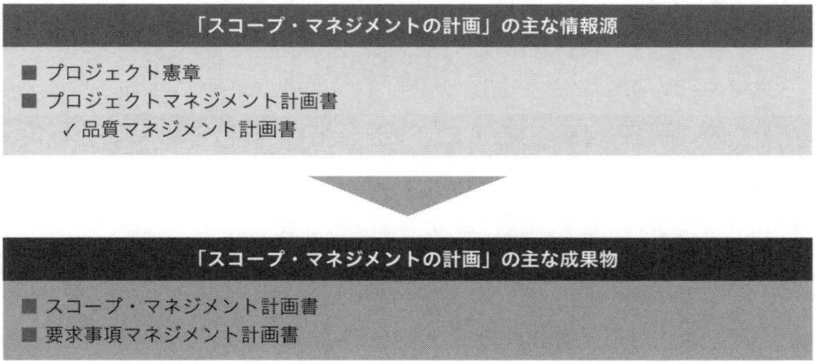

「スコープ・マネジメントの計画」の主な情報源

■ プロジェクト憲章
■ プロジェクトマネジメント計画書
✓品質マネジメント計画書

「スコープ・マネジメントの計画」の主な成果物

■ スコープ・マネジメント計画書
■ 要求事項マネジメント計画書

図6.5 「スコープ・マネジメントの計画」の主な情報源と成果物

6.3.2 要求事項収集

続いて、「要求事項の収集」を解説します。プロジェクトを成功に導くためには、ステークホルダーのニーズや要求を的確に把握し、プロジェクトで作成され

る成果物に、その要求が確実に反映されていることを確認する必要があります。このプロセスでは、ステークホルダーの要求事項を確認し、文書化します。

文書化にあたっては、スコープ・マネジメント計画書と要求事項マネジメント計画書に規定されている内容に従って実施します。

要求事項を取りまとめる上で重要な情報源は、プロジェクト憲章と合意書（契約書）です（**図6.6**）。それらに記載されている内容を中心に、要求事項を抽出します。また、ステークホルダー登録簿に記載されている内容に加えて、ステークホルダーから直接得られる情報も重要です。

「要求事項の収集」の主な情報源

- ■ プロジェクト憲章
- ■ プロジェクトマネジメント計画書
  - ✓ スコープ・マネジメント計画書
  - ✓ 要求事項マネジメント計画書
  - ✓ ステークホルダー・エンゲージメント計画書
- ■ プロジェクト文書
  - ✓ ステークホルダー登録簿
- ■ 合意書

「要求事項の収集」の主な成果物

- ■ 要求事項文書
  - ✓ ステークホルダー要求事項
  - ✓ ソリューション要求事項（機能要求事項、非機能要求事項）
  - ✓ プロジェクト要求事項
  - ✓ 品質要求事項
- ■ 要求事項トレーサビリティ・マトリックス

図6.6 「要求事項の収集」の主な情報源と成果物

ステークホルダーから情報収集を行う際には、ステークホルダーの人数を考慮する必要があります。代表的な収集方法を以下に示します。

・インタビュー

インタビュー対象となるステークホルダーの人数が少ない場合に利用する方法。対面形式で直接情報収集を行う。

・フォーカスグループ（グループインタビュー）

ステークホルダーの人数がやや多い場合に利用する方法。ステークホルダーをいくつかのグループ（10人程度が目安）に分け、意見を抽出する。1対1で行うインタビューと比較すると、グループでの会話の中で情報収集が進められるため、緊張感が和らぐというメリットがある。

・アンケート調査

ステークホルダーの人数が非常に多い場合に利用する方法。アンケートは、成果物に対する要求事項について事前に仮説を設定し、その仮説の真偽を確認する内容にすると、アンケート結果の分析と評価が実施しやすくなる。

ステークホルダーから要求事項を引き出すことは、一般的にも困難です。第2章でも説明したように、情報システムの開発プロジェクトにおいては、その難易度はさらに高まります。そのため、機能や性能に関する要求事項を確認するために、類似システムの機能や性能を参考にして、それをベンチマーク[8]として活用することがあります。また、情報システムの利用方法や使い勝手などについては、ユースケース[9]やプロトタイプ[10]を作成して評価することがあります。

収集した要求事項は、次の内容を含む「要求事項文書」としてまとめます。

・ステークホルダー要求事項

ステークホルダーのニーズをとりまとめたもの。

・ソリューション要求事項

成果物の特性や機能を取りまとめたもの。成果物の動作や機能に関する「機能要求事項」と、信頼性やセキュリティなどの機能以外の要件に関する「非機能要求事項」に分けられる。

・プロジェクト要求事項

契約上の要件やマイルストーンなど、プロジェクトの遂行に関わる要件を記載する。

8 ベンチマークとは、機能や性能の水準を確認するために、既存の製品などを用いて、それとの比較を行うことを指します。

9 ユースケースとは、利用者のさまざまな使い方を想定し、その際のシステムの振る舞いを図示することで、利用方法や使い勝手を把握する手法です。

10 プロトタイプとは、デモや検証目的で試作システムを作り、それを利用者に使わせることで、利用方法や使い勝手を把握する手法です。

・品質要求事項
成果物が妥当であることを確認する際の、受け入れ基準を記載する。

また、ここで収集した要求事項が確実に成果物に反映されるように、各要求事項は「要求事項トレーサビリティ・マトリックス」に登録します。要求事項トレーサビリティ・マトリックスでは、各要求事項がどの成果物に反映されているのかを記録します。

次章以降で説明する各プロセスでは、各要求事項が詳細化・具体化され、WBSに紐づく成果物へと展開されます。要求事項と成果物の紐づきを記録した要求事項トレーサビリティ・マトリックスを作成することで、完成した成果物がすべての要求事項を満たしていることの確認が容易に行えるようになります。

6.3.3 スコープの定義

続いて、「スコープの定義」を解説します。このプロセスは、ステークホルダーの要求事項から具体的なスコープを定めることが目的です。

ステークホルダーの要求事項をまとめた要求事項文書から、プロジェクトで作成する成果物を規定するスコープを定義した「プロジェクト・スコープ記述書」を作成します（**図6.7**）。

スコープを定義するためには、プロジェクト憲章と要求事項文書に記載されている内容を確認します。この際、スコープ・マネジメント計画書に規定されている方法により、スコープを定義します。

リスク登録簿にスコープの縮小や変更に関わる事項が含まれている場合は、それらを参照します。

定義したスコープは、プロジェクト・スコープ記述書としてまとめます。プロジェクト・スコープ記述書に記載される主な内容は、以下のものです。

・プロダクト・スコープ記述書
プロジェクト憲章と、要求事項文書に記載されている成果物に関わる内容を詳細化する。

・成果物

「スコープの定義」の主な情報源

■ プロジェクト憲章
■ プロジェクトマネジメント計画書
　✓スコープ・マネジメント計画書
■ プロジェクト文書
　✓要求事項文書
　✓リスク登録簿

▼

「スコープの定義」の主な成果物

■ プロジェクト・スコープ記述書
　✓プロダクト・スコープ記述書
　✓成果物
　✓受入れ基準
　✓プロジェクトからの除外事項
■ プロジェクト文書 [更新]
　✓要求事項文書
　✓要求事項文書トレーサビリティ・マトリックス

図6.7 「スコープの定義」の主な情報源と成果物

プロジェクトが完了した時点で生成される最終成果物と、プロジェクト遂行中に作成される報告書や文書などについて記載する。

・受入れ基準

成果物がステークホルダーに正式に受け入れられるための基準（条件）を記載する。

・プロジェクトからの除外事項

プロジェクト憲章に記載されている「プロジェクトの境界」の内容を具体化し、プロジェクトからの除外事項（スコープに含まれない事項）を明確化して記載する。除外事項を明確化することによって、プロジェクト遂行中のステークホルダーとのトラブルを未然に防ぐことができる。

プロジェクト・スコープ記述書を作成する過程で、要求事項の修正（調整）が生じることがあります。この場合、要求事項文書の更新を要求する必要があります。また、要求事項文書の内容をプロジェクト・スコープ記述書に展開した結果は、要求事項トレーサビリティ・マトリックスに反映します。

プロジェクトで利用する資源の調達が困難であることが判明したために、想定していたプロダクトの仕様を変更する必要がある場合や、他のプロセスからの変更要求にもとづいてこのプロセスが実行された場合などは、要求事項の追加や変更が行われることがあります。

6.4 演習

第6章では、プロジェクトの立上げに関する手続きと、スコープの定義などについて学びました。立上げに関するプロセスは非常に重要です。最初の一歩を間違えた方向に踏み出してしまうと、あとから修正するのは容易なことではありません。

6.4.1 プロジェクト憲章を作ってみよう

プロジェクト憲章といっても、そもそも「憲章」という言葉が耳慣れない言葉であり、ピンとこないかもしれません。一般のプロジェクトでは、企画書や提案書といった書類がプロジェクト憲章にしばしば相当します。

ここでは、以下のシナリオで描かれているプロジェクトを題材として、プロジェクト憲章を作成してみます。プロジェクト憲章のひな形を、**表6.4**に用意しました。シナリオを読んで空欄を埋めましょう。

【プロジェクトのシナリオ】

1. 美術研究サークルFでは、11月の第1週に開催される次の学園祭に向けて、大規模な芸術作品を作成して展示することにした。発案者はサークル会長のG君。賛同してくれた部員のH、I、J、K、この4人がメンバーとして参加することになった。
2. H君の実家は酒販店「L酒店」を営んでおり、芸術作品の隅に「L酒店」の広告を入れることを条件に、作品制作に必要な費用を捻出してくれることになった。貧乏学生であるG君以下メンバーはこれに大喜びである。
3. 大掛かりな芸術作品を展示するいちばんの目的は、美術研究サークルFの存在感を示すことだが、最近、会員数の減少に悩まされてきた。実は、この展示でサークルをアピールすると共に、多くの新入会員を獲得することを目論んでいる。
4. 上記の目的を達成するためには、アピール力の高い作品を作らなければならない。今回、作品の制作に参加しなかったサークルの会員たちも、出来栄えを評価することに協力してくれるという。作品制作過程のゴールは、サークル会員の半分以上に「素晴らしい作品」といわせることである。

表 6.4　プロジェクト憲章

項目		説明	記入欄
プロジェクト名		プロジェクトの名前を記載する	
記載日		記載した日付を記入する	
プロジェクト・スポンサー		スポンサーは誰かを記載する	
プロジェクト・チーム	マネージャー	プロジェクト・マネージャーの名前を記載する	
	メンバー	主要なメンバーを記載する	
プロジェクトの目的	プロジェクトの成果物	プロジェクトの成果物を記載する	
	成果物が必要な理由	なぜその成果物が必要なのかを記載する	
	成果物の完成基準	なにができれば完成と認められるかについての条件を記載する	
	期限	いつまでにプロジェクトを終了させなければならないかを記載する	

6.4.2 ブレインストーミングをしてみよう

顧客の要求を踏まえて仕様を策定したり、与えられた問題に対して解決策を考案したりといった作業には、柔軟な発想がしばしば求められます。「ブレインストーミング」（集団発想法）は、そのような状況に最適な思考方法です。

ブレインストーミングには4つの基本的なルールがあります。このルールにもとづき、できるだけたくさんのアイデアを出すことがブレインストーミングの目的です。

・結論を出さない、批評しない
・荒削りでもよいので大胆なアイデアを期待する

・質より量、たくさんのアイデアと多様性を求める
・人のアイデアから連想、発展させたものも歓迎する

たくさん出たアイデアを分析、選択して、よりよい結果や結論を出すのは、ブレインストーミングの次のステップで実施します。

ブレインストーミングの方針を理解できたら、実際に、身近なテーマでやってみましょう。複数人でグループを作り、実施します。円滑な議論を進めるために、ファシリテーター[11]を決めるとよいでしょう。また、出されたアイデアを書き留める議事録係も決めておきましょう。

練習ですので、テーマはなんでも構いません。どうしても思い浮かばなければ、以下のようなテーマでブレインストーミングを実施してみてはいかがでしょうか。

・プロジェクトマネジメントを効果的に学習するためにはなにをすればよいか？
・自分が所属する組織をさらに魅力的にするための方策はなにがあるか？
・人生を豊かにして、QOL（Quality of Life、生活の質）を向上させるためにできることはなんだろうか？
・明日の休日は朝から夜まで予定がない。さあ、なにをして過ごすべきか？

11　議論の進行を担当し、発言を促すなどの役割を担う人のことです。

第7章

WBSとアクティビティ

第6章で解説した「スコープの定義」プロセスで、プロジェクト・スコープ記述書が作成されたことにより、プロジェクトの成果物がなにであるかが明確になりました。しかし、プロジェクト・スコープ記述書では、大きな単位で成果物が記述されているため、正確なスケジュールの検討や、コストの見積りを行うことができません。そのため、スコープから成果物を構成する構造に分解することが求められます。この成果物を細分化した構造を「WBS」と呼びます。

この章では、「プロジェクト・スコープ・マネジメント」の計画プロセス群に含まれる4つのプロセスのうち、第6章で説明しなかった「WBSの作成」について説明します。また、PMBOKの知識エリアである「プロジェクト・スケジュール・マネジメント」の計画プロセス群に含まれる「スケジュール・マネジメントの計画」と「アクティビティの定義」、そして「プロジェクト資源マネジメント」の計画プロセス群に含まれる「アクティビティ資源の見積り」の3つのプロセスについて説明します。

本章で解説する項目は次の通りです。

- 7.1 WBSとは
- 7.2 WBSの作成
- 7.3 アクティビティの定義と資源の見積り

7.1 WBSとは

WBSはWork Breakdown Structure（作業分解構成図）を略したもので、成果物を細分化して木構造（階層をもった構造）で表したものです。WBSの考え方は、1950年代後半に米国国防総省がポラリスミサイル（潜水艦発射弾道ミサイル）の開発プロジェクトを実施した際に、PERT[1]の手法を実践する過程で生まれたものです。その後、1968年にWBSが国防総省規格[2]として制定されたことにより、広く利用されるようになりました。

7.1.1 成果物の細分化

WBSは、スコープとして定義した成果物を、その構成要素単位で詳細化、細分化した結果を木構造で表したものです。

たとえば、企画旅行を催行するプロジェクトのWBSの例を見てみましょう（**表7.1**）。「旅行の企画」からはじまり、「参加者の募集」「旅行の準備」「旅行の実施」「事後作業の実施」といった作業が、レベル1の列に並んでいます。レベル1で記載した作業を詳細化したものを、レベル2、レベル3へと展開しています。

このように、プロジェクトの作業を詳細化することで、実施すべき作業が明確になります。たとえば、レベル2の列に「募集要項の作成」という項目がありますが、このままでは具体的にどのような作業を実施すればよいのかがよくわかりません。「募集要項」に記載しなければならない情報には、訪問先や宿泊先の情報、集合時間と解散時間、旅程、などがあります。そこで、これらの情報を明確にするために必要な作業として、「訪問先の仮予約」「宿泊先の仮予約」「交通機関の仮予約」、そして「旅程の確定」といったものがレベル3に記載されることになります。

WBSの項目を詳細化していくと、成果物の構成要素がそれ以上に詳細化できないレベルに到達します。そのようなWBSの項目を「ワーク・パッケージ」と呼びます。たとえば、表7.1でレベル3の列にある「旅程の確定」の項目は、未確

1 PERT（Program Evaluation and Review Technique）については、第8章で詳しく説明します。
2 MIL-STD-881D “Work Breakdown Structures for Defense Materiel Items（防衛装備品に関するWBS）”

表 7.1　企画旅行を催行するプロジェクトの WBS の例

レベル0	レベル1	レベル2	レベル3
企画旅行の催行			
	旅行の企画	企画書の作成	訪問先の調査
			旅程案の立案
			⋮
		募集要項の作成	訪問先の仮予約
			宿泊先の仮予約
			交通機関の仮予約
			旅程の確定
			⋮
	参加者の募集	募集広告の掲載	広告原稿の作成
		参加者リストの作成	参加者の受付
			⋮
	旅行の準備	詳細行程表の作成	訪問先との調整
			宿泊先との調整
			交通機関との調整
			⋮
		添乗員との調整	
	旅行の実施	交通機関の利用	
		施設訪問	
		宿泊	
		日誌の作成	
	事後作業の実施	収支報告書の作成	経費の精算
		実施報告書の作成	参加者の感想の収集

定だった旅程を正式の旅程表として確定する作業です。必要な情報が揃ったところで、それらの情報を旅程表にまとめるのみのため、これ以上詳細化できません。そのため、「旅程の確定」はワーク・パッケージに相当します。

7.1.2 WBSの展開方法

それでは、WBSの作成方法（展開方法）を考えてみましょう。いきなりWBSを作成するように指示されても困ってしまいますが、ヒントとなるのは、成果物を生成するプロセス（手順）で考えてみることです。表7.1に示した企画旅行を催行するプロジェクトを例に説明していきます。

企画旅行を実施する大まかなプロセスは、次のようになるでしょう。

① 企画を立案し、募集要項を作成する
② 募集要項にもとづいて参加者を募集する
③ 確定した参加者数で、訪問先との調整を行う
④ 旅行を実施する
⑤ 実施報告を含めた事後作業を実施する

プロセスが明確になったら、これをWBSのレベル1の項目とします。次に、それぞれの項目で作成すべき成果物（社内文書や報告書）を検討し、レベル2以降の項目に展開していきます。このとき、具体的な成果物を挙げることができなければ、単にプロセスを詳細化することで代替しても構いません。ただし、ワーク・パッケージに達する前に、成果物を構成する要素が明確になる必要があります。また、大規模なプロジェクトでは、プロジェクトマネジメント作業が必須になるため、レベル1の項目に「プロジェクトマネジメント」を登録することが一般的です。

この節の冒頭で紹介した国防総省規格では、WBSを「ハードウェア、ソフトウェア、サービス、データ、設備で構成される製品視点の家系図」と定義しています。この定義に従うと、あるシステム開発プロジェクトのWBSは、ハードウェアとソフトウェアから構成されるサブシステムで成果物を展開することになるでしょう（**図7.1**）。

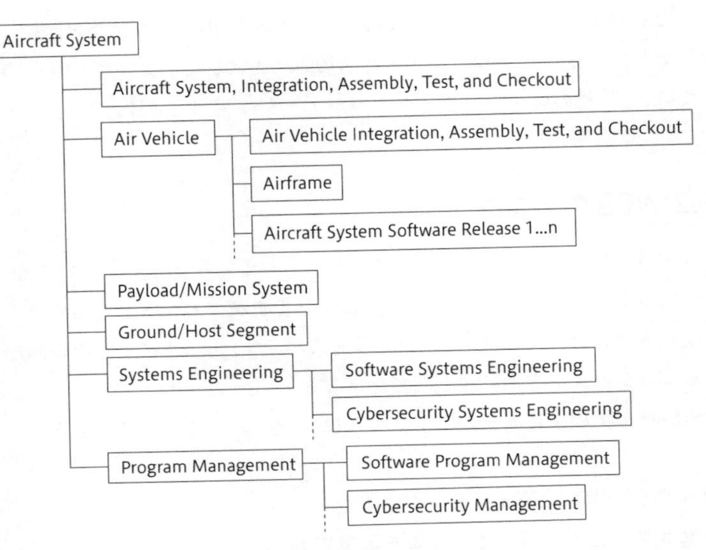

図7.1　国防総省規格に記載されているWBSの例（抜粋）[3]

7.1.3 ソフトウェア開発のWBS

では次に、ソフトウェア開発を例にとって、WBSの構造を見てみましょう。**図7.2**は、レベル1には第2章で説明したソフトウェア開発プロセスの各プロセスを設定し、基本設計の部分のみを詳細化しています。基本設計を行った結果は、「基本設計書」にまとめられ、成果物を構成する要素の1つとなります。レベル2でも同様に、「業務設計」「機能設計」「非機能要件定義」と書かれている項目を実施した結果は、それぞれ「業務設計書」「機能設計書」「非機能要件定義書」として、基本設計書を構成するドキュメントにまとめられます。

レベル3に書かれている「3.2.1 画面設計」という項目は、成果物を構成する要素である「画面設計書」に対応しています。そしてレベル4に展開された内容を見ると、画面設計書を作成するために必要な作業がわかります。すなわち、どのような画面が必要となるかを表した「画面一覧定義」、それぞれの画面構成を定義する「画面レイアウト」、そして画面間の遷移関係を定義する「画面遷移定義」、

3　脚注2のMIL-STD-881D “Work Breakdown Structures for Defense Materiel Items” Appendix A

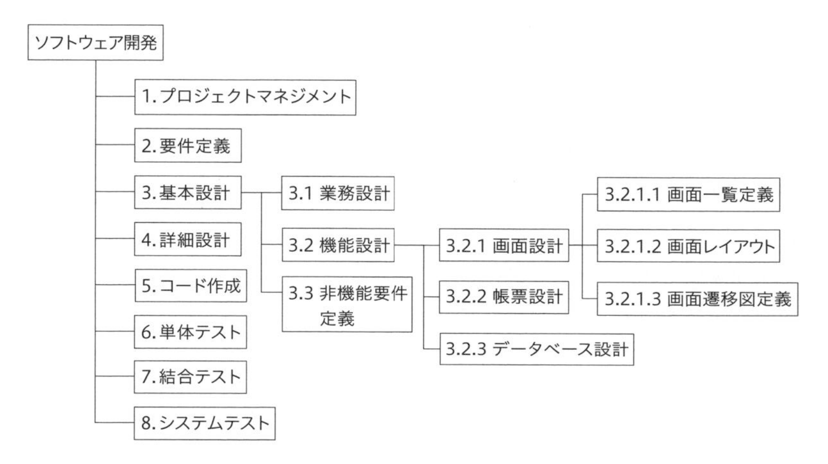

図7.2　ソフトウェア開発のWBSの例

といった作業から構成されることがわかります。

WBSの各項目名の先頭には、番号が記載されています。これはWBSの項目に付けられた「識別コード」です。この識別子を見ることで、その項目がどの項目を詳細化して作られたものなのかがわかります。

7.2 WBSの作成

WBSについて理解が進んだところで、PMBOKの知識エリアである「プロジェクト・スコープ・マネジメント」の計画プロセス群に含まれる「WBSの作成」を解説します。このプロセスでは、スコープを具体的な作業に詳細化したWBSと、WBSの成果物を紐付けたWBS辞書を作成します。

プロジェクトのスコープは、プロジェクト・スコープ記述書と要求事項文書に記載されている内容から確認します（**図7.3**）。そして、スコープ・マネジメント計画書に記載されている方法で、スコープを詳細化・細分化することで、WBSを作成します。この詳細化・細分化の過程では、プロジェクトのスコープに対する要求事項が必要十分な形で、漏れなく、重複もなく、WBSに含まれていることを確認しながら進めることが重要です。

このプロセスの成果物である「スコープ・ベースライン」とは、「プロジェクト・スコープ記述書」「WBS」「ワーク・パッケージ」「WBS辞書」などから構成されます。

「WBS の作成」の主な情報源

■ プロジェクトマネジメント計画書
- ✓ スコープ・マネジメント計画書

■ プロジェクト文書
- ✓ プロジェクト・スコープ記述書
- ✓ 要求事項文書

▼

「WBS の作成」の主な成果物

■ スコープ・ベースライン
- ✓ プロジェクト・スコープ記述書
- ✓ WBS
- ✓ ワーク・パッケージ
- ✓ WBS 辞書

■ プロジェクト文書 [更新]
- ✓ 要求事項文書

図7.3 「WBSの作成」の主な情報源と成果物

ワーク・パッケージは上記で説明したように、WBSの最下位の構成要素です。ただし、このプロセスで作成した段階では、ワーク・パッケージは必ずしも最下位の構成要素として確定する必要はありません。たとえば、プロジェクトに不確定要素がある場合には、最下位の構成要素まで展開せずに、それよりも上位のレベルでWBSを定義しておくことも可能です。その際には、段階的詳細化の考え方に従って、「計画中のワーク・パッケージ」として、スコープ・ベースラインに含めて管理します。

WBS辞書は、WBSの各構成要素を詳細に説明したもので、成果物やアクティビティ、スケジュールなどの情報を含みます。WBS辞書は以下の項目を含みますが、その内容の多くは、他のプロセスにおいてあとから記載するものです。

・WBS識別コード
・作業の記述
・担当組織
・スケジュール・マイルストーン
・関連するスケジュール・アクティビティ
・必要とする資源
・コスト見積り、など

スコープ・ベースラインは、このあと説明するスケジュール・ベースライン、コスト・ベースラインとともに、プロジェクトの進捗状況を把握する上で、プロジェクトのパフォーマンス情報と比較するための基本情報です。

WBSを作成する作業を通じて、「要求事項の収集」プロセスなど、プロジェクト立上げ時期に示された要求事項のままでは、さまざまな理由からプロジェクトの遂行が難しいと判断されることがあります。その場合には要求事項に関する変更要求を出し、それが承認されたあとに、要求事項文書を更新します。

7.3 アクティビティの定義と資源の見積り

「WBSの作成」プロセスでは、成果物とその構成要素を中心に検討してきました。続いては、プロジェクトで実施する作業について考えていきます。具体的には、WBSに含まれているワーク・パッケージから、それを実施するために必要となるアクティビティ（作業）を検討します。

7.3.1 スケジュール・マネジメント計画書を作成する

まずは、PMBOKの知識エリアである「プロジェクト・スケジュール・マネジメント」の計画プロセス群に含まれる「スケジュール・マネジメントの計画」から解説します。計画プロセス群はWBSからアクティビティを検討し、具体的なスケジュールに展開します。このプロセスでは、スケジュールに展開する際の方法や、スケジュールを管理する方法などを定めて、「スケジュール・マネジメント計画書」を作成します（**図7.4**）。

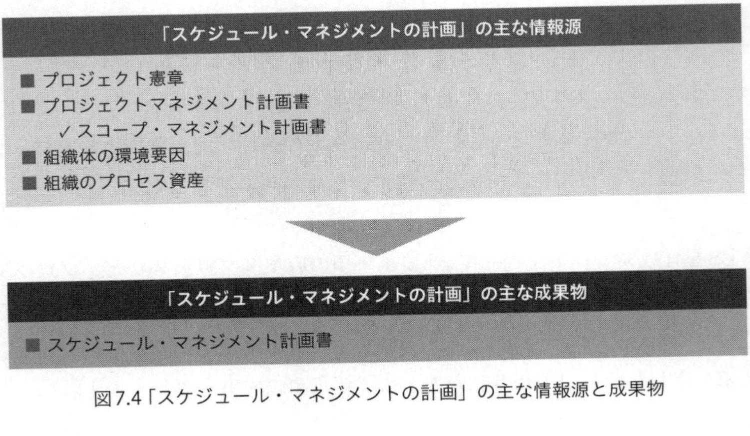

「スケジュール・マネジメントの計画」の主な情報源

- プロジェクト憲章
- プロジェクトマネジメント計画書
  - ✓スコープ・マネジメント計画書
- 組織体の環境要因
- 組織のプロセス資産

▼

「スケジュール・マネジメントの計画」の主な成果物

- スケジュール・マネジメント計画書

図7.4「スケジュール・マネジメントの計画」の主な情報源と成果物

スケジュール・マネジメント計画書はWBSの内容にもとづいて、成果物を生成するためのアクティビティと、それを時間軸上に展開したスケジュールを定める方法を定義します。また、プロジェクトがスケジュール通りに確実に実行されるために、どのようにPDCAサイクルを回すのかも規定します。

スケジュール・マネジメント計画書を作成するにあたっては、プロジェクト憲章に記載されている要約マイルストーンや、スコープ・マネジメント計画書に記載されている成果物の実現方法を参照する必要があります。また、母体組織が有するスケジュール管理ツールや、過去のプロジェクトにおけるスケジュール作成に関する知見やテンプレートなどを参照します。

スケジュール・マネジメント計画書には、以下に示すスケジューリングやスケジュール管理のための情報を記載します。

・使用するスケジューリング方法論やツール
・アクティビティ所要期間見積りを行う際の許容範囲のレベル
・労働時間を測定する単位（日、週、など）
・スケジュールの逸脱を判定するためのしきい値
・作業のパフォーマンスを測定するための方法
・報告書の様式と提出頻度、など

スケジュールのパフォーマンス情報は、プロジェクトの遂行中に観測されたプロジェクトの状況に関するさまざまなデータや情報です。

7.3.2 アクティビティを定義する

続いて、「アクティビティの定義」を解説します。このプロセスでは、WBSに記載されているすべてのワーク・パッケージについて、それを実現するためのアクティビティ（成果物を作成するための作業）の集合として定義し、文書にまとめます（**図7.5**）。

アクティビティを定義するためには、スコープ・ベースラインに含まれるWBSなどを確認します。また、定義にあたっては、スケジュール・マネジメント計画書に記載されている方法に従います。その際、過去のプロジェクトで得られたノウハウがあれば、それを積極的に利用することを考えます。

スコープ・ベースラインの説明で、WBSの最下位の構成要素まで定義できていないワーク・パッケージが残っていても構わないと説明をしましたが、アクティビティの定義でも同様のことが許されます。不確定要素が残っている場合は、その時点で判明している範囲内で、抽象度の高いアクティビティとして定義しておき、条件が整ってから具体的なアクティビティを定義します。この方式を「ローリングウェーブ計画法」と呼びます。そのため、ローリングウェーブ計画法を利用した場合のアクティビティ定義は、プロジェクトが終了時点でのアクティビティ定義と比較すると未完成です。何回かの更新を経て、最終的なものとなります。

「アクティビティの定義」の主な情報源

■ プロジェクトマネジメント計画書
　✓スケジュール・マネジメント計画書
　✓スコープ・ベースライン
■ 組織のプロセス資産

「アクティビティの定義」の主な成果物

■ アクティビティ・リスト
■ アクティビティ属性
■ マイルストーン・リスト
■ 変更要求
■ プロジェクトマネジメント計画書 更新
　✓スケジュール・ベースライン
　✓コスト・ベースライン

図7.5 「アクティビティの定義」の主な情報源と成果物

定義したアクティビティは、「アクティビティ・リスト」としてまとめます。記載する情報は、以下のようなアクティビティからスケジュールを組み上げる際に必要な情報です。一部の情報は、後続のプロセスで定義されます。

・アクティビティ識別子
・アクティビティ名称
・アクティビティ記述
・先行アクティビティ
・後続アクティビティ
・論理的順序関係
・資源要求事項

・制約条件
・前提条件、など

「制約条件」とは、条例や規格、あるいは契約の中でそれを遵守することが決められている事項です。「前提条件」とは、そのアクティビティを定義する上で仮定した、アクティビティを実施する上での環境条件などです。

契約などに記載されたイベント（中間報告会、最終報告会など）は、スケジュール作成のために重要な情報です。そのため、主要なイベントを記載した「マイルストーン・リスト」も作成します。

一方、WBSから詳細化してアクティビティを定義することで、想定していなかった作業が判明する場合があります。その際には、変更要求の発行が必要になります。この変更要求が承認されると、スケジュール・ベースラインが変更されるとともに、スケジュール・ベースラインの構成要素であるスケジュール・マイルストーンが変更されます。併せて、アクティビティ・リストから導かれるコスト・ベースライン[4]も更新されます。

7.3.3 アクティビティに必要な資源を見積る

次に、PMBOKの知識エリアである「プロジェクト資源マネジメント」の計画プロセス群に含まれる「アクティビティ資源の見積り[5]」を解説します。このプロセスでは、「アクティビティの定義」プロセスで定義されたそれぞれのアクティビティで、いつ、どれだけの資源（ヒトやモノ）が必要となるのかを見積ります。

アクティビティ単位で必要とする資源を検討するため、「アクティビティ・リスト」と「アクティビティ属性」が最も重要な情報源です（**図7.6**）。また、資源獲得に必要な予算の検討が生じるため、「コスト見積り[6]」も確認します。

資源は無尽蔵に供給されるものではありません。そこで、組織として、いつ、どれだけの資源を提供できるかを記載した「資源カレンダー」も確認します。

以上の情報を踏まえて、資源マネジメント計画書[7]に従い、必要となる資源を

4　コスト・ベースラインは、第9章で詳しく説明します。
5　「アクティビティ資源の見積り」は、PMBOK第5版までは「プロジェクト・スケジュール・マネジメント」のプロセスでした。第6版から「プロジェクト資源マネジメント」のプロセスに変更されました。
6　「コスト見積り」は、第9章で説明する「コストの見積り」プロセスの成果物です。
7　資源マネジメント計画書は、第11章で詳しく説明します。

見積ります。また、必要な資源が獲得できないことで、プロジェクトに影響をおよぼすリスクのある資源を認識しておく必要があるため、「リスク登録簿」を参照します。

「アクティビティ資源の見積り」の主な情報源

- プロジェクトマネジメント計画書
  - ✓資源マネジメント計画書
- プロジェクト文書
  - ✓アクティビティ・リスト
  - ✓アクティビティ属性
  - ✓コスト見積り
  - ✓資源カレンダー
  - ✓リスク登録簿
- 組織体の環境要因
- 組織のプロセス資産

▼

「アクティビティ資源の見積り」の主な成果物

- 資源要求事項
- 見積りの根拠
- プロジェクト文書 更新
  - ✓アクティビティ属性

図7.6 「アクティビティ資源の見積り」の主な情報源と成果物

資源をどこからどのように獲得するかは、組織内のルールで決まっている場合もよくあります。ソフトウェア開発を外注する場合に、関連会社に発注することが決められているケースなどが典型例です。

また、過去の類似プロジェクトにおける資源の獲得状況などは、資源の見積りの参考になります。

アクティビティに必要な資源の見積りは、「トップダウン見積り（類推見積り）」や「ボトムアップ見積り」で行います。これらの見積り方法は、第9章で説明する「コストの見積り」と同様ですので、ここでの説明は省略します。

資源の見積りの結果は、「資源要求事項」としてまとめます。個々のアクティビティに必要な資源の内容と必要量を算出し、それをワーク・パッケージレベルからプロジェクト全体レベルまで積み上げて、見積りの前提条件も含めて記載します。

計画段階に作成した資源の見積りは、プロジェクトの途中で変更となる可能性があります。その際、どのような根拠で資源を見積ったのかがわからないと、適切に変更することができません。そのため、「見積りの根拠」を文書として残しておきます。

なお、アクティビティに必要な資源が適切に獲得できないことが明確になった場合は、代替の資源を獲得することとして、資源要求事項に記載します。その際、必要に応じてアクティビティ属性も更新します。

7.4 演習

第7章では、WBSと資源の見積りについて学びました。はじめはなにをするのかよくわからなかったプロジェクトであっても、WBSを作成することによって、段階的に詳細化を進めていくことができます。

また、細かな作業はアクティビティとして定義され、次章で学ぶスケジュール策定の主な情報源としても利用されます。スケジュールを作成するためには、そのアクティビティを遂行するのに、どれだけの時間がかかるのかを予想しなければなりません。この演習では、見積りの練習もしてみましょう。

7.4.1 要素成果物を考えよう

WBSを作成する目的は、作業を詳細化し、具体的に分割することによって、作業に着手しやすくすることと、それらの作業をスケジュールに落とし込むための準備です。また、その作業を実施するとなにが作成されるのか（要素成果物）を明らかにし、それを誰が責任をもって実施するのか（担当者）を明確にするという意義もあります。

この演習では、要素成果物の明確化に焦点をあてて、WBSの作成手順の一部を実施してみましょう。以下の例題を読み、作成途中のWBS（**表7.2**）を完成させてください。

【例題】

ある研究室で夏休みに合宿をすることになりました。合宿の責任者はM君です。

表7.2は、M君が自らプロジェクト・マネージャーとなり、作成しようとしているWBSです。このM君、担当者はあとで考えることにしたのですが、そもそも要素成果物の欄を埋めようとして筆が止まってしまいました。

さて、現在、「合宿の計画」までは要素成果物が決められています。M君に代わって、残りの空欄を埋めてあげてください。

表 7.2　合宿プロジェクトのWBS（作成途中）

大項目	中項目	小項目	要素成果物
合宿プロジェクト	合宿の計画	行き先決定	行き先
		日時決定	日時
		行程決定	行程表
		担当者決定	担当者
	合宿の準備	交通手段の手配	
		宿泊先の手配	
		危険の検討	
		しおり作成	
	合宿の実施	集合・点呼	
		合宿先訪問	
		帰着・点呼	
	合宿の振り返り	レポート作成	
		成果発表会	
		成果の評価	

7.4.2 マインドマップを使ってWBSを書いてみよう

マインドマップは、Tony Buzanが開発した思考を整理するためのツールです。WBSの作成とマインドマップはたいへん親和性が高いといえます。大きな項目を小さな項目へブレークダウンしていく考え方が、WBSでもマインドマップでも使われているからです。

世の中には、さまざまなマインドマップ描画ツールが存在しています。本来、紙と鉛筆さえあればいつでもどこでも描画できるマインドマップですが、ここでは、マインドマップを作成するソフトウェアを探して利用してみましょう（**図7.7**）。図7.7に示しているツールは、SimpleMindという名前のソフトウェアです。

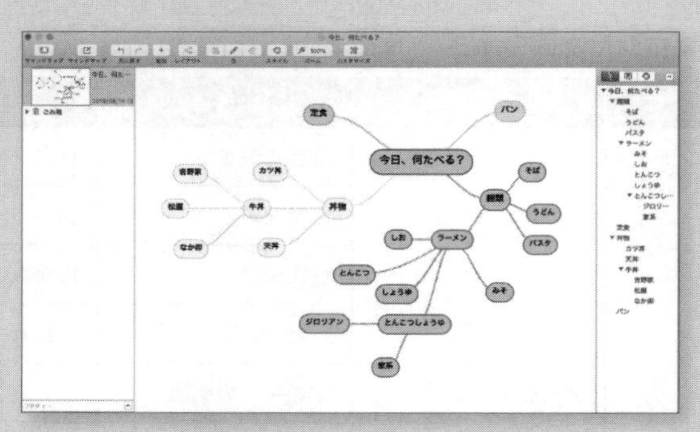

図7.7　マインドマップ描画ツールの利用例

演習の手順は次の通りです。

【手順】

1. まず、マインドマップを作成するツールを手元のパソコンにインストールしましょう[8]。豊富なデザインや機能を利用したければ、有料で販売されているソフトウェアを購入するのもよいでしょう。ただし、無料で使えるソフトウェアでも十分な機能を備えたものがたくさん提供されています。多数のソフトウェアの中から、自分が気に入ったものを使うようにすればよいでしょう。
2. 準備ができたら、身近なプロジェクトを考えて作業項目をブレークダウンしていきましょう。もし、どうしてもイメージできない場合は、表7.2に示した合宿プロジェクトでも構いません。小項目を、さらにもう少し細かくブレークダウンしていくと、どうなるでしょう？

7.4.3 資源を見積ってみよう

その作業を遂行するのにどれだけの時間がかかるのか、それを予想する見積りという作業はなかなか難しい問題です。なぜならば、プロジェクトとは基本的に新しいことを行うのであり、いままでしたことがない作業にどれだけの時間がかかるのか、本来はわからないものだからです。

8　ダウンロードして使うのではなく、Webアプリとして利用できるものもあります。ただし、それらの利用にはネットワークに接続されている必要があるため、オフラインで使うことはできません。

ただし、まったくわからないといって諦めてしまっては、そこから先に進むことができません。プロジェクトは独自の成果物を求めるものだとはいえ、作業をブレークダウンしていくと、一部の作業は以前に実施したことのある作業と同じようなものかもしれません。これまでに似たような作業をしたことがあれば、その経験にもとづいて、作業にかかる時間の予想を立てることはできるでしょう。

三点見積りなど、より技巧的な見積り方法は次章で学びます。ここでは、具体的な作業項目を想定し、その作業に必要な時間を予想してみるという演習を行います。

表7.3に示すように、簡単な作業項目を想定し、その作業にかかる時間を予想（見積り）してみましょう。いくつかの作業項目についてかかる時間を見積ったら、その見積りが妥当かどうかを、第三者に評価してもらいましょう。

評価の基準は以下の通りです。

- ＋＋ …… 多めの見積りと評価。もっと短い時間で実現できるはず
- ＋ …… やや多めの見積りと評価。もう少し短い時間で実現できるはず
- ＝ …… 適正な見積りと評価
- － …… やや少なめの見積りと評価。もう少し作業時間を必要とするはず
- －－ …… 少なめの見積りと評価。もっと作業時間を必要とするはず

第三者に評価してもらうことによって、自分の感覚が妥当かどうかを確認できるでしょう。

表7.3　作業時間の見積り（作業例）

作業項目	見積り時間	評価者A	評価者B	評価者C
「プロジェクトマネジメント入門」のレポートを作成する。	5時間	＋＋	＋	＝
サークルの経理に関する書類を確認して会計監査を行う。	X時間			
「○○学概論」の予習をして講義受講の準備をする。	Y分			

第8章 スケジュールの作成

本章では、成果物を作り出す作業を定義したアクティビティと、それぞれのアクティビティで必要となる資源から、プロジェクトを実施するスケジュールを作成する方法を説明します。具体的には、PMBOKの知識エリアである「プロジェクト・スケジュール・マネジメント」の計画プロセス群に含まれる「アクティビティの順序設定」「アクティビティ所要期間の見積り」「スケジュールの作成」の3つのプロセスについて解説します。

プロジェクトを円滑に遂行するために、計画段階でスケジュールを正確に立てることは欠かせません。ソフトウェア開発においても、どのモジュールから設計・開発を行うのが適切なのか、仮にスケジュールに遅れが発生したときにプロジェクト全体に影響を与える作業がどれなのかを事前に把握しておくことが大切です。また、作業に必要なヒトやモノが問題なく確保できるのかも、スケジュールを立てる際には確認したいポイントです。

本章で解説する項目は次の通りです。

8.1 アクティビティの順序設定

アクティビティ・リストに含まれるアクティビティは、アクティビティ属性に記述されている先行アクティビティや後続アクティビティを参照することで、部分的にその前後関係を知ることができます。しかし、すべてのアクティビティ間の前後関係が書かれているわけではないという点が、スケジュールの作成を難しくしています。

8.1.1 アクティビティ順序の表現方法

「アクティビティの順序設定」プロセスを説明する前に、まずは、表現方法を説明します。

アクティビティ順序を表現する方法の1つに、プレシデンス・ダイアグラム（PDM：Precedence Diagramming Method）があります。PDMは、プロジェクト・スケジュール・ネットワーク図の一種です。ノード（結合点）でアクティビティを、矢印でアクティビティ間の順序関係を表します。**図8.1**では、アクティビティA、B、Cには、アクティビティAが終了すると、アクティビティB、Cが開始できる、という順序関係があります。

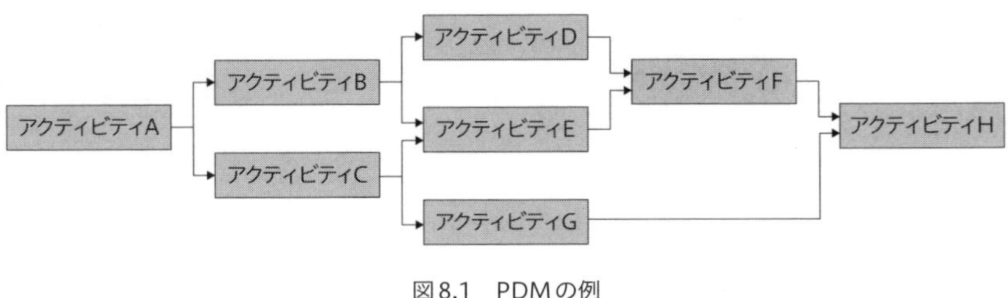

図8.1　PDMの例

2つのアクティビティ間の順序関係は、一方が終了したら他方が開始できる、というものだけではありません。アクティビティ間の順序関係には、次の4つがあります（**図8.2**）。

① 終了–開始（FS：Finish to Start）関係

先行アクティビティの終了後に、後続アクティビティが開始できる関係。アクティビティ順序を考える際に、最も一般的な関係といえる。たとえば引っ越し作業の場合では、「食器棚の開梱が完了しないと、食器の開梱ができない」というのが、この例に当たる

② 終了–終了（FF：Finish to Finish）関係

先行アクティビティの終了後に、後続アクティビティも終了する関係。引っ越し作業では、「段ボール箱の搬出作業が終了しないと、引っ越し作業は終了できない」が、この例に当たる

③ 開始–開始（SS：Start to Start）関係

先行アクティビティの開始後に、後続アクティビティが開始できる関係。引っ越し作業では、「段ボール箱の搬入作業が開始されないと、開梱作業が開始できない」が、この例に当たる

④ 開始–終了（SF：Start to Finish）関係

先行アクティビティの開始後に、後続アクティビティが終了できる関係だが、実際のプロジェクトでは使う機会が少ない順序関係。引っ越し作業では、「搬入結果の確認作業が開始されると、搬入作業が終了できる」が、この例に当たる

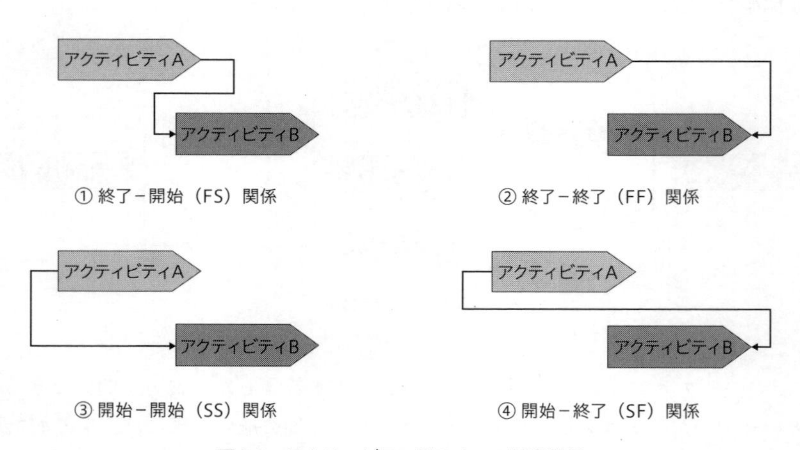

図8.2　アクティビティ間の4つの順序関係

8.1.2 アクティビティの順序を設定する

では、計画プロセス群の「アクティビティの順序設定」から解説します。このプロセスでは、アクティビティ属性とアクティビティ・リストで定義しているアクティビティについて、アクティビティ間の順序関係を定義します（**図8.3**）。

順序関係を定める際には、スケジュール・マネジメント計画書に規定されている方法に従って実施します。その際、プロジェクトの主要なイベントが記載されているマイルストーン・リストや、スコープ・ベースラインに含まれるWBSなどの情報も参考にします。

さらに、過去のプロジェクトにおけるアクティビティの順序設定の経験や、組織として保持しているスケジュール作成のガイドラインなどを利用することで、効率的な作業が可能になります。

アクティビティの順序関係を定義した結果は、PDMなどのプロジェクト・スケジュール・ネットワーク図としてまとめます。また、このプロセスを通じて、アクティビティ属性、アクティビティ・リスト、マイルストーン・リストなどが変更された場合は、それらの文書の更新も行います。

「アクティビティの順序設定」の主な情報源

- プロジェクトマネジメント計画書
  - ✓スケジュール・マネジメント計画書
  - ✓スコープ・ベースライン
- プロジェクト文書
  - ✓アクティビティ属性
  - ✓アクティビティ・リスト
  - ✓マイルストーン・リスト
- 組織のプロセス資産

「アクティビティの順序設定」の主な成果物

- プロジェクト・スケジュール・ネットワーク図
- プロジェクト文書 [更新]
  - ✓アクティビティ属性
  - ✓アクティビティ・リスト
  - ✓マイルストーン・リスト

図8.3 「アクティビティの順序設定」の主な情報源と成果物

(1) アクティビティ間の依存関係

アクティビティの順序設定を定義する際には、アクティビティ間の依存関係を明確にすることが重要です。依存関係には、その依存関係に従うことが必須かどうかを示す「強制依存関係」と「任意依存関係」の区分があります。また、その依存関係がプロジェクト・チームでコントロールできるかどうかを示す「内部依存関係」と「外部依存関係」の区分もあります（**表8.1**）。

表 8.1　アクティビティ間の依存関係

依存関係	依存関係の説明
強制依存関係	必ず守らなければならない依存関係で、ハードロジックとも呼ばれる。たとえば遠隔地で業務を実施する場合、業務の開始時間までに現地への移動を完了させなければならない、というもの。
任意依存関係	必ずしもその順序で実施する必要はないが、経験的にその順序で実施することにメリットがあることがわかっている依存関係。選好ロジック、ソフトロジックなどとも呼ばれる。
内部依存関係	プロジェクト・チームの中でコントロールできる依存関係。たとえば、チーム内のAグループが作るソフトウェアコンポーネントを隣のBグループが利用する、というもの。
外部依存関係	プロジェクト・チームの中ではコントロールできない依存関係。たとえば、外部ベンダーが今後提供予定の新しいプラットフォーム上でソフトウェア開発を行う場合、ソフトウェア開発の開始はそのプラットフォームのリリース時期に依存する、というもの。

(2) リードとラグ

アクティビティ間の順序関係を考える際に、表面上には表れてこない、「リード」と「ラグ」と呼ばれるものがあります。

リードとは、後続作業の開始を前倒しにできる期間のことです。たとえば、FS関係にある作業Aと作業Bにおいて、作業Aの最後の1週間は作業Bに無関係な後処理作業のケースである、と想定します（**図8.4**）。この場合、作業Aの後処理作業の終了を待たずに、作業Bを開始することが可能です。そのため、作業Bには1週間のリードがあることになります。ただし、作業Aはまだ終了していない、という点に注意が必要です。たとえば、作業Aの後処理作業中に不具合が発見された場合、作業Aのやり直しに伴い、作業Bにも手戻りが発生する可能性が出てしまいます。このようにリードを採用して後続作業を行った場合には、手戻りのリスクがあることを理解しておきましょう。

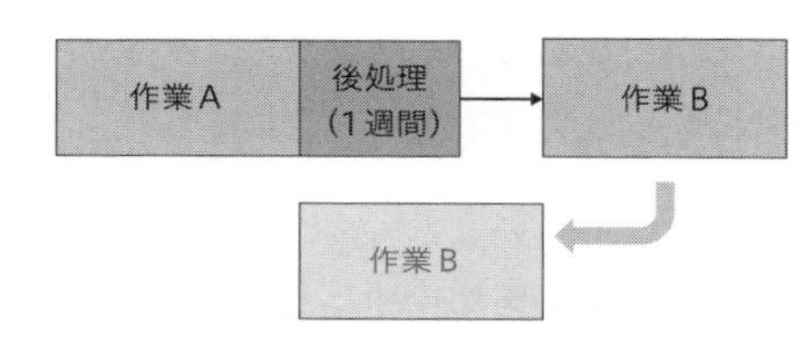

図8.4　リードの例

一方、ラグとは、後続作業を遅らせる必要がある期間のことです。たとえば、ペンキの塗装やコンクリートの打設（流し込むこと）を実施すると、ペンキやコンクリートが乾く（固まる）まで、次の作業は実施できません。

アクティビティの順序設定では、こうしたリードやラグの存在を見極めた上で、その内容をアクティビティ属性に記載する必要があります。

8.2 アクティビティ所要期間の見積り

続いて、「アクティビティ所要期間の見積り」プロセスを解説します。このプロセスでは、それぞれのアクティビティを実施するのに、どれだけの作業期間が必要かを見積ります。ここで見積られた結果からスケジュールを作成するため、プロジェクトの成否に関わる重要なプロセスです。

8.2.1 アクティビティの所要期間を見積る

「アクティビティ所要期間の見積り」では、必要な資源を使ってそれぞれのアクティビティを完了するために必要な作業期間（所要期間）を見積ります（**図8.5**）。

所要期間の見積りは、スケジュール・マネジメント計画書に規定した方法で行います。見積りにあたっては、スコープ・ベースラインに含まれるWBSに関連する情報や、資源を含めたアクティビティ属性に記載されている情報を参照します。とくに、どの資源が、いつから、どれくらいの量を利用できるのかが記載された資源カレンダーは重要です。

また、資源要求事項に記載されているプロジェクト・メンバーに求めるスキルについても確認します。予定しているメンバーのスキルレベルによっては、トレーニング期間が必要になるなど、所要期間の見積りに影響を与えます。

さらに、リスク登録簿に記載されているリスクが資源の獲得に与える影響についても考えておく必要があります。たとえば円高が進行すると、海外から獲得する予定の資源のコストが増加して、プロジェクトの遂行に影響を与えることもあります。

所要期間の見積りに影響を与える母体組織固有の情報には、プロジェクト期間中の組織の営業日に関する情報などがあります。

過去のプロジェクトを通じて、組織が獲得した知見やノウハウ、実際に見積り作業を実施した経験者の知識などを参考にすることも、所要期間を見積る上で重要です。

このプロセスの成果物となるのは、アクティビティ単位で見積られた「所要期間見積り」です。所要期間は、スケジュール・マネジメント計画書に規定された単位と許容範囲にもとづいて、「10日間±3日」のように、幅をもたせて記述されます。

また、所要期間の見積りを行った際の「見積りの根拠」も、将来、アクティビティの所要期間を変更する際などに利用する情報として作成します。第7章で説明した「アクティビティの定義」プロセスで定義したアクティビティ属性の内容に、このプロセスで見積られた結果を反映します。

「アクティビティ所要期間の見積り」の主な情報源

- ■ プロジェクトマネジメント計画書
  - ✓スケジュール・マネジメント計画書
  - ✓スコープ・ベースライン
- ■ プロジェクト文書
  - ✓アクティビティ属性
  - ✓アクティビティ・リスト
  - ✓マイルストーン・リスト
  - ✓資源カレンダー
  - ✓資源要求事項
  - ✓リスク登録簿
- ■ 組織体の環境要因
- ■ 組織のプロセス資産

「アクティビティ所要期間の見積り」の主な成果物

- ■ 所要期間見積り
- ■ 見積りの根拠
- ■ プロジェクト文書 更新
  - ✓アクティビティ属性

図8.5 「アクティビティ所要期間の見積り」の主な情報源と成果物

(1) 所要期間の見積り手法

所要期間を見積る方法には、過去に実施した類似プロジェクトを参考にする「類推見積り」が代表的です。また、過去のプロジェクトを分析して、規模や期間などの変動要素をパラメータ化したモデルを作り、そのモデルに具体的なパラメータを与えることで所要期間を見積る「パラメトリック見積り」が用いられる

 こともあります。

しかし、これらの手法を使って得られた見積り結果には、アクティビティが予定以上に早く完了することや、遅延するリスクについて考慮されていません。そうした変動要因を含んだ所要期間の見積りを行うために使われるのが、「三点見積り」です。三点見積りを行うには、アクティビティに対して、次の3つのケースで所要期間の見積りを行います。

- 最頻値（M：Most Likely）
  割り当てられる資源の可用性や生産性を考慮して、最も起こりうるシナリオにもとづいて実施された場合の所要期間
- 楽観値（O：Optimistic）
  最良のシナリオにもとづいて実施された場合の所要期間
- 悲観値（P：Pessimistic）
  最悪のシナリオにもとづいて実施された場合の所要期間

こうして見積られたM、O、Pに対して、次式のように加重平均を行ったものが三点見積りによる所要期間です。a、b、cの値（重み）は、最頻値の発生確率の見込みに応じて決めます。たとえば、最頻値の発生確率を低く見積った場合は重みをそれぞれ1、1、1とし、また、最頻値の発生確率を高く見積った場合は重みをそれぞれ4、1、1とします。

$$(\text{三点見積りによる所要期間}) = \frac{(a \times M + b \times O + c \times P)}{(a + b + c)}$$

(2) 代替案分析と予備設定分析

資源の可用性の制約などにより、条件を満たす所要期間の見積りが行えない場合には、「代替案分析」を行います。

代替案として、資源の種類の変更や獲得方法の変更（組織内ではなく外部から獲得するなど）を検討します。

また、想定したリスクの範囲内で所要期間が変動することへの対策として、「予備設定分析」を行います。予備設定分析では、多くの場合、期間に関する「コンティンジェンシー予備」（リスクに備えた予備）を設定します。

コンティンジェンシー予備は、リスクとして把握している事象が顕在化した場合に発生するスケジュール遅延に対処するための、スケジュール・ベースラインに設定する予備の所要期間です。リスクが顕在化した場合でも、コンティンジェンシー予備が設定されている所要期間の範囲内で対応できれば、スケジュール・ベースラインへの影響は発生しません。コンティンジェンシー予備は、既知のリスクに対する未知の所要期間への対策という意味で、「既知の未知」への対策といわれています[1]。コンティンジェンシー予備は、所要期間（スケジュール）だけでなくコストに対しても設定できます。

1　リスクとして指摘できなかった事象（想定外の事象）は、「未知の未知」と呼びます。

8.3 スケジュールの作成

続いて、「スケジュールの作成」を解説します。アクティビティの定義と、その順序関係が整理され、所要期間の見積りも終わり、スケジュールを作成する準備がいよいよ整いました。このプロセスは、アクティビティに関する各種情報から、時間軸に展開したスケジュールを作成します。スケジュールが完成すれば、プロジェクト・スケジュール・マネジメントの計画プロセス群は完了します。

8.3.1 スケジュールを作成する

スケジュールの作成では、順序設定と所要期間が決まっているアクティビティの集合に対して、プロジェクト期間と資源（ヒトやモノ）の可用性を考慮し、個々のアクティビティの具体的な開始日と終了日を設定します。作成したスケジュールは、スケジュール・ベースラインとして、プロジェクトの進捗状況を把握するための基礎情報の1つとなります（**図8.6**）。また、いったん決定されたスケジュール・ベースラインを変更すると、その影響はさまざまな範囲におよびます。そのため、計画段階で、確定する前のレビュー作業をしっかりと実施することが重要です。

スケジュール・ベースラインは、スケジュール・マネジメント計画書に規定した方法で、さまざまな情報を参照して作成します。

スコープ・ベースラインに含まれるWBSに関連する情報や、アクティビティ属性や所要期間見積りに記載されている情報、それぞれのアクティビティの資源に関する情報が必要となります。とくに資源カレンダーは、どの資源が、いつから、どれくらいの量を利用できるのかが記載されているため、スケジュール作成上欠かせません。

スケジュールの作成の成果物である「スケジュール・ベースライン」は、スコープ・ベースライン、コスト・ベースラインと並んで、プロジェクトの進捗状況を把握するときに参照する重要な基本情報です。また、スケジュール・ベースラインを可視化した「プロジェクト・スケジュール」も作成します。プロジェクト・スケジュールは、バー・チャートやマイルストーン・チャートなどで視覚的に示すケースもあります。

当初のアクティビティ属性や資源要求事項にもとづいてスケジュールの作成が行えなかった場合は、関連するプロジェクト文書を更新する必要があります。たとえば、スケジュール・ベースラインへの変更がスコープの変更を伴う場合は、スコープ・ベースラインなどへの変更要求を発行します。

「スケジュールの作成」の主な情報源

- ■ プロジェクトマネジメント計画書
  - ✓スケジュール・マネジメント計画書
  - ✓スコープ・ベースライン
- ■ プロジェクト文書
  - ✓アクティビティ属性
  - ✓アクティビティ・リスト
  - ✓所要期間見積り
  - ✓マイルストーン・リスト
  - ✓プロジェクト・スケジュール・ネットワーク図
  - ✓資源カレンダー
  - ✓資源要求事項
  - ✓リスク登録簿

「スケジュールの作成」の主な成果物

- ■ スケジュール・ベースライン
- ■ プロジェクト・スケジュール
- ■ 変更要求
- ■ プロジェクトマネジメント計画書 更新
  - ✓スケジュール・マネジメント計画書
- ■ プロジェクト文書 更新
  - ✓アクティビティ属性
  - ✓所要期間見積り
  - ✓資源要求事項
  - ✓リスク登録簿

図8.6 「スケジュールの作成」の主な情報源と成果物

(1) クリティカルパス

スケジュールの作成で重要な点は、資源の制約を考えながら、プロジェクト期間内に全体スケジュールを収めることです。アクティビティからスケジュールを作成する際には、まず資源の制約を無視した状態で、アクティビティをつなげてできたスケジュールがプロジェクト期間内に収めることを考えます。プロジェクト期間内に収まっていないスケジュールができてしまった場合には、アクティビティの所要期間の短縮を考えますが、やみくもに短縮しても効果はありません。そのような状況では、「クリティカルパス」を短縮することが重要です。

クリティカルパスとは、スケジュールを構成する一連のアクティビティの列の中で、その所要時間の合計が最大となるものを指します。そのため、クリティカルパス上にあるアクティビティに遅れが生じると、遅れた分だけプロジェクト全体も遅延します。逆に、クリティカルパス上のアクティビティの所要期間を短くすることができれば、プロジェクト全体の完了を早めることができます。言葉を代えていえば、クリティカルパス上にないアクティビティの所要期間を短縮しても、プロジェクト全体の完了を早めることはできません。

(2) 資源平準化と資源円滑化

まずは資源の制約を無視した状態でスケジュールを検討し、次にそのスケジュール上に資源の制約を重ねます。つまり、決定したそれぞれのアクティビティの開始時期と終了時期において、必要な資源がその期間内に確保できるのかを、資源カレンダーに記載されている情報から判断します。すべてのアクティビティで必要な資源が確保できれば、この時点でスケジュール作成は終了します。しかし、いずれかのアクティビティで資源の確保ができない場合は、確保できる資源の量に合わせて、アクティビティ所要期間を調整する必要があります。このときに使われる方法が、「資源平準化」と「資源円滑化」です。

資源平準化では、特定の期間に集中した資源をクリティカルパス上のアクティビティに対して、必要となる資源を優先的に割り当てることで、資源の集中を解消します（**図8.7 (a)**）。資源平準化は、資源の集中を解消することを目的としています。たとえば、図8.7 (a) では、利用資源aを利用する作業Aの終了を待って、同じく利用資源aを利用する作業Bを開始しています。このため、作業Bの終了が作業Cよりも遅くなり、クリティカルパスはA→C→DからA→B→Dと変更され、プロジェクト全体の所要期間も長くなっています。

一方、資源円滑化はクリティカルパスを変えることなく、アクティビティの開始時期を変更することで、資源の獲得を可能にするものです（**図8.7 (b)**）。たとえば、図8.7 (b) では、利用資源aを利用する作業Eと作業Fについて、クリティカルパスを変更しない範囲で、作業Fの開始を遅らせています。

【変更前】

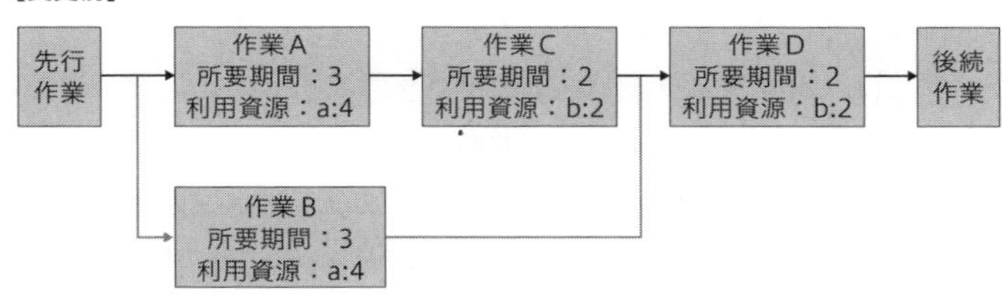

【変更後】

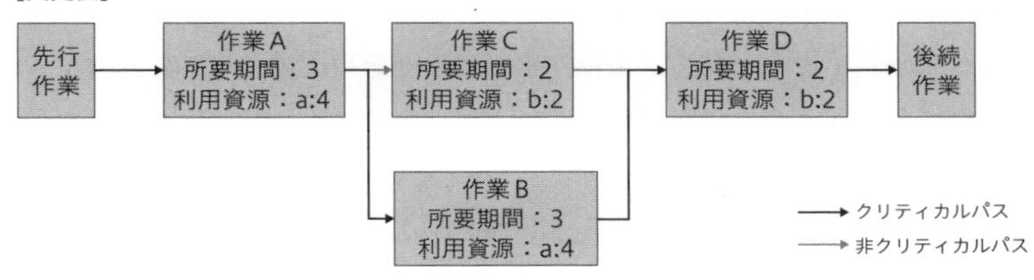

(a) 資源平準化

【変更前】

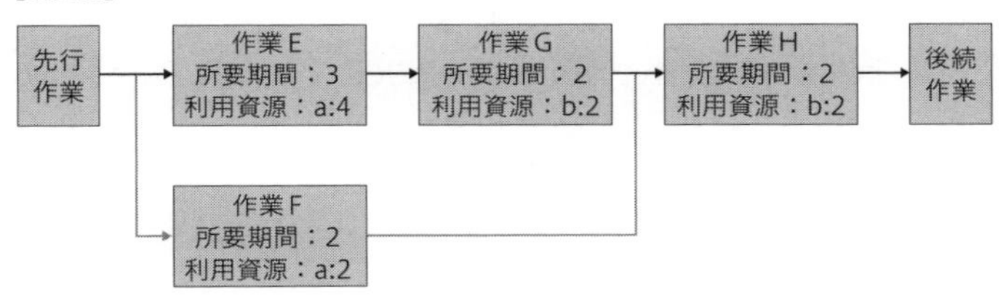

【変更後】

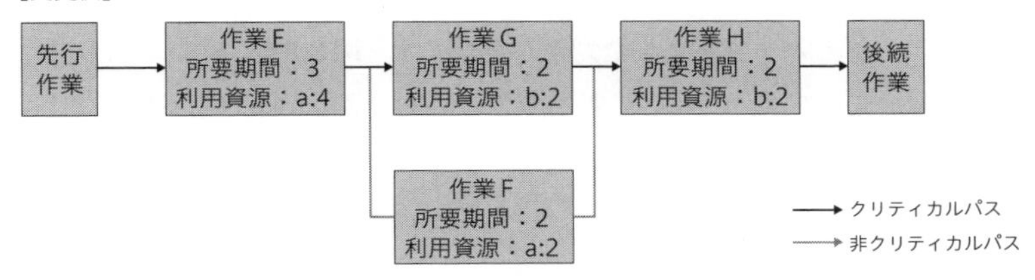

(b) 資源円滑化

図8.7　資源平準化と資源円滑化

(3) クラッシングとファストトラッキング

作成したスケジュールがプロジェクト期間内に収まらない場合は、スケジュールの短縮を検討します。スケジュール短縮の代表的な手法には、「クラッシング」と「ファストトラッキング」があります。

クラッシングでは、クリティカルパス上のアクティビティを中心に、資源を追加投入することで、アクティビティの所要期間の短縮を図ります。しかし、資源の追加投入はコスト増加を招きます。また、プロジェクト・メンバーを追加する場合には、実施内容をキャッチアップする時間を要するため、期待した効果が上げられないリスクがある点を理解しておく必要があります。

ファストトラッキングでは、先行作業が終了する前に、先行作業と並行して後続作業を開始します。ただし、先行作業の遅延やその成果に対して品質上の問題が生じた場合には、着手した後続作業に手戻りが発生するリスクがある点に注意が必要です。

8.3.2 クリティカルパス法

クリティカルパス法（Critical Path Method：CPM）は、プロジェクトのスケジュールからクリティカルパスを効率的に探し出す手法です。米国で1950年代に開発された手法で、同時期に開発されたPERT（Program Evaluation and Review Technique）[2]とともに、米軍のポラリスミサイル開発プロジェクトで利用されました。

クリティカルパス法の説明を行うには、PERT図を使うとわかりやすいため、まずはPERT図について説明します。PERT図は、スケジュールをアロー・ダイアグラム[3]で表現します。アロー・ダイアグラムはPDMとは異なり、アクティビティをノードとノードをつなぐ矢印で表します（**図8.8**）。各ノード（アクティビティの開始点）には、最も早く開始できる時刻（最早開始時刻：ET）と、最も遅く開始できる時刻（最遅開始時刻：LT）を記入します。

2 PERTとは、プロジェクトの作業と工数を図で示す方法です。作業をノード、工数を矢印で表します。作成された図をPERT図と呼びます。

3 アロー・ダイアグラムは、PMBOK第3版までは、PDMとともに、アクティビティの順序設定のツールと技法の1つとして位置づけられていました。

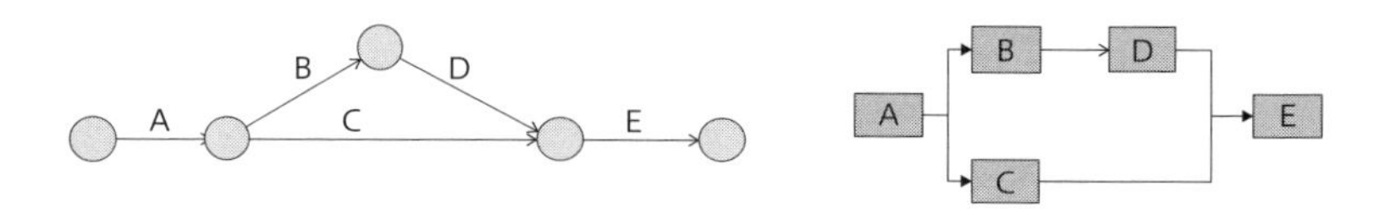

(a) アローダイアグラムの例　　(b) 同じものをPDMで表したもの

図8.8　アロー・ダイアグラムとPDM

以下では、オムライスを作るプロセスを例に、PERT図を使って、クリティカルパス法の説明を行っていきます。

【ケーススタディ：オムライスを作る】

表8.2に示すオムライスのレシピに従って、オムライスを作りましょう。

表 8.2　オムライスのレシピ

(1) 鶏肉は適当な大きさに切り、塩・こしょう少々をふる。
玉ねぎはみじん切りにする。
(2) フライパンに油小さじ1杯を熱し、(1)の鶏肉を炒める。焼き色がついたら、バター大さじ1杯と（1）の玉ねぎを加えてよく炒める。
(3) ご飯を加えて混ぜながら炒める。トマトケチャップ大さじ2杯、塩・こしょう少々で味を調え、チキンライスを作る。
(4) 小さめのボウルに卵2個を溶きほぐし、塩・こしょう少々を混ぜる。
(5) フライパンに油、バター各大さじ1/2杯を熱し、(4)の溶き卵を一気に流し入れて全体をサッと混ぜる。半熟状になったら(3)のチキンライスを中央にのせ、両端からヘラで折り曲げる。
(6) フライパンの片側に寄せ、皿に返して盛りつける。トマトケチャップ少々をかける。

(1) アロー・ダイアグラムの作成[4]

料理のレシピは、やるべき作業が順序だてて並べられたものです。レシピの作業リストは、アクティビティ・リストの1つと考えることができます。まずは、表8.2のレシピからスケジュール作成用のアクティビティを抽出して、アクティ

4 「8.4 演習」で、アロー・ダイアグラムの作成を含めた課題を用意しています。

ビティ・リストを作成します（**表8.3**）。ここでは、レシピから読み取れる先行アクティビティやレシピには書かれていなかった調理器具（資源[5]）と、それぞれのアクティビティの所要時間も記載しています。

表8.3　レシピから抽出したアクティビティ・リスト

	アクティビティ	先行アクティビティ	資源	所要時間
A	材料が揃っていることを確認する	—	—	2分
B	鶏肉を適当な大きさに切る	A	包丁	3分
C	玉ねぎをみじん切りにする	A	包丁	5分
D	鶏肉を炒める	B	フライパン	4分
E	玉ねぎを加える	C、D	フライパン	3分
F	ご飯を加える	E	フライパン	5分
G	卵を溶きほぐす	A	ボウル	3分
H	溶き卵をフライパンに流し入れる	G	フライパン	3分
I	半熟状になった卵の上に、チキンライスをのせ、卵の端を折り返す	F、H	フライパン	2分
J	卵でくるんだチキンライスを皿に移す	I	皿	2分

次に、このアクティビティ・リストから、アロー・ダイアグラムを作成します。同じ先行アクティビティをもつアクティビティでグループ化を行い、矛盾がないように左から右にアクティビティを配置していくことで、アロー・ダイアグラムが作成できます。

図8.9が、アクティビティ・リストから作成したアロー・ダイアグラムです。この図では、アクティビティを表す矢印の上に、アクティビティ・リストに書かれているアクティビティの記号を示し、カッコ内にそれぞれの所要時間を記載しています。

5　説明を簡単にするため、ここでは各アクティビティに対して代表的な資源１つを挙げています。

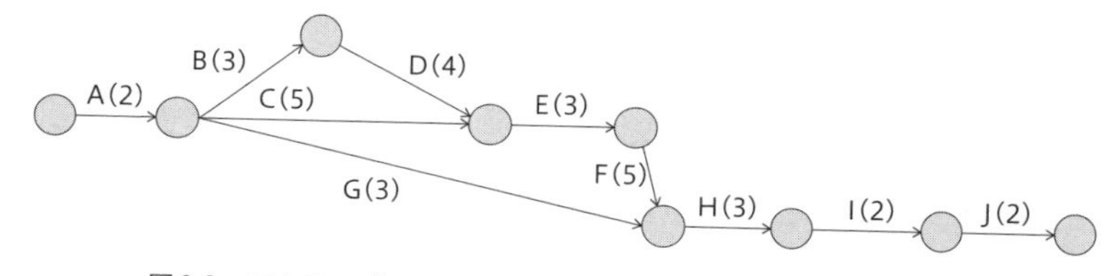

図8.9　アクティビティ・リストから作成したアロー・ダイアグラム

(2) クリティカルパスの抽出

次に、図8.9のアロー・ダイアグラムから、クリティカルパスの抽出を行います。

抽出するための準備作業として、まずは各ノードから開始するアクティビティについて、最早開始時刻と最遅開始時刻を求めて各ノードの上に記載します[6]（**図8.10**）。

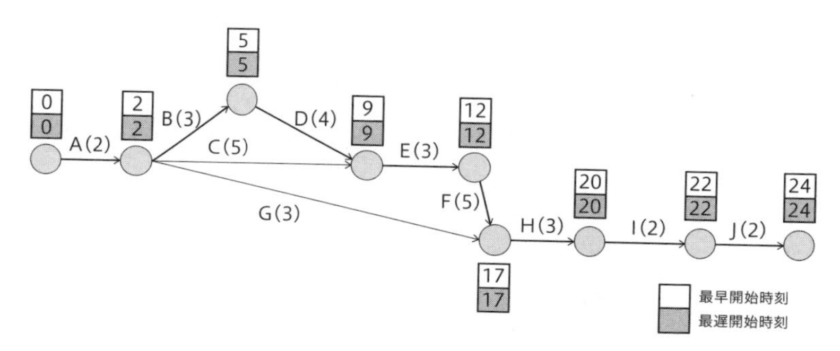

図8.10　クリティカルパスが示されたPERT図

最早開始時刻と最遅開始時刻が同一のノードをつないだものが、このPERT図でのクリティカルパスとなります。

クリティカルパス上のアクティビティDを例に取ると、Dを最も早く開始できるのは5分後です。一方、最も遅く開始できるのも5分後です。したがって、Dには作業開始を遅らせる余裕がないことになります。

6　最早開始時刻と最遅開始時刻の求め方については、本章の演習で説明します。

次に、アクティビティCを見てみましょう。Cを最も早く開始できるのは2分後です。一方、最も遅く開始できる時刻が何分後かというと、Cの後続アクティビティであるEの最遅開始時刻は9分後ですので、9分からCの所要時間である5分を引いた、4分後がCにとっての最遅開始時刻となります。つまり、Cには、作業開始に2分間の余裕があることになります。

このように見ていくと、クリティカルパスを知ることが、スケジュールを管理する上で重要な意味があることが理解できたかと思います。

(3) 資源の競合の解消

続いて、各アクティビティが利用する資源の面からPERT図を見てみましょう。**図8.11**は、さきほどのPERT図に、アクティビティ・リスト（表8.3）に示した、利用する資源を追記したものです。

一見すると資源の競合はなさそうですが、よく見るとアクティビティBとCで、包丁の利用が重なっています。Bの包丁の利用は、2分後からはじまり、5分後に終了します。一方、Cが包丁を利用するのは5分間ですが、後続のアクティビティEの開始が9分後のため、Cの包丁の利用開始時刻は、4分後でないとEの開始時刻に間に合いません。つまり、Cは4分後から包丁の利用を開始する必要がありますが、実際に利用可能になるのは5分後になるため、スケジュールに破綻が起きてしまいました。

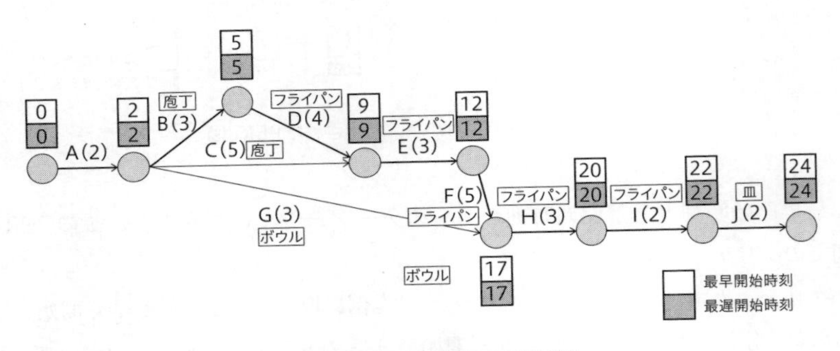

図8.11　利用資源付きのPERT図

このように、資源の利用を考えなければ妥当であったスケジュールが、資源の利用を考慮したことで、再スケジュールが必要になる事例は多くあります。**図8.12**は、先に説明した資源平準化の考え方で再スケジュールした結果です。

再スケジュールの結果、全体の所要時間は25分と、最初のスケジュールから1分遅くなることがわかりました。なお、この図で、Bの終了ノードからCの開始ノードに、点線の矢印が新たに追加されています。この点線が表すアクティビティを、「ダミーアクティビティ」と呼びます。アクティビティB、C間では、本来は直接の先行・後続関係はありませんが、アクティビティ間での包丁の受け渡しという論理的な前後関係が生まれたため、その関係を表すために用意された記法です。ダミーアクティビティの所要時間は0として考えます。

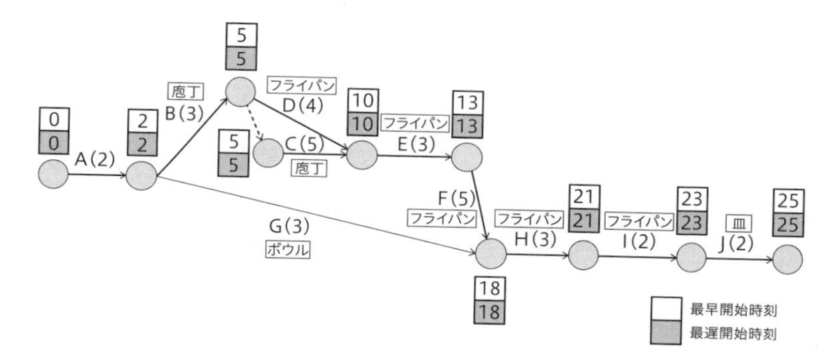

図8.12　再スケジュール後のPERT図

(4) アクティビティの追加

ここまではご飯が別に用意されている前提で、スケジュールを考えてきました。最初の「材料を確認する」アクティビティを実施したところ、主要な資源であるご飯がないことがわかった場合、全体のスケジュールが一体どのように変わるのかを考えてみましょう。

オムライスを作るためには、ご飯を炊く必要があります。そこで、ご飯を用意するアクティビティを追加したアクティビティ・リストとPERT図を作成します。

ご飯を炊くアクティビティが追加されたことにより、クリティカルパスが変更され、包丁の利用に関する競合も解消できています（**表8.4**、**図8.13**）。ただ、オムライスができあがるまでの時間は大幅に遅くなり、39分かかることがわかりました。

もしあなたがお腹を空かしていて39分も待てないとしたら、どのような代替案を考えますか。近くのコンビニで売られているご飯を買いに行くとしたら、コンビニの場所やご飯の値段にどのような条件を付けるのかを自分で考えてみましょう。

表8.4 「ご飯を炊く」アクティビティを追加したアクティビティ・リスト

	アクティビティ	先行アクティビティ	資源	所要時間
A	材料が揃っていることを確認する	—	—	2分
X0	**米を研ぐ**	**A**	**ボウル**	**5分**
X1	**ご飯を炊く**	**X0**	**炊飯器**	**20分**
B	鶏肉を適当な大きさに切る	A	包丁	3分
C	玉ねぎをみじん切りにする	A	包丁	5分
D	鶏肉を炒める	B	フライパン	4分
E	玉ねぎを加える	C、D	フライパン	3分
F	ご飯を加える	E	フライパン	5分
G	卵を溶きほぐす	A	ボウル	3分
H	溶き卵をフライパンに流し入れる	G	フライパン	3分
I	半熟状になった卵の上に、チキンライスをのせ、卵の端を折り返す	F、H	フライパン	2分
J	卵でくるんだチキンライスを皿に移す	I	皿	2分

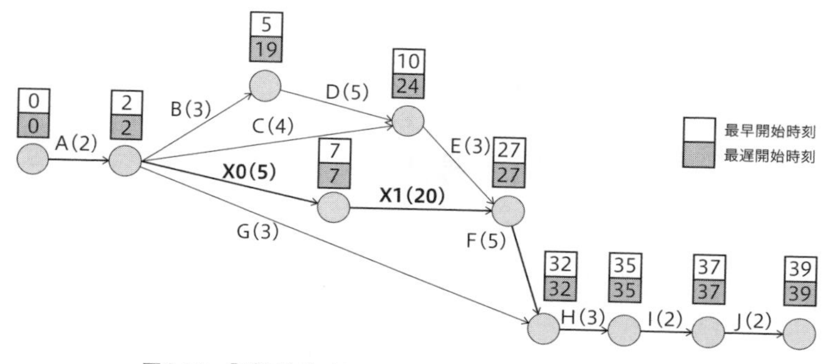

図8.13　「ご飯を炊く」アクティビティを追加したPERT図

8.3.3 プロジェクト・スケジュールの可視化

「スケジュールの作成」プロセスの成果物であるプロジェクト・スケジュールは、「ガント・チャート」や「マイルストーン・チャート」を使って可視化されます。これらは、スコープ・ベースラインにもとづく詳細なスケジュール管理は行えませんが、プロジェクト・メンバーがスケジュールやその進捗状況を把握するためによく使われています。

ガント・チャートは「バー・チャート」とも呼ばれ、アクティビティの開始日から終了日までを水平バーで表したものです（**図8.14**）。図8.14のガント・チャートは、作成されたスケジュール（予定）に加えて、作業実績を記載できるようにしています。このような形で予定と実績を表示することで、プロジェクトの進捗状況の視認性が高まります。

一方で、ガント・チャートでは、アクティビティ間の依存関係を示すことが難しいという欠点があるため、PDMなどで記述したプロジェクト・スケジュール・ネットワーク図と併せて使うこともあります。

マイルストーン・チャートは、主要な成果物の完成日や公式レビューの実施日など、プロジェクトの主要なイベントをカレンダー上に記載したものです。

実際のプロジェクトでは、ガント・チャートにマイルストーンを記載する行を設け、マイルストーンとプロジェクトの進捗状況の両方を一覧できるものを利用することがあります。

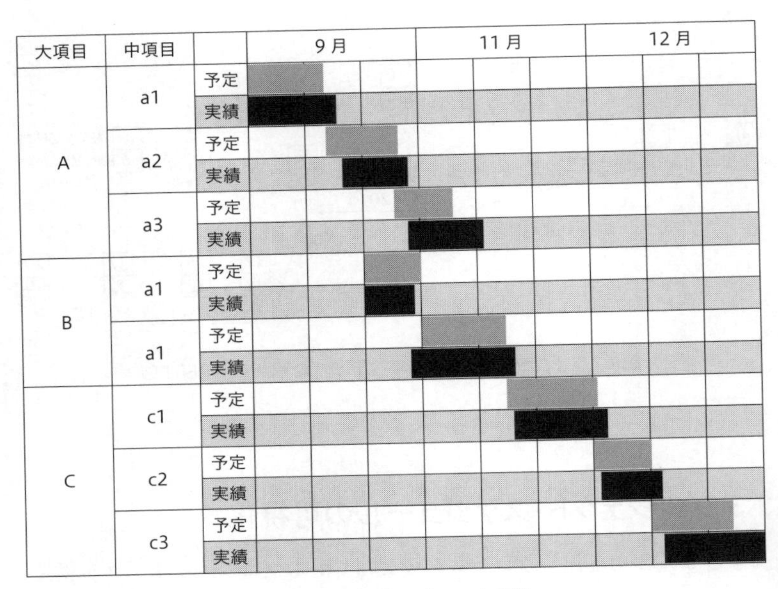

図8.14 ガント・チャートの例

ガント・チャートを利用してスケジュール管理を行う場合に、表計算ソフトを利用することも可能ですが、開始日と終了日を含めたアクティビティの登録に時間がかかるのが難点です。そこで利用されるのが、スケジュール管理ツールです。

プロジェクト管理ツール[7]のスケジュール管理機能を利用すれば、アクティビティの登録や、進捗情報の入力、表示が容易になります。単純なガント・チャートであれば、無償で利用できるものも増えています。最近では、クラウド上でスケジュール管理ツールを提供するサービスも増えています。このようなサービスであれば、登録メンバーが簡単に進捗情報にアクセスできるだけでなく、定期レポートやマイルストーンに関する通知情報などを、メールで通知する機能なども提供されています。それぞれのツールで使い勝手に一長一短があるため、試用をしてから使いはじめるのがよいでしょう。

7 付録で、プロジェクト管理ツールの1つである、Redmineについて解説します。

8.4 演習

第8章では、アクティビティの順序関係を整理することと、所要時間の見積り、スケジュールの作成などについて学びました。WBSで分割した最小の作業単位をアクティビティとして捉え、それらの順序関係と所要時間を見積ることができれば、スケジュールを作成することができます。

本章の演習では、アクティビティ順序の整理、PERT図を利用したクリティカルパスの導出、ソフトウェアを活用したスケジュールの作成にチャレンジしてみましょう。

8.4.1 アクティビティの順序を整理しよう

あなたが3Dプリンタの組み立てキットを入手したとします。3Dプリンタの組み立てに必要なアクティビティ（作業）を順不同で並べてみました。これらのアクティビティの順序関係はどうなるでしょうか。並べ替えてみましょう。

また、並行して実施できるアクティビティは、どれとどれでしょう。プレシデンス・ダイアグラム（PDM）、もしくは、アロー・ダイアグラムとして表現してみるとどうなりますか。

A）電源ユニットを筐体に組み込む
B）必要な配線のすべてを電源や各制御装置のコネクタに接続する
C）3D-CADソフトでモデルを作成し出力テストを実施する
D）組み立てマニュアルに目を通し全体の作業計画を立てる
E）3D-CADソフトウェアをダウンロードしインストールする
F）単体の動作テストを行う
G）部品がすべて揃っているかどうかを確認する
H）筐体を組み上げる
I）可動部を筐体に組み込む

8.4.2 PERT図を書こう

まずはPERT図を書いて、クリティカルパスを求めてみましょう。

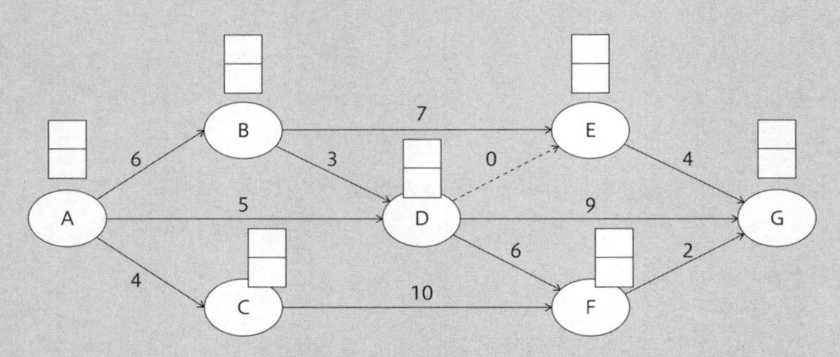

図8.15　アロー・ダイアグラム（準備）

アクティビティの順序関係を整理したところ、**図8.15**のようなアロー・ダイアグラムが描かれました。各ノードの上に描かれた2つの長方形は、最早開始時刻ET（Earliest Time）と最遅開始時刻LT（Latest Time）を書き込むための箱です。上にETを、下にLTを書き込みます。各直線上に描かれた数字は、それぞれのアクティビティを遂行するために必要な時間の見積り値です。

続いて、ETの値を求めます。まず、出発点であるAのETは0なので、Aのところにある上の箱には0を記入しましょう。途中のノードにおけるETの値は、そこに至るパスのすべてについて「出発点のET ＋ アクティビティにかかる時間」を計算し、その最大値を求めることで定めます。すなわち、BのETは0＋6なので6となり、DのETは6＋3（BからDに至るパス）と0＋5（AからDに至るパス）の大きいほうなので9です。

同様に計算するとEのETは13になるはずです。途中まで計算した状況を**図8.16**に示します。残りのETをすべて求めましょう。

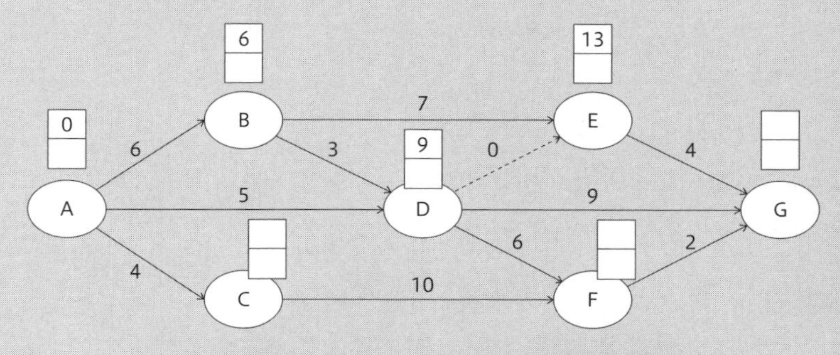

図8.16　アロー・ダイアグラム（ETの計算）

ノードGまでETが求まったら、その値を下の箱、すなわちノードGのLTとしてコピーします（**図8.17**）。次は、後ろからLTを求めていきます。

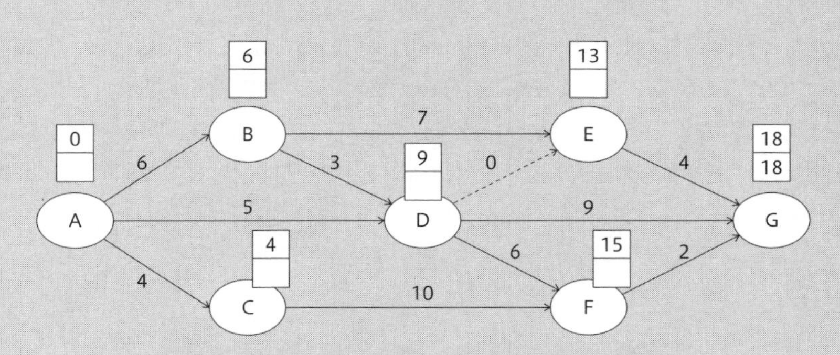

図8.17　アロー・ダイアグラム（LTの計算準備）

ノードEやノードFのように、流出する矢印が1つのときは、矢印の先のLTから所要時間の見積りを引いた値がLTになります。すなわち、EのLTは18－4で14、FのLTは18－2で16と計算されます。

ノードDのように、複数の矢印が流出しているときは、すべての矢印に関して「矢印の先のLT－所要時間」を計算し、その中で最小となる値をLTとして採用します。ノードDの場合、14－0（DからEに至るパス）、18－9（DからGに至るパス）、16－6（DからFに至るパス）、のうち最小値である9が、LTの値になります。

途中まで計算した状況を**図8.18**に示しています。残りの結合点について、LTを求めましょう。

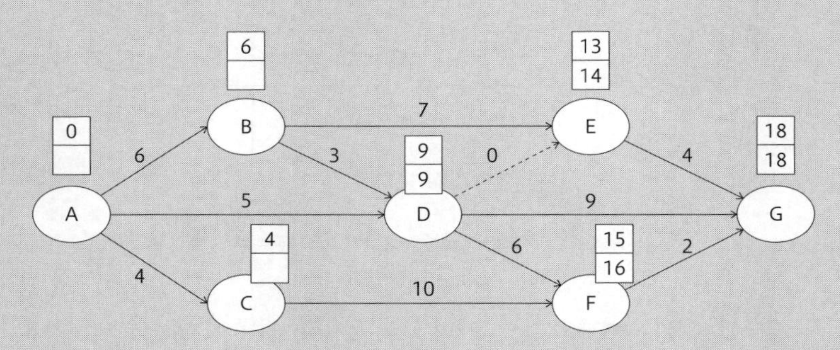

図8.18　アロー・ダイアグラム（LTの計算）

正しく計算できた場合は、ノードAのLTが0になるはずです。そして、LTとETの値が等しくなっているノードを結んだパスが、クリティカルパスとなっています（**図8.19**）。それ以外のノードでは、ET－LTの値だけ作業の遅れに余裕があることがわかります。クリティカルパス上の作業は、決して遅れてはいけない作業ということです。

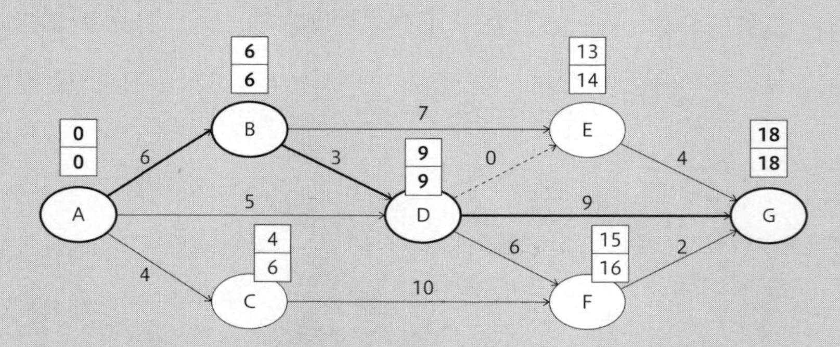

図8.19　アロー・ダイアグラム（クリティカルパスの導出）

8.4.3 ソフトウェアを使ってスケジュールを作ろう

アクティビティの順序関係や依存関係が定まり、それぞれの作業時間を見積ることができれば、スケジュールを策定することができるようになります。先の演習で行ったクリティカルパスを計算した例を用いて、スケジュールを立ててみましょう。

GanttProjectやMicrosoft Project、その他の数多あるプロジェクト管理ソフトウェアのいずれを用いても構いません。線表を引くだけであれば、表計算ソフトウェアを流用して表現することも可能[8]です（**図8.20**）。

いずれかのソフトウェアを用いて、スケジュールの計画を表現してみましょう。

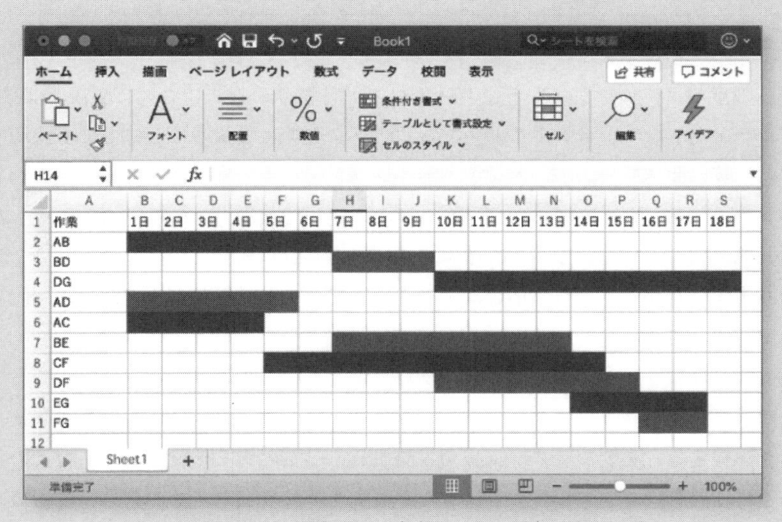

図8.20　スケジュール（ガントチャート）の例

8　本来の使い方ではないので、お勧めはしません。

第9章

コスト見積り

この章では、プロジェクトにおけるコスト見積りの方法について解説します。プロジェクトマネジメントにおいて、コストを適切に見積ることはとても大切です。予算に比べてコストが超過する赤字プロジェクトには、さまざまな原因があります。ステークホルダーがプロジェクトの途中で無理やりスコープを変更したり、成果物が求められる品質を確保できずに作業量が大幅に増えたりすることもあります。しかし、多くの場合は、計画段階でコスト見積りが適切でなかったことに起因します。

コスト見積りが過小だった場合、プロジェクトはどのような状態に陥るでしょうか。プロジェクトに必要な予算が元々足りないため、少ない人数でプロジェクトを遂行する、必要なテスト工程を省略する、品質の劣る機材を使う、などのさまざまな悪影響をプロジェクトにもたらします。そうした苦心の結果、成功裏に完了できるプロジェクトもありますが、失敗して赤字に陥る確率は非常に高まります。

一方、コスト見積りが過大だった場合はどうでしょう。潤沢な予算が無条件で与えられるのであればよいのですが、多くの場合は組織全体の予算を圧迫することで、他のプロジェクトに悪影響を与えます。また、プロジェクトの予算を削減するために、本来実施すべきスコープを縮小させられたり、あるいはプロジェクト自体を延期や中止に追い込んでしまうかもしれません。つまり、プロジェクトに応じて、過小でも過大でもなく、必要な作業量に見合った適切な見積りを行うことが求められます。

また、コストを見積る計画段階では、すべての作業コストを正確に見積れる保証はありません。一部の作業については仕様が曖昧だったり、リスク要素が含まれていたりすることで、コストが上振れする可能性があります。そうした曖昧さを明確にし、そのための予備費を確保しておくことも、プロジェクトのコスト見積りには求められます。

本章では、PMBOK の知識エリアである「プロジェクト・コスト・マネジメント」の計画プロセス群に含まれる3つのプロセス、「コスト・マネジメントの計画」「コストの見積り」「予算の設定」を解説します。

本章で解説する項目は次の通りです。

- 9.1 コスト・マネジメントの計画
- 9.2 コストの見積り
- 9.3 予算の設定
- 9.4 ソフトウェア開発とコスト見積り

9.1 コスト・マネジメントの計画

まずは、計画プロセス群の「コスト・マネジメントの計画」から解説します。このプロセスは、プロジェクトで必要となるコストについて、どのような方針で取り扱うのかを計画することが目的です。プロジェクトの予算規模やスケジュールの長短などの特徴に応じて、適切なコスト・マネジメントの方法を定め、「コスト・マネジメント計画書」を作成します。

9.1.1 コスト・マネジメント計画書を作成する

コスト・マネジメント計画書を作成するためには、プロジェクト憲章に記載されている概算の予算を確認します（**図9.1**）。予算が少ない小規模なアプリ開発プロジェクトと、インフラ工事のような予算の多い大規模なプロジェクトでは、コスト・マネジメントのやり方がまったく異なります。

また、スケジュールからくる制約にも注意が必要です。短期間のプロジェクトの場合は、コスト・マネジメントの作業を行うまでもなく、プロジェクトが終了してしまうことがあります。一方、数年に渡るプロジェクトでは、適切な頻度でコスト発生の状況を確認しなければ、プロジェクト終盤になってコストの大幅な超過が発覚するケースもあります。

「コスト・マネジメントの計画」の主な情報源

- プロジェクト憲章
- スケジュール・マネジメント計画書
- リスク・マネジメント計画書
- 組織体の環境要因
- 組織のプロセス資産

「コスト・マネジメントの計画」の主な成果物

- コスト・マネジメント計画書

図9.1 「コスト・マネジメントの計画」の主な情報源と成果物

リスクに関する情報も、コスト・マネジメントには必要です。コスト変動に関するリスクがある場合は、そのリスクの発現を監視したり、リスクに対するコンティンジェンシーの計画をコスト・マネジメント計画書に組み込みます。

組織が置かれている状況も、コスト・マネジメントに影響を与えます。組織全体の業績が好調であれば予算執行やコスト・マネジメントにも余裕がありますが、業績が不調であれば個々のプロジェクトにおけるコスト・マネジメントも慎重に行うことが求められます。

また、多くの組織では、標準的なコスト・マネジメントの方法が定められているため、基本的にはそこで定められている方法を取ることが一般的です。

コスト・マネジメント計画書には、プロジェクトでどれくらい詳細にコスト・マネジメントを行うのかを記載します。金額を測定する単位（百万円単位など）や正確さのレベル（誤差を±5%とするなど）、また、コスト変動を許容する範囲（±10%の変動まで許容するなど）やコストの執行状況を把握する頻度（毎月など）は、コスト・マネジメント計画書に記載したい項目です。

コストのパフォーマンス測定をアーンド・バリュー・マネジメント（EVM）で行う場合には、その規則や方法もコスト・マネジメント計画書に記載します。EVMについては、第12章で詳しく説明します。

9.2 コストの見積り

続いて、「コストの見積り」を解説します。このプロセスは、プロジェクトで実施する作業に、コストがどれくらいかかるのかを見積ることが目的です。プロジェクトのスコープとスケジュール、リスクなどを分析して、各作業の「コスト見積り」と「見積りの根拠」を作成します。

9.2.1 作業にかかるコストを見積る

コスト見積りを作成するためには、まずはどのような粒度や精度で見積りを行うのかをコスト・マネジメント計画書で確認します（**図9.2**）。また、成果物の品質に関する要求がコストに大きく影響するため、品質マネジメント計画書も確認します。

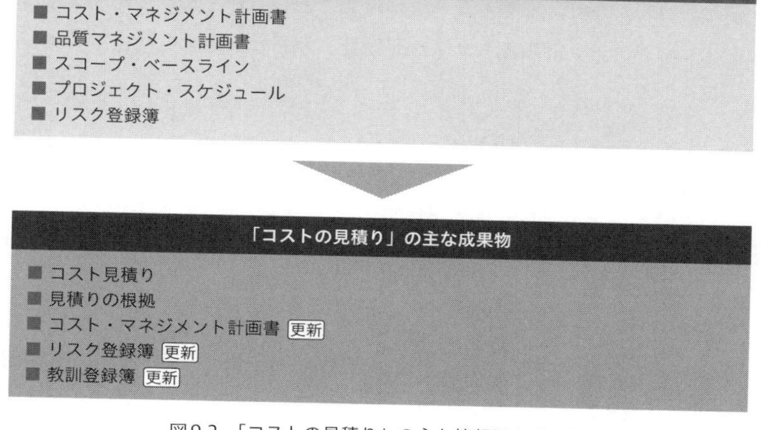

図9.2 「コストの見積り」の主な情報源と成果物

コストを見積る対象となる作業項目は、スコープ・ベースラインに含まれるWBSなどを確認します。また、作業を実施する時期によってコストが変わってくるため、プロジェクト・スケジュールも併せて確認しましょう。

作業のコストを見積る主な方法には、ボトムアップ見積りがあります。ボトムアップ見積りについては、次節で詳しく説明します。

プロジェクトにおけるすべての作業についてコストの見積りができたら、それを「コスト見積り」として取りまとめます。コストを見積る際に、外部から参考見積りを取得したり、市場データベース中の人件費単価を使用した場合には、それらを「見積りの根拠」として取りまとめておきます。作成したコスト見積りとその根拠は、プロジェクトの途中や終了時に、それが妥当であったのかを検証し、実績値と乖離があった場合には、その原因を特定して教訓として記録します。

コスト見積りの際、リスクの取扱いには注意が必要です。個別の作業のコストが上振れするリスクがあったり、プロジェクト全体でリスク要素が多い場合には、余裕をもったコスト見積りを行う必要があります。リスクが発現した場合の予備費のことを、「コンティンジェンシー予備」と呼びます。コスト見積りの際には、コンティンジェンシー予備を含めるかどうかを検討し、必要に応じて含めることをお勧めします。

コストの見積りを行った結果、コスト・マネジメント計画書に記載した方法に非効率な作業が発見されることがあります。また、プロジェクトがコスト超過に陥りかねない新たなリスクや教訓を見つけることもあります。これらはそれぞれ、コスト・マネジメント計画書やリスク登録簿、教訓登録簿を更新して反映します。

9.2.2 ボトムアップ見積り

ボトムアップ見積りとは、個々の作業や部品などのコストを積み重ね、それらを合計することで全体のコストを見積る手法です。また、対照的な見積り手法としては、過去の類似プロジェクトの実績コストから類推する「トップダウン見積り（類推見積り）」があります。

ボトムアップ見積りでは、たとえば、WBSで細分化した作業の単位で見積りを行います（**表9.1**）。その場合、プロジェクト・メンバーが作業を行うための「人件費」、その作業実施に必要な資材・資料の購入費や会議費用などの「直接経費」に分けて積算します。また、プロジェクト・チームが所属する組織全体のマネジメントに必要な「間接費」も忘れずに積算対象としましょう。作業ごとの費用を積算し、さらにすべての作業に関する作業費を足し合わせると、プロジェクト全体で必要なコストの総計が計算できます。

表 9.1　ボトムアップ見積りの例

単位：百万円

WBSの作業項目	人件費	直接経費（資材費等）	間接費	作業費合計
作業A	100	50	15	165
作業B	20	0	2	22
⋮				
作業Z	150	30	18	198
総計	**2,500**	**500**	**300**	**3,300**

9.3 予算の設定

続いて、「予算の設定」を解説します。このプロセスは、コスト見積りの結果を集約して予算化するとともに、プロジェクト実行時にコスト・マネジメントが実施できるようにすることが目的です。コストの見積りプロセスで作成した「コストの見積り」を集約して、「コスト・ベースライン」を作成します（**図9.3**）。

9.3.1 コスト・ベースラインを作成する

コスト・ベースラインとは、プロジェクトで発生するコストを時間軸上に展開したものです。コスト・ベースラインを作成しておくと、プロジェクトを実施した際に、たとえば、3か月後にどのようなコストを支出する予定なのかを確認できるようになります。そのため、コスト・ベースラインを作成するには、主に「コスト見積り」と「プロジェクト・スケジュール」を確認します。その他、コスト見積りを作成する際に参考とした「コスト・マネジメント計画書」「資源マネジメント計画書」「スコープ・ベースライン」や、「見積りの根拠」も同時に確認するとよいでしょう。

コスト・ベースラインは、コンティンジェンシー予備を含めたものにする必要があります。そのためには、リスク登録簿を確認して、コストに影響をおよぼすリスクにはどのようなものがあるのかを確認しておきます。

コスト・ベースラインを作成すると、実際にプロジェクトで必要とする資金（キャッシュフロー）が判明します。そうした資金に関する情報は、「プロジェクト資金要求事項」として取りまとめます。コスト・ベースラインとキャッシュフローの関係は、次節で詳しく説明します。

コスト・ベースラインとキャッシュフローの関係を整理すると、プロジェクトに用意できる資金の制約から、コスト見積りやプロジェクト・スケジュールを調整する必要が生じるかもしれません。単純にプロジェクトで承認された資金をオーバーしている場合には、個別の作業のやり方を見直して、コスト見積りを修正する必要があります。また、資金を用意できるタイミングが遅くなる場合には、大きなコストが発生する作業を後ろ倒しにして、スケジュール全体を調整する必要があります。

コスト・ベースラインを作成する過程で、新たなリスクを発見することもあります。そうしたリスクは改めてリスク対応策を検討し、リスク登録簿を更新します。

「予算の設定」の主な情報源

- コスト・マネジメント計画書
- 資源マネジメント計画書
- スコープ・ベースライン
- コスト見積り
- 見積りの根拠
- プロジェクト・スケジュール
- リスク登録簿

「予算の設定」の主な成果物

- コスト・ベースライン
- プロジェクト資金要求事項
- コスト見積り 更新
- プロジェクト・スケジュール 更新
- リスク登録簿 更新

図9.3 「予算の設定」の主な情報源と成果物

9.3.2 コスト・ベースラインとキャッシュフロー

コスト・ベースラインは、プロジェクトで発生するコストを時間軸上に展開したものである、と説明しました。では、実際にプロジェクトで必要となる資金も、コスト・ベースラインと同じと考えてよいのでしょうか。

人件費を現金で日払いしたり、物品をその場で現金購入したりするのであれば、コスト・ベースラインと同じタイミングで現金（キャッシュ）が必要になります。しかし、一般的な商慣習では、人件費は月単位などで集約したものを後日支払いするケースが大半で、物品の購入も請求書払いで後払いになります。また、支払いのタイミングは後払いばかりではなく、取引先によっては前払いが必要なケースもあります。そのため、プロジェクトでコスト・マネジメントを行う場合は、コスト・ベースラインだけではなく、実際の資金がどのタイミングで必要になるのかというキャッシュフローに留意することが大切です。とくに、組織の財務基盤が強くない小規模な企業では、組織全体の資金が不足（ショート）してしまわないように、プロジェクトで必要な資金を正確に予測して管理することが求められます。時間軸上に展開したコスト・ベースラインとキャッシュフローの関係を**図9.4**に示します。

コスト・ベースラインと同様に、キャッシュフローも予測上は連続的な値を取りえます。しかし、プロジェクトで必要な資金を実際に検討する場合には、「1か月ごと」のように期間を区切って、各期間で必要な資金を把握した上で、「プロジェクト資金要求事項」に記載することをお勧めします。

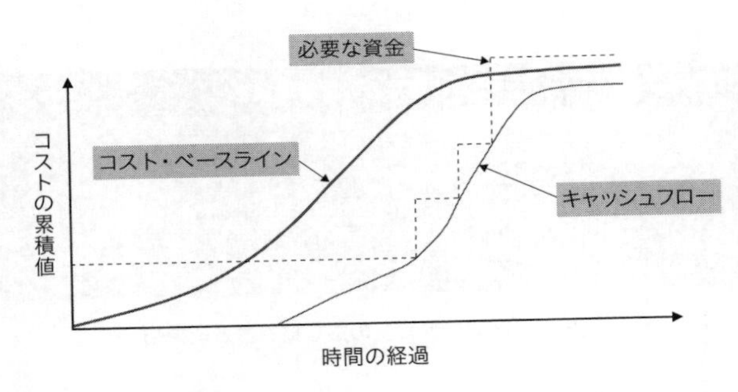

図9.4　コスト・ベースラインとキャッシュフロー

9.4 ソフトウェア開発とコスト見積り

前節までは、PMBOKの計画プロセス群におけるコスト見積りのやり方を見てきました。本節では、ソフトウェア開発プロジェクトにおけるコスト見積りに関する話題をいくつか紹介しましょう。

9.4.1 ソフトウェア開発におけるコスト見積りの難しさ

プロジェクトにおけるコスト見積りは、さまざまな要素が絡み合っているため本来難しいものですが、ソフトウェア開発プロジェクトではさらにその難しさに拍車がかかります。その原因としては、プロジェクト開始時点でステークホルダーがどのようなソフトウェアを望んでいるのかが正確にわからないことや、ソフトウェアはプロジェクトの途中で多少は変更できるとステークホルダーが思い込んでいることなどが挙げられます。

また、ソフトウェア開発にかかるコストは、ステークホルダーによる仕様の確定や受入テストへの協力具合によっても影響を受けます。とくに、途中で仕様変更を指示され、作業に手戻りが発生すると、当然コストも膨れ上がります。そのため、ウォーターフォールのようなソフトウェア開発手法でプロジェクトを進める場合は、プロジェクトの初期段階で最終的な開発コストを正確に見積ることは極めて難しいといわざるを得ません。一般的には、過去の経験などにもとづいて、コンティンジェンシー予備を多く含めた予算を組み、手戻りなどにはその予備費を充当することによって、プロジェクトが赤字にならないような工夫をします。また、開発手法としてはウォーターフォールを用いるものの、プロジェクトのフェーズを設計段階と開発段階に分けて、設計が終わってから開発分のコスト見積りを行うことで正確性を高めるような工夫も行います。

最近では、アジャイル開発手法を用いたソフトウェア開発も盛んに行われるようになってきており、プロジェクトを細かくフェーズ分けすることで、コスト見積りの正確性をさらに高める取り組みも行われています。

9.4.2 ソフトウェア開発におけるさまざまなコスト見積り手法

次に、コスト見積りが困難なソフトウェア開発プロジェクトで、これまでどのような手法が取られていたのかを紹介します。

最もよく使われてきたのは、概算法です。概算法は、コスト見積りの担当者が、自身の勘と経験と度胸（KKDと呼ばれます）によって、大まかにコスト見積りを行います。その担当者がもっている知識や技術力を総動員しますが、別の担当者が見積ると、まったく異なる結果になる可能性もあります。

また、類推法も概算法と併せてよく使われる方法です。類推法は、過去の類似プロジェクトの実績からコスト見積りを行います。ソフトウェア開発の仕様がまだ確定していない段階でも、ある程度根拠のあるコスト見積りができるところに特徴がありますが、過去に類似したソフトウェア開発プロジェクトを実施していない場合には適用できません。

開発するソフトウェアの規模からコスト見積りを行う手法も、さまざまに検討されました。COCOMO（Constructive Cost Model）と呼ばれる見積りモデルでは、開発するプログラムのソースコードの行数に着目し、さらにプロジェクト自体の規模によって係数を調整して、コスト見積りを行います。ソースコードの行数にもとづいて規模を測る方法は、開発するソースコードが単体で機能するようなタイプのソフトウェアでは有効です。しかし、外部ライブラリの呼び出しを多用したり、ミドルウェアを活用したアプリケーション開発の場合では、ソフトウェア開発の規模が十分に表現しきれないという欠点があります。そのため、ソースコードの行数以外でソフトウェアの規模を把握する方法として、ファンクションポイント法（FP：Function Point）が考案されました。データの入出力など、利用者に見える機能（ファンクション）に着目し、ソフトウェアの機能量を定量化する手法です。ファンクションポイント法については、次の節で詳しく解説します。

いずれのコスト見積り手法も、長年にわたるソフトウェア開発の歴史の中で、多くの知見を積み重ねることで開発されてきました。一方、ソフトウェア開発の方法も、開発されるソフトウェア自体も、情報技術の発展とともに変化してきています。とくに最近では、多くのソフトウェアがクラウドサービスなどで提供されるようになってきており、従来のような個々の組織にカスタマイズしたソフトウェアを委託して開発するようなケースが、今後は減ってくるかもしれません。

クラウドサービスなどを活用した際に適切なコスト見積りができるような、新たな手法の登場が待たれます。

9.4.3 ファンクションポイント法

ファンクションポイント法（FP法）は、利用者が必要とする機能から、ソフトウェアの規模を定量化します。機能は、「トランザクションファンクション」と「データファンクション」の2つに大別します。トランザクションファンクションには、ユーザーインタフェースからの入力に相当する「外部入力（EI）」、アプリケーション内部で計算した結果を出力する「外部出力（EO）」、アプリケーション内部の情報を参照する「外部参照（EQ）」の3つがあります。また、データファンクションには、アプリケーション内でデータを管理（追加・変更・削除など）する「内部論理ファイル（ILF）」、他のアプリケーションから受け取った情報を参照目的で保持する「外部インタフェースファイル（EIF）」、の2つがあります（**図9.5**）。

これら5種類の機能（ファンクション）の数と、各機能の複雑さなどから設定した係数をかけ合わせた数をファンクションポイント（FP）として、総FP数をソフトウェアの規模としてコスト見積りに活用します。

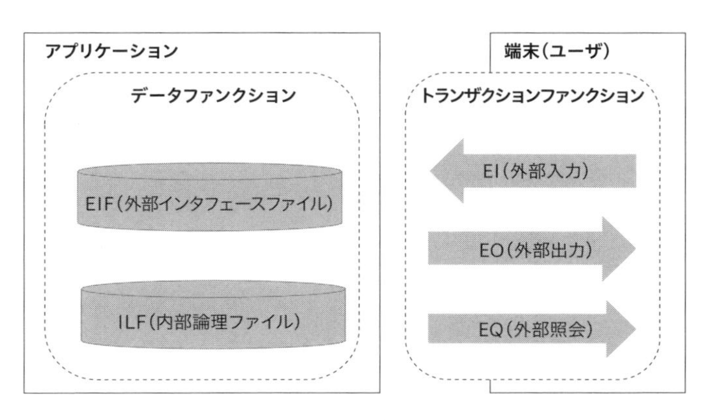

図9.5　ファンクションポイント法（FP法）

9.4.4 コスト見積りと機能要件・非機能要件

ファンクションポイント法は、ソフトウェアの規模を機能量で測ることでコスト見積りに活用しますが、ソフトウェアの機能だけで本当にコスト見積りはできるのでしょうか。ソフトウェア開発のコストに影響を与える要因にはさまざまな要素がありますが、ソフトウェアの機能に対する要件（機能要件）に加えて、機能ではない要件（非機能要件）もコストに大きな影響を与えます。

非機能要件は、たとえば、可用性、性能・拡張性、運用・保守性、セキュリティ、などに分類されます（**表9.2**）。可用性では、その指標として稼働率がよく使われます。高い稼働率が求められるソフトウェア開発では、長期間止まらずに動き続けることを確認するために、負荷テストなどを念入りに行うことが求められます。高い拡張性が求められるソフトウェア開発では、使用するリソース量を拡張可能にしたり、拡張したときに不具合が起こらないように作成することが求められます。また、運用・保守性を高めることが求められるソフトウェア開発では、自動化機能を含めたり、不具合時にアラートをあげる機能を追加することが求められます。セキュリティ要件として長期間のログ保存が求められるソフトウェア開発では、適切なログを出力する機能に加えて、ログを安全かつ確実に保存できる仕組みを実装する必要があります。

ソフトウェアやシステムに求めるべき標準的な非機能要件とそのグレードについては、IPA（情報処理推進機構）が公開している「非機能要求グレード[1]」を参照することを推奨します。

1 https://www.ipa.go.jp/sec/softwareengineering/reports/20100416.html

表 9.2　非機能要件の例

非機能要件の分類	非機能要件の概要
可用性	システムは、24時間電源を投入する。 深夜から早朝にかけてバッチ処理、バックアップ、システムメンテナンスなどに使用する。 業務時間帯にシステムが停止した場合は、可能な限り5～6時間で復旧させて、当日中に処理を完了させたい。 大規模災害時には、1週間程度で復旧できるようにしたい。
性能・拡張性	今後5年間で処理量が現在の2倍程度まで増加しても対応可能な拡張性を確保したい。 また、オンライン処理の95%以上をレスポンス5秒以内にしたい。
運用・保守性	システムを監視し、システムが停止した場合には、運用部門に即時に報告される仕組みにしたい。 バックアップは夜間に自動的に実施したい。
セキュリティ	特権ユーザ、一般ユーザともに、すべての操作ログを5年間保管したい。 パスワードの桁数や定期的な変更などのポリシーを独自に定めたい。

9.5 演習

第9章では、プロジェクト実施に関わるお金の取扱いについて学びました。予算がなければいかなる活動も困難です。霞を食べて生きていくわけにはいきません。適正な予算を策定し、過不足のないコスト見積りを行うことは、プロジェクト実施の生命線ともいえるでしょう。

この演習では、実際のプロジェクト実施に関する予算策定に迫ってみましょう。前章でも見積りの練習はしましたが、今回は三点見積りなど、もう少し実際的な見積り手法にも挑戦してみます。

9.5.1 予算設定の実際を確かめよう

実際に予算設定の業務に携わっている人にインタビューをして、その実態を確かめてみましょう。自分がなんらかの予算策定に関わっているのであれば、自分がしている作業を振り返り、まとめてみても構いません。

予算に関する業務のポイントを以下に挙げてみました。これ以外にも、気になることがあれば項目を追加して、予算設定の作業を理解するようにしてください。

- 予算の策定で苦労している点はなにか
- 見積り作業のコツや、見積額の根拠にしている考え方はなにか
- 予算折衝や交渉が必要なときに気をつけていることはなにか
- 項目の取捨選択が必要になったときになにを基準に優先順位を付けているか
- 予算の策定で使っているソフトウェアやツールはあるか
- 予算と実績の管理（予実管理）はどのくらいの頻度で実施しているか

9.5.2 コストを見積ってみよう

第7章の演習で、作業項目に関する作業時間の見積りを練習しました。実際に自分が予想を立てて作業時間を見積り、その結果を第三者に評価してもらうことで、判断の妥当性を確認するという作業を行いました。また、第8章では三点見積りという手法を学びました。ここでは、さらに人件費を考えることにより、コ

ストを見積る計算をしてみましょう。

以下の条件を読み、**表9.3**の空欄を埋めて総額のコストを求めてみましょう。なお、本演習においてはコンティンジェンシー予備（リスクに対する予備費用）を考えないものとします。

【コスト見積りに関する諸条件】

・作業Aにかかる作業時間見積りは、楽観値が10時間、最頻値が20時間、悲観値が35時間である
・作業Bにかかる作業時間見積りは、楽観値が30時間、最頻値が50時間、悲観値が60時間である
・作業Cにかかる作業時間見積りは、楽観値が10時間、最頻値が15時間、悲観値が20時間である
・作業Aの担当者は時間単価12千円、作業Bの担当者は時間単価15千円、作業Cの担当者は時間単価10千円が設定されている
・作業Bと作業Cにはそれぞれ資材費500千円、300千円がかかる
・この会社では、直接経費（人件費と資材費）に10%の間接費をかけることになっている
・三点見積りの重みは、楽観値、最頻値、悲観値に対して、1、4、1とする。

表9.3　コストの見積り（単位［千円］）

作業	人件費	資材費	間接費	小計
作業A	250	0	25	275
作業B				
作業C				
計				

9.5.3 具体的な非機能要件の影響を考えよう

コストの見積りにおいて、その取扱いがなかなか難しいものの1つに、「非機能要件」と呼ばれる要件があります。とくに、システム開発においてその影響は顕著です。「要件」というからには、開発するシステムの仕様検討においては十分に検討しなければならない項目です。ところが、本書で紹介したファンクションポイント法やCOCOMOのような手法は「機能単位」で見積りを行うため、非機能要件の影響をうまく見積ることができません。

それでは、非機能要件とはなんでしょうか？ 日本情報システム・ユーザー協会による『非機能要件要求仕様定義ガイドライン』には、非機能要件として考えなければならない項目として、以下の10項目が挙げられています。

・機能性
・信頼性
・使用性
・効率性
・保守性
・移植性
・障害抑制性
・効果性
・運用姓
・技術要件

一見しただけではよくわからないような項目も混じっていますが、信頼性や保守性などが「システムが提供する機能の1つ」ではないことは、明らかです。

どの非機能要件を選んでもよいのですが、ここでは上に列挙された非機能要件のうち、使用性に着目し、その影響について考えてみることにしましょう。使用性とは、使いやすさに関する性能要件のことです。

使いやすさを定量的に評価することはなかなか難しい挑戦[2]です。ここでは、使用性が悪いとどうなるのか、使用性がよいとどのような影響があるのかを事例

2 使いやすさ（ユーザビリティ、usability）に関する指標を定義し、定量的に評価しようという研究はいろいろと行われていますが、これぞという決定版はまだ現れていません。

ベースで考えてみます。

「システムの失敗例や事故事例において、システムの使用性が悪かったが故に、失敗や事故が起こってしまった事例」を調べてみましょう。このような事例については、論文も出ています。また、インターネット上にいくつも事例が紹介されています。第1章の演習で紹介した失敗知識データベースも参考になるでしょう。

「システムの使用性がよかったために利益が上がった」「システムの使用性のよさが収益向上をもたらした」など、システムの使用性がよいために事業がうまくいったという報告は、なかなか見つけることができません[3]。しかし、システムの使用性がよいことはなんらかのよい影響を与えているはずです。悪い事例だけでなく、よい事例も探してみると、非機能要件の影響をより具体的に感じることができるかもしれません。

また、余力がある方は、使用性以外の非機能要件について、その影響を考えてみてください。

3 うまくいった例は企業秘密にして公開していないのかもしれません。

第10章

リスク・マネジメント

本章では、プロジェクトにおけるリスク管理の方法について解説します。

リスクとは、将来起きる可能性のある事象の中で、これから実施を予定している内容に影響を与えるものを指します。たとえば、天候に左右される屋外イベントを開催する際には、天候に関するリスク（天候リスク）が常に付きまといます。梅雨時に実施する場合は、雨天となる可能性が高いため、「リスクが高い」と考えられます。一方、雨があまり降らない秋に開催する場合には、「リスクが低い」と考えるのが一般的です。

リスクを考える上で注意したいのは、その事象がすでに起きてしまっていないかという点です。スケジュール遅延リスクを考える際に、たとえば、プロジェクト・メンバーがインフルエンザに罹患した場合であれば、その影響でスケジュールに遅延が生じるリスクが高まったと考えられます。しかし、病気のために計画した作業が遅延した場合は、実際に遅延が発生してしまっているため、もはやリスクではなく、課題として具体的な対処が求められます。PMBOK でもリスクと課題は明確に分けられており、それぞれ「リスク登録簿」と「課題ログ」を用いて管理されます。

プロジェクトにおけるリスクは、非常に多岐にわたります。特定の作業に影響を与えるリスクもあれば、プロジェクト全体に大きな影響をおよぼすリスクもあります。また、プロジェクト・メンバーに関するプロジェクト内部のリスクもあれば、自然災害や為替変動のようなプロジェクト外部のリスクもあります。

この章では、PMBOK の知識エリアである「プロジェクト・リスク・マネジメント」から6つのプロセスを解説します。具体的には、計画プロセス群に含まれる「リスク・マネジメントの計画」「リスクの特定」「リスクの定性的分析」「リスクの定量的分析」「リスク対応の計画」。そして、実行プロセス群に含まれる「リスク対応策の実行」です。

本章で解説する項目は次の通りです。

・10.1 リスク・マネジメントの重要性
・10.2 リスク・マネジメントの計画
・10.3 リスクの特定
・10.4 リスクの定性的分析
・10.5 リスクの定量的分析
・10.6 リスク対応の計画
・10.7 リスク対応策の実行

10.1 リスク・マネジメントの重要性

リスクというと、「起きて欲しくないもの」と捉えがちです。株式投資などで「リスクがある」と説明されると、元本割れなどのマイナス面を想像します。また、セキュリティ・リスクも情報漏えいや経済的損失に結び付くものです。

しかし、本来のリスクとは、「悪いリスク」(マイナスのリスク) ばかりではありません。起こることで経済的メリットが生まれたり、想定以上の高品質につながるような「よいリスク」(プラスのリスク) もあります。悪いリスクは「脅威」、よいリスクは「好機」とも呼ばれます。

プロジェクトにおける典型的な脅威には、コスト超過、スケジュール遅延、品質低下、などが考えられます。一方、好機としては、コスト削減、スケジュール短縮、品質向上 (品質コスト削減)、などが相当します。

「プロジェクト・リスク・マネジメント」の各プロセスの目的は、好機を最大限に活用し、脅威をできるだけ抑制することです。脅威だけでなく、好機もプロジェクトの変動要因として取り扱うことで、プロジェクトにおける変動要因をコントロールし、計画段階に想定した範囲でプロジェクトを成功裏に終えることを目指します。

リスク・マネジメントが不十分だった場合、プロジェクトを遂行する途中で、想定していなかった問題が起きる可能性があります。その場合、問題が起きてから対策を考えることになるため、対応が遅れます。また、プロジェクト全体への影響が避けられず、プロジェクト自体が中止に追い込まれる事態も起こりえます。そのため、プロジェクトの計画段階できちんとリスクを把握し、その対応計画を定めておくことが求められます。

一方、プロジェクトの脅威面ばかり考えてそれをすべて避けるようにすると、コストパフォーマンスが非常に悪くなったり、スケジュールが想定以上に長くなることで、プロジェクトの価値自体を損なう可能性があります。リスクのまったくないプロジェクトは存在しないと考えて、適切にリスクを管理しながらプロジェクトを遂行することが求められます。

PMBOKでは、計画段階でプロジェクトにおけるリスクを特定・評価し、個々のリスクに対する対応戦略を立てることを推奨しています。そして、プロジェクトの実行段階ではリスク発現の予兆を監視し、計画通りに対応戦略を実施します。

10.2 リスク・マネジメントの計画

まずは、計画プロセス群の「リスク・マネジメントの計画」から解説します。このプロセスは、プロジェクトで想定されるリスクに対して、どのように取り組み、対処するのかを計画することが目的です。

プロジェクトやステークホルダーの特徴にもとづき、リスクの発生確率や影響度の定義を行います。そして、リスク・マネジメントの役割と責任を明確化し、「リスク・マネジメント計画書」を作成します。

10.2.1 リスク・マネジメント計画書を作成する

リスク・マネジメント計画書を作成するためには、計画段階で作成したすべてのプロジェクトマネジメント計画書を確認します（**図10.1**）。代表的なプロジェクトマネジメント計画書としては、「スコープ・マネジメント計画書」「スケジュール・マネジメント計画書」「コスト・マネジメント計画書」「品質マネジメント計画書」「コミュニケーション・マネジメント計画書」「調達マネジメント計画書」「ステークホルダー・エンゲージメント計画書」の7つがあります。

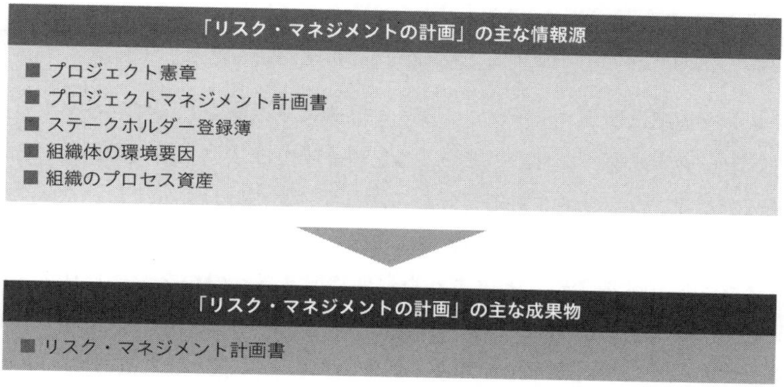

「リスク・マネジメントの計画」の主な情報源

- ■ プロジェクト憲章
- ■ プロジェクトマネジメント計画書
- ■ ステークホルダー登録簿
- ■ 組織体の環境要因
- ■ 組織のプロセス資産

「リスク・マネジメントの計画」の主な成果物

- ■ リスク・マネジメント計画書

図10.1 「リスク・マネジメントの計画」の主な情報源と成果物

プロジェクトマネジメント計画書が作成しきれていないタイミングでリスク・マネジメント計画書を作成する場合は、プロジェクト憲章で得られるプロジェクトの概要レベルの記述を参考にすることもあります。

また、リスクに関する計画を行う際には、組織体の環境要因を考慮した方がよいでしょう。とくに、プロジェクトが対象とする分野が社会問題化しているような場合には、通常時以上に慎重にリスク対策をするべきです。製品のリコールなどを起こした企業では、同様の製品開発はとくに注意深く取り組む必要があります。

リスクに対する取り組み方や使用する書式などは、プロジェクトごとにゼロから作成するのではなく、組織のプロセス資産である既存のものを活用することを推奨します。組織が常に使っている取り組み方や書式を使うことで、考慮すべきリスクの網羅性を高めることができるようになります。

リスク・マネジメント計画書には、すべてのステークホルダーが同じ尺度でリスクに対応できるよう、さまざまな情報を記載します（**表10.1**）。とくに、プロジェクトで使用するリスク戦略（できるだけリスクを抑制する、など）や、リスクに対応する責任者などは、この段階で明確にする必要があります。

表10.1　リスク・マネジメント計画書に記載する内容の例

- ・プロジェクトで使用するリスク戦略
- ・リスクに対応する責任者
- ・ステークホルダーのリスク選好
- ・リスク区分
- ・リスクの発生確率と影響度の定義

リスクを極端に嫌うステークホルダーや、逆にリスクをとって利益を生み出したいステークホルダーなどのさまざまな特性があります。そのため、ステークホルダーがどのようなリスク対応を好むのか（リスク選好）を分析し、リスク・マネジメント計画書に記載する必要があります。

リスクを評価する際に、どのような尺度で取り扱うのかを定めたリスク区分も定義すべきです（**表10.2**）。リスク区分を何段階にするのかは、組織やプロジェクトの特徴から検討する必要があります。たとえば、リスクを2種類（「外部」「内部」）で考える人と、4種類（「技術」「組織」「プロジェクトマネジメント」「外部」）で考える人がプロジェクト内で混在していると、リスク評価の議論がかみ合いません。

表 10.2　リスク区分の例

リスク区分①	リスク区分②	リスク区分の内容
内部	技術	成果物を作成する際の技術的なリスク。 例）難易度が高く成果物が完成しない、など。
	組織	組織体制やプロジェクト・チームに関するリスク。 例）メンバーが地理的に分散していて効率が低下する、など。
	プロジェクトマネジメント	プロジェクトマネジメントに関するリスク。 例）ステークホルダーが多すぎてマネジメントが困難、など。
外部	外部	プロジェクトの外部環境が影響を与えるリスク。 例）天候不順でスケジュール遅延が発生する、など。

また、リスク区分と同様に、「リスクの発生確率と影響度」に関する定義もしておく必要があります。リスクの発生確率と影響度については、「リスクの定性的分析」プロセスで詳しく説明します。

10.3 リスクの特定

続いて、「リスクの特定」を解説します。このプロセスは、プロジェクトで考慮すべきリスクを特定（リストアップ）し、それらの分類や根本原因を分析することが目的です。プロジェクトマネジメント計画書やその他のプロジェクトに関連する情報を確認して、リストアップしたリスクを整理した「リスク登録簿」を作成します。

10.3.1 リスクを特定してリスク登録簿を作る

リスク登録簿を作成するためには、まず、すべてのプロジェクトマネジメント計画書を確認します（**図10.2**）。とくに、「リスク・マネジメントの計画」プロセスで作成した「リスク・マネジメント計画書」には、プロジェクトで実施すべきリスク・マネジメントの方法が記載されているため、そのやり方に従ってリスクの特定を行います。

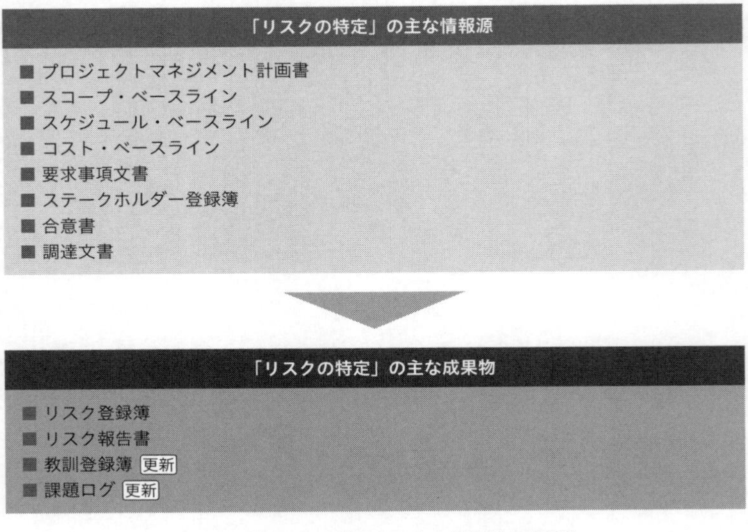

「リスクの特定」の主な情報源

- プロジェクトマネジメント計画書
- スコープ・ベースライン
- スケジュール・ベースライン
- コスト・ベースライン
- 要求事項文書
- ステークホルダー登録簿
- 合意書
- 調達文書

「リスクの特定」の主な成果物

- リスク登録簿
- リスク報告書
- 教訓登録簿 更新
- 課題ログ 更新

図10.2 「リスクの特定」の主な情報源と成果物

また、スコープやスケジュール、コストに関連する「スコープ・ベースライン」「スケジュール・ベースライン」「コスト・ベースライン」については、スコープ未達やコスト遅延、スケジュール遅延のリスクが潜んでいる可能性が高いため、重点的に確認する必要があります。

ステークホルダーやその要求事項に由来するリスクも多くなる傾向にあるため、「要求事項文書」や「ステークホルダー登録簿」の内容も確認する必要があるでしょう。加えて、プロジェクトで取り交わした契約書に関連する「合意書」や「調達文書」にも、リスク要因となるものがないか確認しましょう。

リスク登録簿には、特定したリスクの名称や内容を記載した「リスク項目」を記入します（**表10.3**）。また、次節以降で説明する「リスクの定性的分析」「リスクの定量的分析」「リスク対応の計画」の各プロセスで記載する「リスク区分」「発生確率」「影響度」「優先度」「対応戦略」「対応策」などの欄を設けておきます。

表 10.3　リスク登録簿の例（「リスクの特定」プロセスまで）

リスク項目	リスク区分	発生確率	影響度	優先度	対応戦略	対応策
現状業務フローが実際と合っていない場合、現状業務の調査をまず行う必要がある。	…	…	…	…	…	…
顧客からの要望に対応するために行う業務プロセスがある。	…	…	…	…	…	…
会計監査により一時的に業務が滞る可能性がある。	…	…	…	…	…	…
…	…	…	…	…	…	…

特定したリスクの全体的な傾向については、「リスク報告書」として取りまとめます。リスク報告書をステークホルダーに提示することで、プロジェクトがどのようなリスクをはらんでいるのか認識できるようになります。

リスクをリストアップする過程で、教訓や課題が発見されることもよくあります。それらは「教訓登録簿」や「課題ログ」に登録して対応します。

10.3.2 リスクの特定に有効な技法

リスクを特定する際には、検討する範囲をできるだけ広げて網羅的に行うことが重要です。また、多くの専門家が参加し、さまざまな観点で検討を行うことで、網羅的にリスクを洗い出せるようになります。

リスクの特定に有効な技法は数多くありますが、ここでは「リスク・ブレークダウン・ストラクチャ」「チェックリスト」「SWOT分析」の3つを説明します。

(1) リスク・ブレークダウン・ストラクチャ

リスク・ブレークダウン・ストラクチャ（RBS）は、プロジェクトにおけるリスクの構造を網羅的に表したものです（**図10.3**）。典型的なプロジェクトのリスクには、成果物を作成する際の技術的なリスクに加えて、外部環境からくるリスク、組織体制に関するリスク、プロジェクトマネジメントに関するリスク、などがあります。そうした構造を詳細化し、それぞれの項目についてプロジェクトのリスクを検討することで、網羅的にリスクを特定できるようになります。

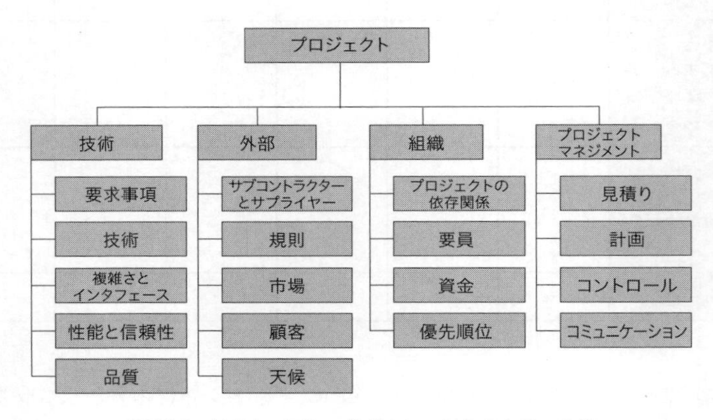

図10.3　リスク・ブレークダウン・ストラクチャの例

(2) チェックリスト

チェックリストを用いた検討も、網羅的にリスクを特定するのに役立ちます。多くの組織では、典型的なプロジェクトのリスクを確認するためのチェックリストを用意しています（**表10.4**）。カテゴリに分類したさまざまなチェック項目を設け、その有無を確認することでリスクを特定します。

表 10.4　チェックリストの例

カテゴリ	チェック項目
業務内容	個人情報を扱う。 業務分野に対するステークホルダーの知識が不足。 業務内容の難易度が高い。
プロジェクトの構造	ステークホルダーの期待に比べて予算が少ない。 ステークホルダーが多い。 プロジェクト開始時点で仕様が曖昧。
プロジェクトの体制	プロジェクト・マネージャーの経験が不足。 必要十分な要員が確保できない。 ステークホルダーの関心が薄い。
外部委託	外注先の遂行体制が不十分。 外注先の技術力不足。 外注先の経営状況に不安がある。
スケジュール	ステークホルダーの都合でスケジュール遅延の可能性が高い。 プロジェクト期間が非常に短い。

(3) SWOT分析

SWOT分析は、組織や個人のリスクとなりうる要因を「内的・外的」および「プラス・マイナス」の2軸を設け、「強み（Strengths）」「弱み（Weaknesses）」「機会（Opportunities）」「脅威（Threats）」の4つに分けてリストアップする手法です（**表10.5**）。リスクの特定を行う際は、分析の対象がプロジェクトになります。

多くの場合、リスクを特定する際に弱みや脅威を中心に検討しがちですが、SWOT分析を用いることで、意識的に強みや機会も検討することができるようになります。

表 10.5　SWOT 分析のテンプレートの例

	内的要因	外的要因
プラス要因	S（強み）	O（機会）
マイナス要因	W（弱み）	T（脅威）

10.4 リスクの定性的分析

続いて、「リスクの定性的分析」を解説します。このプロセスは、「リスクの特定」プロセスで特定されたリスクの査定を行い、リスクの優先度を決めることが目的です。リスク登録簿にリストアップされたリスクに対して、多くの専門家が多面的に分析を行い、その結果を含めてリスク登録簿を更新します。

10.4.1 リスクを定性的に分析する

定性的に分析する対象となるリスクは、リスク登録簿にリストアップされています（**図10.4**）。それらのリスクに対して、リスク・マネジメント計画書に記載された方法で分析します。

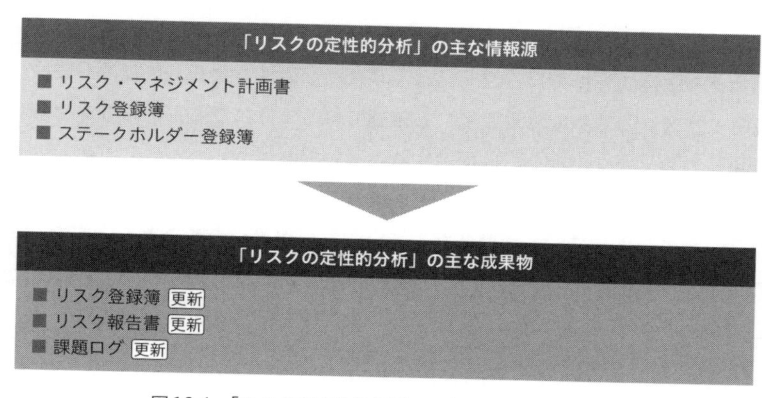

図10.4 「リスクの定性的分析」の主な情報源と成果物

定性的な分析の典型的な方法は、そのリスクを「リスク区分」に従って分類し、専門家によって個々のリスクの「発生確率」と「影響度」を査定します。そして、発生確率と影響度から「優先度」を定めます。

リスク区分は、「リスク・マネジメントの計画」プロセスでリスク・マネジメント計画書を作成した際に定めたものです。リスク・ブレークダウン・ストラクチャに従ってリスク区分を定めることが一般的です。しかし、そのまま使うと特定の区分に多くのリスクが分類され、他の区分にはリスクがほとんどないようなケースも起こります。その場合は、プロジェクトに適したリスク区分にカスタマイズすることをお勧めします。

発生確率は、そのリスクの起こりやすさです。リスクはまだ起きていない将来の出来事であるため、具体的な数字で何パーセントとするのは難しく、多くのプロジェクトでは3段階（高、中、低）程度に区分して査定を行います。

影響度は、そのリスクが発現したときにプロジェクトに与える影響です。こちらも具体的に数値で定めるのは難しい場合が多いため、3段階（大、中、小）程度に区分して査定を行います。ただし、一部のリスクについては具体的な金額で査定を行うこともあります。金額による査定は、「期待金額価値分析」と呼ばれます。期待金額価値分析については、次項の「リスクの定量的分析」プロセスで詳しく説明します。

発生確率と影響度を査定した結果から、そのリスクの優先度を定めます。優先度を定めるために使用する「発生確率・影響度マトリックス」については、次節で詳しく説明します。

リスクの定性的分析を行った結果は、リスク登録簿を更新して反映します。この段階でリスクの優先度（重要度）も確認できるようになるため、リスク報告書も更新してステークホルダーに提示するとよいでしょう。

また、リスクの定性的分析を行うと、非常に優先度が高かったり、すでにリスクが発現してしまっていて課題となっているものが見つかることもよくあります。その場合、「課題ログ」を更新して、他の課題とともに対応するように働きかける必要があります。

10.4.2 発生確率・影響度マトリックス

発生確率・影響度マトリックスは、発生確率と影響度からリスクの評価値を定めるために使用します（**表10.6**）。プロジェクトで定めた発生確率と影響度の各段階に対して、適切な数値（0.0 ～ 1.0）を割りあてます。各リスクの評価値は次の式で計算します。

リスクの評価値 = 発生確率 × 影響度

計算した評価値は、「脅威」「好機」の両方とも発生確率・影響度マトリックスの表に埋め、その数値の大小で優先度を定めます。優先度の決め方もプロジェクトによって異なりますが、3段階（高、中、低）程度とし、とくに「高」のリスクに注視して対応することをお勧めします。

表 10.6　発生確率・影響度マトリックスの例

影響度→	0.05	0.10	0.20	0.40	0.80	0.80	0.40	0.20	0.10	0.05
発生確率↓	脅威の評価値					好機の評価値				
0.90	0.05	0.09	0.18	0.36	0.72	0.72	0.36	0.18	0.09	0.05
0.70	0.04	0.07	0.14	0.28	0.56	0.56	0.28	0.14	0.07	0.04
0.50	0.03	0.05	0.10	0.20	0.40	0.40	0.20	0.10	0.05	0.03
0.30	0.02	0.03	0.06	0.12	0.24	0.24	0.12	0.06	0.03	0.02
0.10	0.01	0.01	0.02	0.04	0.08	0.08	0.04	0.02	0.01	0.01

評価値＝発生確率×影響度
優先度：高（0.5 ～）/ 中（0.1 ～ 0.5）/ 低（～ 0.1）

10.5 リスクの定量的分析

続いて、「リスクの定量的分析」を解説します。このプロセスは、「リスクの定性的分析」で優先度まで確認されたリスクに対して、定量的な評価を行うことが目的です。優先度が高いリスクについて、そのリスクが発現した場合にどの程度の利益や損害が出るのかを確認し、その結果をリスク登録簿に反映します（**図10.5**）。

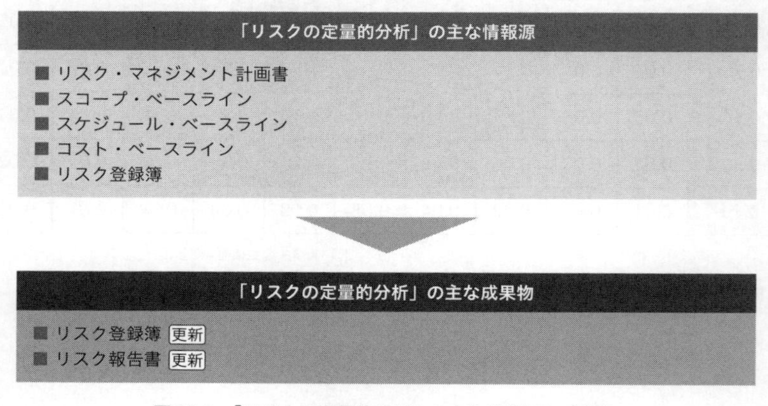

図10.5 「リスクの定量的分析」の主な情報源と成果物

10.5.1 リスクを定量的に分析する

定量的に分析する対象となるリスクは、リスク登録簿で優先度が高いと評価されたものです。それらのリスクに対して、リスク・マネジメント計画書に記載された方法で分析します。

定量的な分析の典型的な方法では、リスクが発現した際に、プロジェクトに与える影響を金額や時間に換算し、その大小で査定を行います。金額に換算する方法としては、「期待金額価値（EMV：Expected Monetary Value）分析」と呼ばれる手法が活用できます。期待金額価値分析については、次の節で説明します。

プロジェクトに与える影響としては、スコープ、スケジュール、コストの3つがとくに重要となります。そのため、スコープ・ベースライン、スケジュール・ベースライン、コスト・ベースラインを確認することで査定に役立てます。

リスクを定量的に分析した結果、優先度を変更するような結果が得られた場合は、リスク登録簿を更新します（**表10.7**）。たとえば、想定以上にプロジェクトへの影響が大きいことが定量的にわかった場合は、そのリスクの優先度をさらに引き上げます。また逆に、影響度が小さいことがわかった場合には、そのリスクの優先度を引き下げます。

リスクの優先度が変更になった場合は、リスク報告書にもその内容を反映し、ステークホルダーに周知することを忘れないようにしましょう。

表 10.7　リスク登録簿の例（「リスクの定量的分析」プロセスまで）

リスク項目	リスク区分	発生確率	影響度	優先度	対応戦略	対応策
現状業務フローが実際と合っていない場合、現状業務の調査をまず行う必要がある。	内部	中	大	高	…	…
顧客からの要望に対応するために行う業務プロセスがある。	外部	低	中	中	…	…
会計監査により一時的に業務が滞る可能性がある。	外部	中	小	低	…	…
…	…	…	…	…	…	…

10.5.2 期待金額価値分析

期待金額価値分析は、リスクが発現した際に、プロジェクトに与える影響を発生確率ごとに金額に換算し、トータルの影響を金額で表す手法です。

たとえば、天候に左右されるプロジェクトの作業について、好天候であれば利益が100万円、悪天候であれば利益が20万円だったとします。このとき、好天候となる確率を70%、悪天候となる確率を30%と仮定すると、この作業で得られる利益（期待金額価値）は76万円（= 100 × 0.7 + 20 × 0.3）と計算できます。

期待金額価値分析は、ディシジョン・ツリー分析と組合せて使うケースがあります。ディシジョン・ツリー分析とは、取りうる選択肢が複数ある場合に、その構造をディシジョン・ツリー（決定木）のグラフで表現するものです。グラフ表現をとることで、分析するメンバーが共通の認識をもって議論ができるようになります。**図10.6**に、デシジョン・ツリーを用いた期待金額価値分析の例として、プロジェクト遂行時に専用ルームを利用するかどうかを判断した例を示します。

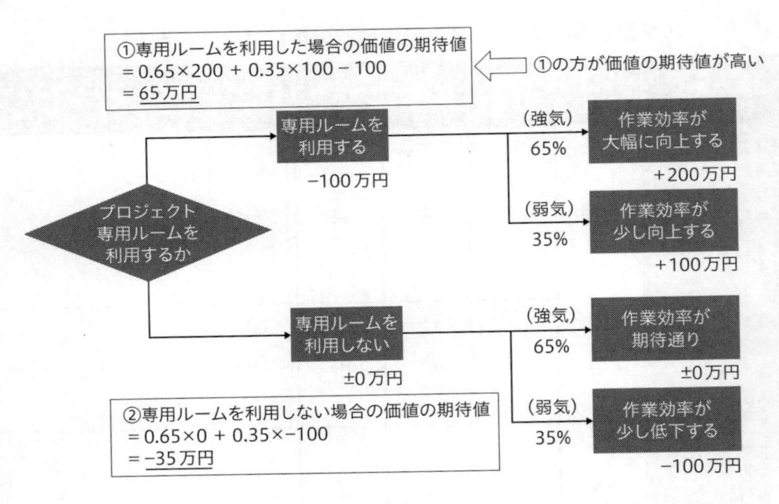

図10.6　ディシジョン・ツリーを用いた期待金額価値分析の例
（プロジェクト専用ルームを利用するかどうかの例）

10.6 リスク対応の計画

続いて、「リスク対応の計画」を解説します。このプロセスは、優先度の高いリスクに対して、具体的にどのような対応策を取るのかを決めることが目的です。個々のリスクに対して適切な対応戦略を選び、具体的な対応策を検討し、その結果を含めてリスク登録簿を更新します（**図10.7**）。

10.6.1 リスク対応戦略と対応策を決める

リスク対応策を検討する対象となるリスクは、リスク登録簿で優先度が高いと評価されたものです。それらのリスクに対して、リスク・マネジメント計画書に記載された方法で分析します。

リスク対応策を検討する際には、まずはどのような対応戦略を取るのかを定めることをお勧めします。対応戦略として、脅威に対しては「エスカレーション」「回避」「転嫁」「軽減」「受容」があり、好機に対しては「エスカレーション」「活用」「共有」「強化」「受容」があります。リスクへの対応戦略の詳細は、次の節で詳しく説明します。

脅威や好機に対応するにあたり、スケジュールやコスト、資源に影響が出ることがよくあります。たとえば、プロジェクト・メンバーの知識や技術力が不足していることがリスクとなっている場合、その部分を外注化してリスクを回避する対応策を取ることがあります。外注化するとプロジェクトのコスト構造も変わり、スケジュールにも影響が出ることが往々にして起こります。また、外注化せずにプロジェクト・メンバーを教育することでリスクを軽減する対応策を取った場合には、資源マネジメントの方法を変更する必要が出るでしょう。そうした要素を検討するために、資源マネジメント計画書やコスト・ベースライン、プロジェクト・スケジュール、資源カレンダー、などを確認します（図10.7）。

リスク対応策を実行するために、プロジェクトにさまざまな変更が必要になることがあります。とくに、脅威に対する対応戦略として「回避」や「転嫁」を取った場合は、スコープやスケジュール、コストに影響が出るケースがほとんどです。

プロジェクトに変更が必要となったら、「変更要求」を出してステークホルダーの承認を得る必要があります。そして、必要に応じてスコープ・ベースライン、スケジュール・ベースライン、コスト・ベースラインを更新します。

検討した結果のリスク対応戦略と対応策は、リスク登録簿に記載（**表10.8**）するとともに、リスク報告書にも更新を加えて、ステークホルダーに周知します。

「リスク対応の計画」の主な情報源

- リスク・マネジメント計画書
- 資源マネジメント計画書
- コスト・ベースライン
- リスク登録簿
- プロジェクト・スケジュール
- 資源カレンダー

「リスク対応の計画」の主な成果物

- 変更要求
- スコープ・ベースライン 更新
- スケジュール・ベースライン 更新
- コスト・ベースライン 更新
- リスク登録簿 更新
- リスク報告書 更新

図10.7 「リスク対応の計画」の主な情報源と成果物

表10.8　リスク登録簿の例（「リスク対応の計画」プロセスまで）

リスク項目	リスク区分	発生確率	影響度	優先度	対応戦略	対応策
現状業務フローが実際と合っていない場合、現状業務の調査をまず行う必要がある。	内部	中	大	高	回避	早急に調査を行い、必要に応じ計画の変更を行う。
顧客からの要望に対応するために行う業務プロセスがある。	外部	低	中	中	受容	必要に応じ顧客側と調整を行う。
会計監査により一時的に業務が滞る可能性がある。	外部	中	小	低	軽減	予備時間を取る。
…	…	…	…	…	…	…

リスクの特定プロセスで記入する → リスクの定性的分析・リスクの定量的分析プロセスで記入する → リスク対応の計画プロセスで記入する

10.6.2 リスクへの対応戦略

リスクへの対応戦略の一覧を**表10.9**に示します。

表 10.9　リスクへの対応戦略

脅威への対応戦略		好機への対応戦略	
エスカレーション	プロジェクトの範囲を超える脅威は上位レベルにエスカレーションする。	エスカレーション	プロジェクトの範囲を超える好機は上位レベルにエスカレーションする。
回避	脅威が確実になくなるように修正する。	活用	好機が確実に起こるように働きかける。
転嫁	脅威を第三者に移転して責任を回避する。	共有	好機をパートナーと共有して起こりやすくする。
軽減	脅威の発生確率や影響度を小さくなるようにする。	強化	好機が起こったときにその効果が大きくなるようにする。
受容	脅威が起こったときに対応する。	受容	好機が起こったときにそのメリットを享受する。

脅威に対する対応戦略としていちばん望ましいのは、そのリスクを取り除くことです。この対応戦略を「回避」と呼びます。回避するためには、リスクの原因となっている作成困難な成果物の仕様を変更したり、専門家を新たにプロジェクト・メンバーにアサインすることなどが考えられます。

回避が難しい場合は、そのリスクを第三者に移転する「転嫁」を考えます。たとえば天候に関するリスクがある場合、保険に加入することでリスク発現時に金銭で補償することが可能となります。

転嫁もできない場合には、リスクを「軽減」することを考えます。成果物の品質が低下するリスクであれば、成果物の検査を念入りに行うことでリスクが軽減できます。

軽減もできない場合は、そのリスクは「受容」することになります。ただし、単に受容するだけではなく、そのリスクが発現することを想定して、スケジュールやコストにコンティンジェンシーを用意しておくことを推奨します。

好機に対する戦略としていちばん望ましいのは、そのリスクを確実に起こすことです。この対応戦略を「活用」と呼びます。早期にプロジェクトを終えることで大きな利益が得られるのであれば、より有能なメンバーを選定したり、より多くのメンバーをプロジェクトに投入することで、スケジュール短縮を図ります。

活用が難しい場合は、そのリスクをパートナーと「共有」することを考えます。プロジェクトの作業のうち、専門性がある組織が対応した方がよい場合は、そうした組織と共同でプロジェクトに対応することで、その好機を活かします。

共有もできない場合には、リスクを「強化」することを考えます。好機が起こる確率は増やせないものの、起こったときに得られる利益がより大きくなるように働きかけます。

強化もできない場合は、そのリスクが発現した際に得られる利益を自然体で享受する「受容」の戦略をとることになります。

脅威や好機の中には、他のプロジェクトや組織そのものに影響を与えるようなリスクもあり得ます。たとえば、特定のステークホルダーに起因するリスクがあり、そのステークホルダーが複数のプロジェクトに関与している場合において、プロジェクト内だけでリスク対応をした結果、他のプロジェクトに悪影響が出てしまう可能性があります。こうした場合には、組織の上位レベル（経営者など）に「エスカレーション（上位への報告）」して、判断を仰ぐことが必要です。

10.7 リスク対応策の実行

次に、実行プロセス群の「リスク対応策の実行」を解説します。このプロセスは、計画段階でリストアップしたリスクを監視し、リスクが発現した場合に定められた方法でリスクへの対応策を実行することが目的です。リスク登録簿に記載されたリスクを定期的に確認し、タイムリーにリスク対応策を実施することで、脅威を最小限に抑え、好機を最大限に活用することを目指します（**図10.8**）。

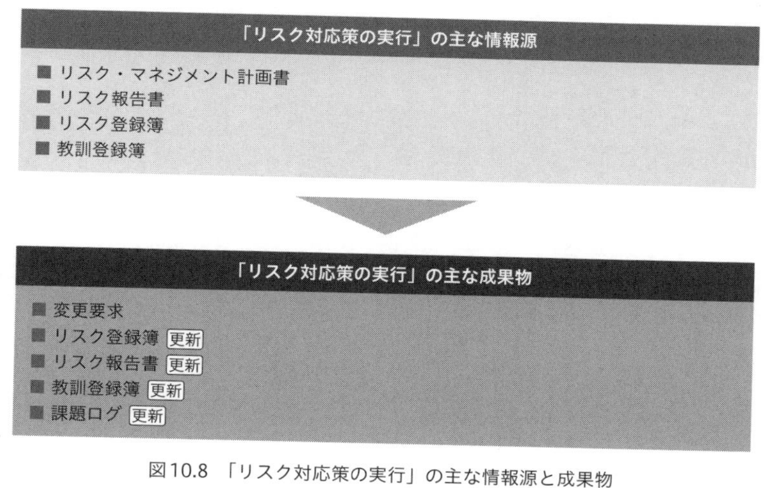

図10.8 「リスク対応策の実行」の主な情報源と成果物

10.7.1 発現するリスクに対応する

リスクに対応するためには、その予兆を含めてできるだけ早く、そのリスクが起きていることを発見することです。そのためには、定期的にすべてのリスクを見直すことで、リスクが発現していないか、あるいはリスクが起きる可能性がなくなっていないか確認することを推奨します。定期的な確認の頻度やその方法は、リスク・マネジメント計画書に記載された手順に従います。

どのリスクを確認の対象とするのかは、リスク報告書やリスク登録簿を確認します。その際、リスク・マネジメントに関する教訓が教訓登録簿にあれば、それも併せて確認します。

リスクへの対応が必要になった場合には、具体的な対応策を実行するために、「変更要求」を提出します。変更要求はステークホルダーの承認を経て実行されます。

リスク対応を行った結果は、リスク登録簿とリスク報告書に反映します。また、リスク対応を通じて新たな教訓が得られたり、課題が発生する場合もあります。それらはそれぞれ、教訓登録簿や課題ログに反映します。

10.8 演習

第10章では、リスクをマネジメントするさまざまなプロセスについて学びました。リスクを特定、分析し、その対応を考えます。プロジェクトの開始時には、実際にどのようなことが起こるのかは、なかなか予測できないものです。

本演習は、リスクを列挙し、種類を分析することで、リスクとはなにかということに親しむことを目的としています。また、定量的なリスク分析を行うことで、プロジェクトのリスクに対して科学的に対処するセンスを磨きましょう。

10.8.1 リスクを列挙しよう

例によって、身近なプロジェクト事例を想定してください。そのプロジェクトを進めようとしたときに、想定されるリスクにはどんなものがあるでしょうか。思いつく限りのリスクを列挙してください。

表10.10に、「学園祭で模擬店を出店する」プロジェクトにおいて想定されるリスクと、その対応策の例を示します。このような表を作成し、想定されるリスクとその対応策について整理してみましょう。

10.8.2 リスクの種類を考えよう

リスクにはプラスとマイナスのリスクがあること、そしてそれぞれに回避や転嫁など、いくつかの対応戦略の種類があることを学びました。この演習では、先に列挙したそれぞれのリスクが、プラスのリスクなのかマイナスのリスクなのか、そして対応戦略の種類としてはなにに相当するのかを、考えてみましょう。

表10.10で列挙したリスクの一覧表の右側に、列を2つ追加しましょう（**表10.11**）。追加した列の片方には、そのリスクがマイナスのリスクなのかプラスのリスクなのかを記入します。もう一方の列には、対応戦略の種類を記入しましょう。マイナスのリスクであれば、回避、転嫁、軽減、受容のいずれか、プラスのリスクであれば、活用、共有、強化、受容のいずれかを、この欄に記載します。

表 10.10　身近なプロジェクトにおける想定リスクと対応策（記入例）

想定されるリスク	対応策
模擬店で販売する料理の材料を買い揃えることができない。	事前に材料の入手について計画を練っておき、入手先の経路を確保しておく。
季節に合った料理を販売する予定が予想外の天候で売れ行きが芳しくない。	提供する料理を1つに絞らず、天候の不順にも対応できるような複数の販売品目を用意するようにしておく。
人気が殺到して集客を捌き切ることができない。	模擬店の周囲に待機場所を確保する、あるいは、周囲の模擬店と相談し、協調することで一点集中を避けるような配慮をする。
売上金が盗難される。	盗難防止策を十分に検討し、金銭管理は専門の担当者と金庫を用意する。
販売した料理が原因で食中毒が発生する。	食中毒が発生しないように衛生面には十分に注意し、事故防止のための衛生マニュアルを用意、関係者に周知を徹底する。
予想以上の売れ行きで、材料が枯渇してこれ以上の販売ができない。	材料の入手先に関して、1箇所だけでなく複数箇所から材料を入手することを検討し、このような状況にも対処できるような予備を検討しておく。
学園祭に来た人が模擬店の前を通り過ぎるばかりで、誰も模擬店に興味を示してくれない。	顧客の興味を惹くようなポスターや幟などの広告宣伝策を事前に用意しておき、さらに当日は集客部隊を展開する。

表 10.11　身近なプロジェクトにおける想定リスクの種類

想定されるリスク	マイナスかプラスか	対応戦略の種類
模擬店で販売する料理の材料を買い揃えることができない。		
季節に合った料理を販売する予定が予想外の天候で売れ行きが芳しくない。		
人気が殺到して集客を捌き切ることができない。		
売上金が盗難される。		
販売した料理が原因で食中毒が発生する。		
予想以上の売れ行きで、材料が枯渇してこれ以上の販売ができない。		
学園祭に来た人が模擬店の前を通り過ぎるばかりで、誰も興味を示してくれない。		

10.8.3 定量的なリスク分析をしてみよう

リスク対策をするにもコストがかかります。限られた時間的・金銭的制約の中で、すべてを十分に対策するのも難しいところでしょう。そこで、リスク対策の優先度を決め、優先度の高いものから対策を進めるべきです。

これまで考えてきたリスクの表10.11に、さらに右側に3つの列を追加しましょう（**表10.12**）。発生確率と影響度、さらにそれらの値を乗算した結果を記入する列です。

発生確率と影響度は、それぞれ0.0から1.0までの値を記入します。ほとんど起こらないだろうと思えるリスクであれば0.01というような値を、かなりの確率で起こりそうだというリスクであれば、大きめの値を記入します。

影響度も、そのリスクが顕在化したとしても大きな影響はないと考えられるのであれば0.0に近い値を、逆に、そのリスクが顕在化したら重要な問題に至るというようなものであれば1.0に近い値を記入します。

発生確率×影響度の値が大きいものほど、優先度が高いリスクです。それらを優先的に対処する必要があります。具体的な数字を表10.12に入れて、考えてみましょう。

表 10.12　身近なプロジェクトにおけるリスク対策の優先度

想定されるリスク	発生確率（A）	影響度（B）	A×B
模擬店で販売する料理の材料を買い揃えることができない。			
季節に合った料理を販売する予定が予想外の天候で売れ行きが芳しくない。			
人気が殺到して集客を捌き切ることができない。			
売上金が盗難される。			
販売した料理が原因で食中毒が発生する。			
予想以上の売れ行きで、材料が枯渇してこれ以上の販売ができない。			
学園祭に来た人が模擬店の前を通り過ぎるばかりで、誰も模擬店に興味を示してくれない。			

第11章

プロジェクト資源のマネジメント

前章までで、主要なプロジェクトマネジメント計画書であるスコープ・ベースライン、スケジュール・ベースライン、およびコスト・ベースラインの3つを定義しました。また、プロジェクト遂行中に発生する可能性のあるリスクを分析した結果を、リスク登録簿にまとめました。本章では、第7章の最後で解説したプロジェクトに欠かすことのできない要素である「プロジェクト資源（チーム資源[1]と物的資源）」について、さらに詳しく説明していきます。

この章では、PMBOKの知識エリアである「プロジェクト資源マネジメント」から、5つのプロセスについて解説します。具体的には、計画プロセス群の「資源マネジメントの計画」、実行プロセス群の「資源の獲得」「チームの育成」「チームのマネジメント」、そして監視・コントロール・プロセス群の「資源のコントロール」です。さらに後半では、ソフトウェア開発プロジェクトを担うIT技術者を育成する仕組みについても説明します。

本章で解説する項目は次の通りです。

- 11.1 資源マネジメントの計画
- 11.2 資源の獲得
- 11.3 チームの育成
- 11.4 チームのマネジメント

1　プロジェクトにおける人的資源を、PMBOKでは「チーム資源」と呼びます。

・11.5 資源のコントロール
・11.6 IT技術者の育成の仕組み

11.1 資源マネジメントの計画

まずは、計画プロセス群の「資源マネジメントの計画」から解説します。プロジェクト資源マネジメントの知識エリアにおいても、チーム資源と物的資源の管理方針をまとめた「資源マネジメント計画書」を最初に作成します（**図11.1**）。

「資源マネジメントの計画」の主な情報源

- ■ プロジェクト憲章
- ■ プロジェクトマネジメント計画書
  - ✓品質マネジメント計画書
  - ✓スコープ・ベースライン
- ■ プロジェクト文書
  - ✓プロジェクト・スケジュール
  - ✓要求事項文書
  - ✓リスク登録簿
- ■ 組織体の環境要因
- ■ 組織のプロセス資産

「資源マネジメントの計画」の主な成果物

- ■ 資源マネジメント計画書
- ■ チーム憲章
- ■ プロジェクト文書 更新
  - ✓リスク登録簿

図11.1 「資源マネジメントの計画」の主な情報源と成果物

チーム資源と物的資源の管理は、これまで説明してきたスコープやスケジュール、コスト、リスクの管理とは異なります。チーム資源であれば「人事部門」、物的資源であれば「調達管理部門」（外部から調達する場合を含む）というように、組織内にそれぞれを管理する専門の組織が存在する場合が多いからです。

プロジェクト資源の獲得が遅れると、プロジェクトの遅延に直接つながります。そのため、組織内の手続きやルールを遵守することを前提に、計画通りにプロジェクト資源を獲得するために、実施すべき内容を資源マネジメント計画書としてまとめます。

プロジェクトの成果物に求める要求事項や品質に関わる事項は、プロジェクト資源に求める条件に深く関係します。そのため、プロジェクト憲章、品質マネジメント計画書、そしてスコープ・ベースラインを確認します。獲得すべきプロジェクト資源とその時期は、プロジェクト・スケジュールや要求事項文書を確認します。さらに、プロジェクト資源に関わるリスクは、リスク登録簿を確認します。

また、チーム資源（プロジェクト・メンバー）が所属する組織や、物的資源の管理状況、チーム資源や物的資源の組織内での管理方法も確認します。

資源マネジメント計画書には、チーム編成や、必要な資源と量を具体的に定義するための方法を記載します。チーム資源と物的資源の獲得方法に関するガイダンスや、チーム資源のそれぞれに与えられる役割と責任も記載します。たとえば、ソフトウェアのレビュー業務であれば、レビュー責任者、レビューコーディネータ、レビューリーダー、レビュー担当者といった役割を定義します。それぞれの役割には担うべき責任として、意思決定に関する承認権限などが与えられます。さらに、その役割を担うための条件として、役割を任命されるメンバーがもつべきスキルやコンピテンシー（行動特性）なども、資源マネジメント計画書に記述します。

チーム憲章には、プロジェクトの遂行期間中に、チーム・メンバーが共有すべき価値観や意思決定プロセスをまとめます。

また、チーム資源や物的資源の具体的な獲得方法を検討、決定することによって、新たなリスクを認識した場合は、リスク登録簿の更新が必要です。

11.2 資源の獲得

次に、実行プロセス群の「資源の獲得」を解説します。このプロセスでは、プロジェクトの遂行期間中に予定されたチーム資源や物的資源の確保を行います（**図11.2**）。

「資源の獲得」の主な情報源

- ■ プロジェクトマネジメント計画書
  - ✓ 資源マネジメント計画書
  - ✓ 調達マネジメント計画書
  - ✓ コスト・ベースライン
- ■ プロジェクト文書
  - ✓ 資源要求事項
  - ✓ プロジェクト・スケジュール
  - ✓ 資源カレンダー
- ■ 組織体の環境要因
- ■ 組織のプロセス資産

「資源の獲得」の主な成果物

- ■ 物的資源の割当て
- ■ プロジェクト・チームの任命
- ■ 変更要求
- ■ プロジェクトマネジメント計画書 更新
  - ✓ 資源マネジメント計画書
  - ✓ コスト・ベースライン
- ■ プロジェクトマネジメント計画書 更新
  - ✓ 資源要求事項
  - ✓ プロジェクト・スケジュール
  - ✓ リスク登録簿

図11.2 「資源の獲得」の主な情報源と成果物

前節の冒頭で説明したように、チーム資源の獲得であれば人事部門、物的資源の獲得であれば調達管理部門といったように、組織によって資源の獲得を担当する部署やルールが決まっています。また、外部からチーム資源を獲得する場合や、別の部署が物的資源の獲得を担当する場合もあります。このような組織内の資源獲得に関する手続きは、「組織のプロセス資産」を確認します。

資源の獲得は、資源マネジメント計画書で定めた方法で行います。外部から資源を獲得する場合は、調達マネジメント計画書[2]に従います。

獲得すべき資源は、資源要求事項、プロジェクト・スケジュール、資源カレンダー、コスト・ベースラインに記載された条件を満たすように選定します。

このプロセスの成果物の中で重要な3つのものは、物的資源の割当てに関する文書である「物的資源の割当て」とプロジェクト・チームのメンバー、そしてそれぞれの役割と責任が書かれた「プロジェクト・チームの任命」です。

プロジェクト資源の割当てを通じてスケジュールなどの変更が生じる場合は、変更要求を提出し、変更の可否を確認します。さらに、資源マネジメント計画書、コスト・ベースライン、資源要求事項、プロジェクト・スケジュール、およびリスク登録簿に対しても、プロジェクト資源の割当ての結果を反映する必要があります。

11.2.1 先行割当

プロジェクト資源の割当ては、原則として、プロジェクトの開始後に実行プロセス群の「資源の獲得」プロセスで実施します。しかし、外部組織からの委託契約によりプロジェクトを実施する場合は、そのプロジェクトが対象とする分野や領域で、業界や学界の第一人者として評価されている特定の個人をプロジェクト・メンバーとすることが実施条件となることがあります。このような場合はプロジェクト開始前から、その個人はプロジェクト・メンバーとして決まっています。同様のことが、プロジェクトで利用する評価環境や使用する素材など、物的資源についても生じることがあります。このように、プロジェクト開始前からプロジェクト資源を割り当てることを「先行割当」と呼びます。

11.2.2 コロケーションとバーチャルチーム

プロジェクトの遂行時の体制については、プロジェクト・メンバーが同一の場所で業務を実施する「コロケーション（co-location）」が推奨されています。ところが、アドバイザーとして参画するメンバーの職場が遠隔地の場合など、他の

2 調達マネジメント計画書については、第15章で解説します。

業務との関連でコロケーションが難しいケースもあります。また、最近の「新型コロナウイルス」の蔓延や「働き方改革」の流れの中で、在宅勤務やテレワークが推奨される傾向にあります。とくに、ソフトウェア開発プロジェクトの場合は、インターネット経由で開発環境にアクセスできれば、メンバーが同一の場所に会する必要性が少なくなっています。このように、地理的に離れた拠点からメンバーが参加し、インターネット回線などを利用したコミュニケーションによってプロジェクトを遂行する形態を、「バーチャルチーム」と呼びます。

11.3 チームの育成

続いて、「チームの育成」を解説します。このプロセスでは、チーム・メンバーの活動状況を把握し、成長を阻害する要因があればそれを取り除く活動を行います。

プロジェクトが成功して終わるための要件の1つとして、そのチームがプロジェクト期間中に成長することが挙げられます。言葉を代えれば、プロジェクト・マネージャーは、チーム・メンバーを成長させ、そのパフォーマンスを高めるように行動する必要があるということです。

Bruce Tuckmanが1965年に発表したチーム形成のモデル（タックマンモデル）では、チームは5つのフェーズに従って発展するとしています。

・成立期（Forming）
チームのメンバーが顔を合わせた時期。互いのことはまだわからない状態で、チームの目的やそれぞれのメンバーの役割と責任について知らされる。

・動乱期（Storming）
プロジェクト業務に取り組みはじめた時期。プロジェクトの目標や作業の進め方、人間関係などについて、意見の対立が生まれる。

・安定期（Norming）
メンバー間で互いの理解が進み、それぞれの役割が共有されるとともに、共同での作業が実施されるようになる時期。メンバー間の信頼関係も、この時期に築かれる。

・遂行期（Performing）
チームとして機能できるようになり、課題に対しても協力して対応できるようになる時期。

・解散期（Adjourning）
プロジェクトを完了し、チームが解散する時期。

タックマンモデルはプロジェクトのチームに限らず、スポーツのチームや趣味のサークルなどにもあてはまります。新しくチーム編成を行ったときには、このモデルを念頭に置いて活動してみてください。

チームの育成プロセスでは、資源マネジメント計画書に書かれているチームに関わるメンバーの情報を必要とします（**図11.3**）。誰が、どのような役割で、いつから参加できるのか、といった情報が、プロジェクト・スケジュール、プロジェクト・チームの任命、資源カレンダー、などから得られます。加えて、メンバーを評価するための情報として、メンバーに付与されたそれぞれの役割として期待されている内容については、資源マネジメント計画書を参照します。チームの規範（どのように業務を実施するのか、など）については、チーム憲章を参照します。また、メンバーに対する組織としての管理方針や、メンバーのスキル・業務経験に関する情報は、組織体の環境要因を参照します。

「チームの育成」の主な情報源

- ■ プロジェクトマネジメント計画書
  - ✓ 資源マネジメント計画書
- ■ プロジェクト文書
  - ✓ プロジェクト・スケジュール
  - ✓ プロジェクト・チームの任命
  - ✓ 資源カレンダー
  - ✓ チーム憲章
- ■ 組織体の環境要因

「チームの育成」の主な成果物

- ■ チームのパフォーマンス評価
- ■ 変更要求
- ■ プロジェクトマネジメント計画書 更新
  - ✓ 資源マネジメント計画書
- ■ プロジェクト文書 更新
  - ✓ プロジェクト・スケジュール
  - ✓ プロジェクト・チームの任命
  - ✓ 資源カレンダー
  - ✓ チーム憲章

図11.3 「チームの育成」の主な情報源と成果物

チームをうまく成長させるには、「報奨」や「トレーニング」が有効です。業務上の功績に対して適切に評価し、報奨を与えることで、メンバーのモチベーションを高めることができます。また、マネジメント・スキルや技術的スキルが不足しているメンバーに対しては、プロジェクト期間中にトレーニングを実施してスキル向上を図ります。

チーム育成の成果物である「チームのパフォーマンス評価」は、プロジェクトにおけるチームの実効性に関する評価です。チームのパフォーマンス評価の尺度には、以下のものがあります。

- 与えられた職務を効果的に実施するために、メンバーがどれだけスキルを獲得したか
- チームのパフォーマンスを向上するために、メンバーがどれだけ能力を改善したか
- メンバーの離職率をどれだけ低減できたか、など

チームの育成プロセスを通じて、資源マネジメント計画書を改定する必要が出てきた場合は、その変更要求を発行します。また、必要に応じて、関連するプロジェクト文書に対する更新も行います。

11.4 チームのマネジメント

続いて、「チームのマネジメント」[3]を解説します。このプロセスでは、繰り返し実施するチームのパフォーマンス評価の結果にもとづいて、パフォーマンスの最適化を図ります。このプロセスの目的は、チームワークを高めてパフォーマンスが高いチームを構築することです。プロジェクト・マネージャーには、高いリーダーシップとチームを取りまとめるヒューマンスキルが求められます。

11.4.1 コンフリクト・マネジメント

プロジェクト遂行中には必ず、大小さまざまなコンフリクト（メンバー間の衝突）が発生します。それを解消するための「コンフリクト・マネジメント」は、チームを取りまとめるための重要なスキルです。コンフリクト状態が長引くと、プロジェクトの遂行に大きな影響を与えます。一方、コンフリクトをうまく解決できると、チームが成長するよい機会となります。コンフリクト状態を解消する方法には、以下のものがあります。

・撤退／回避
　コンフリクト状態に関わらないようにし、問題を先送りする。
・鎮静／適応
　相手の意見を尊重し、同意できる部分を優先して関係の維持を図る。
・妥協／和解
　双方が納得できる水準に要求を下げ、一時的、部分的な解決を図る。
・強制／指示
　権力や地位を利用して、相手に自分の要求を押し付けることで解決する。
・協力／問題解決
　対立点を明確にし、協調的な対話を進めることにより、双方に利益のある解決を図る。

3　PDCAサイクルのCA（Check-Act）は、通常は監視・コントロール・プロセス群で行いますが、チーム資源についてのみ、実行プロセス群の「チームのマネジメント」で行います。

11.4.2 チームのパフォーマンスを高めるための変更を要求する

チームのマネジメントプロセスで必要となる主な情報源は、プロジェクト文書に記載されているチームに関する情報と、チームの育成プロセスの成果物であるチームのパフォーマンス評価です（**図11.4**）。

また、実施しているプロジェクトに関する「作業パフォーマンス報告書」も確認します。作業パフォーマンス報告書は、プロジェクトのスケジュール、コスト、品質、およびスコープに関して、ベースラインなどとの対比から評価した結果をまとめた報告書です。これらの情報を踏まえ、プロジェクト遂行中のチームのマネジメント（運営）を行います。

チームを運営する中で、さまざまな理由からメンバーを交代する必要が生じた場合は、変更要求を発行します。その変更要求が承認された場合は、その内容に応じて、プロジェクトマネジメント計画書や、プロジェクト文書の更新を行います。また、プロジェクトへの参画を通じて向上したメンバーのスキルに関する情報は、組織が管理する要員情報に反映されます。

「チームのマネジメント」の主な情報源

- ■ プロジェクトマネジメント計画書
  - ✓ 資源マネジメント計画書
- ■ プロジェクト文書
  - ✓ プロジェクト・チームの任命
  - ✓ チーム憲章
- ■ 作業パフォーマンス報告書
- ■ チームのパフォーマンス評価

▼

「チームのマネジメント」の主な成果物

- ■ 変更要求
- ■ プロジェクトマネジメント計画書 [更新]
  - ✓ 資源マネジメント計画書
  - ✓ スケジュール・ベースライン
  - ✓ コスト・ベースライン
- ■ プロジェクト文書 [更新]
  - ✓ プロジェクト・チームの任命
- ■ 組織体の環境要因 [更新]

図11.4 「チームのマネジメント」の主な情報源と成果物

11.5 資源のコントロール

次に、監視・コントロール・プロセス群の「資源のコントロール」を解説します。このプロセスは、割り当てられた物的資源が確実に利用され、不足などが生じた場合に、適切な是正処置を実施することが目的です。チーム資源に関するコントロールは、前節のチームのマネジメントプロセスで実施します。

資源のコントロールの実施方法は、資源マネジメント計画書に規定されています（**図11.5**）。

「資源のコントロール」の主な情報源

■ プロジェクトマネジメント計画書
✓ 資源マネジメント計画書
■ プロジェクト文書
✓ 物的資源の割当て
✓ プロジェクト・スケジュール
✓ 資源要求事項
✓ リスク登録簿
■ 作業パフォーマンス・データ
■ 合意書

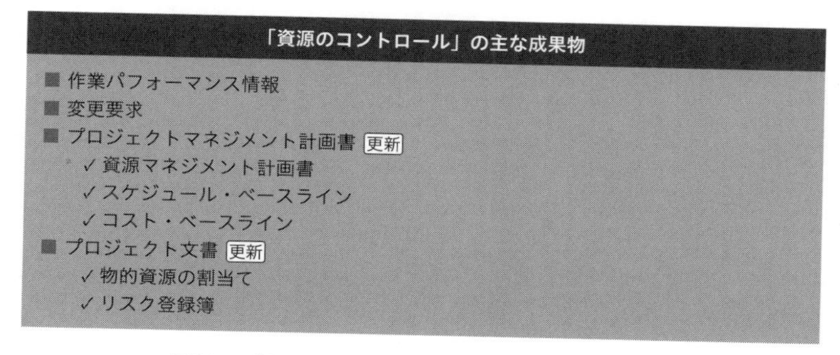

図11.5 「資源のコントロール」の主な情報源と成果物

実施する際に必要となる物的資源に関する情報には、以下のものがあります。

・なにが、どれだけの量を要求されたか

・そのうち、どれだけの量が今までに利用されたか
・残りはいつ利用される予定か
・要求されたが利用されていないものはないか
・要求された量を提供できないものはないか

これらの情報は、各種プロジェクト文書や作業パフォーマンス・データを参照することで得られます。なお、外部組織から獲得する物的資源については、合意書に記載されている条件を参照します。

このプロセスを実施した結果、要求した物的資源に関する予実（予定と実績）の情報を、作業パフォーマンス情報に反映します。また、物的資源の利用に関して是正処置（すでに起きている不具合に対する処置）や予防処置（これから起きそうな不具合に対する処置）の実施が必要となる場合は、変更要求を発行します。加えて、それが承認された際には、対象となるプロジェクトマネジメント計画書とプロジェクト文書を更新します。

11.6 IT技術者の育成の仕組み

最後に、経済産業省が国の施策として実施している政策を中心に、IT技術者育成に関する取り組みの変遷について説明します。

11.6.1 情報処理技術者試験

国内でのIT技術者の育成に関する国の施策は、1969年に当時の通商産業省（現、経済産業省）が発足させた「情報処理技術者認定試験制度」にはじまります。当時はプログラマーを対象としたものでしたが、その後、「情報処理技術者試験」と名称が変更されて対象とする試験区分を増やしました。現在では、情報処理技術者試験（12の試験区分）と情報処理安全確保支援士試験を合わせた試験制度となっています。

情報処理技術者試験制度は、試験区分の追加や制度の改定を経て現在のものに移行しました。しかし、試験による資格認定以外は2002年の経済産業省による「ITスキル標準」の発表まで、具体的な施策は実施されていませんでした。ITスキル標準の発表により、資格認定からIT技術者育成へと、新しい施策の舵が切られました。

11.6.2 3つのスキル標準

2002年以降、経済産業省は「ITスキル標準」「組込みスキル標準」「情報システムユーザースキル標準」の3つを発表しています。

(1) ITスキル標準

経済産業省が最初に発表したITスキル標準（ITSS：IT Skill Standards）は、ソフトウェアサービス業界のIT技術者を対象として作成された、IT関連サービスの提供に必要となる能力を体系化したものです。

ITSSは、11の職種（**図11.6**は、太線で職種のまとまりを区切っています）に含まれる38の専門分野について、7段階のスキルレベルにもとづくスキルフレー

職種	専門分野	ハイレベル レベル7	ハイレベル レベル6	ハイレベル レベル5	ミドルレベル レベル4	ミドルレベル レベル3	エントリレベル レベル2	エントリレベル レベル1
マーケティング	マーケティングマネジメント	■	■	■				
	販売チャネル戦略		■	■	■			
	マーケットコミュニケーション		■	■	■	■		
セールス	訪問型コンサルティングセールス	■	■	■	■	■		
	訪問型製品セールス		■	■	■	■	■	■
	メディア利用型セールス			■	■	■	■	■
コンサルタント	BT（Business Transformation）	■	■	■	■			
	IT	■	■	■	■			
	パッケージ適用		■	■	■			
ITアーキテクト	アプリケーション	■	■	■	■			
	データサービス	■	■	■	■			
	ネットワーク		■	■				
	セキュリティ		■	■				
	システムマネジメント	■	■	■				
プロジェクトマネジメント	システム開発／アプリケーション開発／システムインテグレーション	■	■	■	■	■		
	アウトソーシング	■	■					
	ネットワークサービス		■	■	■			
	eビジネスソリューション	■	■					
	ソフトウェア開発		■	■	■	■		
ITスペシャリスト	プラットフォーム		■	■	■	■	■	■
	システム管理		■	■	■	■	■	■
	データベース		■	■	■	■	■	■
	ネットワーク		■	■	■	■	■	■
	分散コンピューティング		■	■	■	■	■	■
	セキュリティ		■	■	■	■	■	■
アプリケーションスペシャリスト	業務システム		■	■	■	■	■	■
	業務パッケージ		■	■	■	■	■	■
ソフトウェアデベロップメント	基本ソフト		■	■	■	■	■	■
	ミドルソフト		■	■	■	■	■	■
	応用ソフト		■	■	■	■	■	■
カスタマサービス	ハードウェア			■	■	■	■	■
	ソフトウェア			■	■	■	■	■
	ファシリティマネジメント		■	■	■	■		
オペレーション	システムオペレーション			■	■	■	■	■
	ネットワークオペレーション			■	■	■	■	■
	カスタマサポート			■	■	■	■	■
エデュケーション	研修企画		■	■	■			
	インストラクション		■	■	■	■		

（出典）経済産業省『ITスキル標準（ver. 1.0）』

図11.6　ITSSのスキルフレームワーク

表 11.1　7段階のスキルレベル

レベル	定義
レベル7	「高度な知識・スキルを有する世界に通用するハイエンドプレーヤ」 業界全体から見ても先進的なサービスの開拓や事業改革、市場化、などをリードした経験と実績を有し、世界レベルでも広く認知される。
レベル6	「高度な知識・スキルを有する国内のハイエンドプレーヤ」 社内だけでなく業界においても、プロフェッショナルとしての経験と実績を有し、社内外で広く認知される。
レベル5	「高度な知識・スキルを有する企業内のハイエンドプレーヤ」 プロフェッショナルとして豊富な経験と実績を有し、社内をリードできる。
レベル4	高度な知識・スキルを有し、プロフェッショナルとして業務を遂行でき、経験や実績にもとづいて作業指示ができる。またプロフェッショナルとして求められる経験を形式知化し、後進育成に応用できる。
レベル3	応用的知識・スキルを有し、要求された作業についてすべて独力で遂行できる。
レベル2	基本的知識・スキルを有し、一定程度の難易度または要求された作業について、その一部を独力で遂行できる。
レベル1	情報技術に携わる者に必要な最低限の基礎的知識を有し、要求された作業について、指導を受けて遂行できる。

（出典）経済産業省『共通キャリア・スキルフレームワーク　第一版』

ムワークを定義しています（図11.6、**表11.1**）。加えて、専門分野のスキルレベルごとに必要とされる「スキル項目」、習熟の達成度を示す「スキル熟達度」、そして、バックグラウンドとしての「知識項目」を定義しています。

ITSSでは、以下のような利用方法を想定しています。

・IT技術者のキャリアパスの設計

スキルフレームワーク、スキル項目、スキル熟達度から、個々のIT技術者の職種とスキルレベルが把握できる。その上で、将来的にどの職種の、どのレベルに到達したいのかという目標設定を行う。そして、必要なスキルを修得するための研修計画と、どのような業務経験を積めばよいかというキャリアパスを設計するための、基本情報として利用できる。

・IT技術者の技術力の可視化と人材育成計画の立案

ソフトウェアサービスの提供企業の場合、所属するIT技術者の職種とスキルレベルを調べることで、自社の総合的なIT技術力を可視化することができる。その上で、自社の進むべき方向性を踏まえ、3～5年先にどのような陣容のIT技術者が必要となるのかを検討する。その結果、所属するIT技術者の育成計画と、足りない部分を補完する採用計画の立案が行える。

(2) 組込みスキル標準

組込みスキル標準（ETSS：Embedded Technology Skill Standards）は、IPA（情報処理推進機構）が2005年に発表した、組込みソフトウェア開発を行う技術者を対象にしたスキル標準です。組込みソフトウェアとは、自動車や家電製品、制御装置、などに搭載されるソフトウェアです。企業がオフィスなどで利用するソフトウェアとは異なり、ハードウェアの制御を目的としています。そのため、開発にはソフトウェア開発の知識に加え、制御対象となるハードウェアの知識が求められます。その結果、ITSSとは異なる体系となっています。

ETSSでは、スキル基準とキャリア基準から構成されます。スキル基準では、組込みソフトウェア開発を担う技術者に求めるスキルを整理しています。キャリア基準では、10職種12専門分野の人材について、7段階のキャリアレベルを定義しています。

(3) 情報システムユーザースキル標準

情報システムユーザースキル標準（UISS：Users' Information Systems Skill Standards）は、日本情報システム・ユーザー協会が、2006年に情報システムを活用するユーザー企業や組織に所属する技術者を対象としたスキル標準です。ITSSがソフトウェア開発を受注する側のスキル標準であるのに対して、UISSは自社内で利用するソフトウェアの企画、開発、調達する側のものになります。

UISSの構成は、以下のようになっています。

・情報システムの企画・開発で必要となるタスクを整理した「タスクフレームワーク」

・タスクを実行する際に求められる「機能（スキル）と役割」
・情報システムの企画・開発で必要とされる「人材像（職種）とその役割」
・人材像に対するキャリアレベルを定義した「キャリアフレームワーク」

11.6.3 共通キャリア・スキルフレームワーク

ITSS、ETSS、UISSという3つのスキル標準は、異なる分野のIT技術者を対象としているものの、求められるスキルを明確にし、その育成を支援しようという方向性は一致していました。しかし、異なる時期に作成されたため、類似してはいるものの共通性がなく、人材のカスタマイズが行えないなどの課題がありました。

たとえばベンダー企業、あるいはユーザー企業が利用する場合、いずれのスキル標準でも、自社の技術者をそれぞれの職種にあてはめて考える必要があります。大企業の技術者であれば、ネットワーク・アーキテクトやセキュリティ・スペシャリストのように、業務内容がスキル標準の職種と容易にマッチングできます。しかし、中小企業の技術者の場合、プロジェクトマネジメントを行いつつ、設計フェーズではアーキテクト、開発フェーズではスペシャリストといったように、複数の職種に携わるケースが当たり前のため、業務内容と職種がマッチングできません。加えて、ITSSでは職種をそのまま利用することが前提となっているため、組織や企業がカスタマイズして利用できません。

こうした既存のスキル標準に対する課題改善の要望を受けて、IPAは2008年に「共通キャリア・スキルフレームワーク（CCSF：Common Career Skill Framework）」、2012年に「共通キャリア・スキルフレームワーク（第一版・追補版）（CCSF（追補版））」を公開しました。このCCSF（追補版）の枠組みを利用することにより、組織や企業で必要とする人材の定義をカスタマイズできるようになりました。

CCSF（追補版）は、ITSS、ETSS、UISSの内容を整理、統合し、業務を定義する「タスクモデル」、役割分担を定義する「人材モデル」、スキルを定義する「スキルモデル」の3つから構成されています。また、スキルモデルと知識体系を連携させることにより、情報処理技術者試験との関係も明確にしています（**図11.7**）。

CCSF（追補版）を使えば、人材モデルとスキルモデルから自社のIT技術者の人材像を定義できます。また、タスクモデルから自社の業務上実施すべきタスクを定義して紐づけることで、組織や企業で必要となる人材像を独自に定義することもできます。

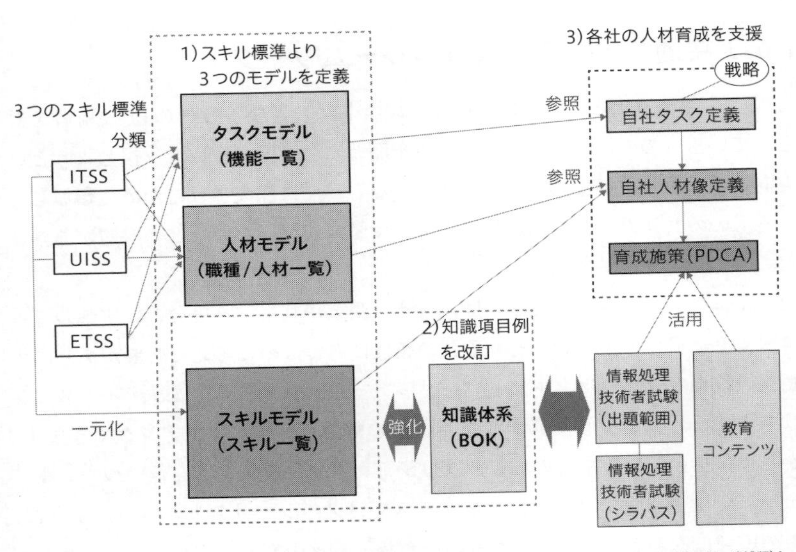

（出典）経済産業省、情報処理推進機構『共通キャリア・スキルフレームワーク（第一版・追補版）』

図11.7　共通キャリア・スキルフレームワーク（追補版）のコンセプト

11.6.4 iコンピテンシディクショナリ（iCD）

3つのスキル標準やCCSFが発表された後も、IT産業を取り巻く環境は大きく変わり、クラウド上でシステム構築やサービス提供を行うのが当たり前の時代となりました。そうした変化に対応して、スキル標準のあり方を検討した結果、IPAは2015年に「iコンピテンシディクショナリ（iCD）」を発表しました。

iCDは、「タスクディクショナリ」と「スキルディクショナリ」の2つから構成されています。タスクディクショナリは、3つのスキル標準やCCSFを整理し、組織に必要な機能を組織や個人に求める業務に展開し、まとめたものです。一方、スキルディクショナリは、iCDで新たに定義したものです。代表的な職種を想定した上で、その職種に求めるスキルが情報処理技術者試験の出題分野や、ITILやPMBOK、SWEBOK、BABOK[4]をはじめとした、IT分野に関連する各種BOK（知識体系）にもとづいて整理されています。

各組織や団体はiCDを利用して、以下の手順でそれぞれの人材育成計画を立案、実施することができます。

① 各組織や団体の経営戦略や事業計画を実現するために必要となる機能や人材について、要求分析を実施する。その結果から、タスクディクショナリにもとづいて分析を行い、組織として求める自社タスク定義を設定するとともに、組織内の役割を定義する。
② 定義した自社タスクに対して、社内の技術者が実施すべき項目を評価項目として定義し、タスク別レベル判定基準と役割別レベル判定基準の設定を行う。設定した自社タスク定義、役割定義、および判定基準を使って、対象とするIT技術者のタスク別レベル判定と役割別レベル判定を行い、自社タスクや役割の過不足がないか、また、タスク別判定と役割別判定で不整合がないかを確認する。
③ 設定された自社タスク定義、役割定義、および判定基準を使って、IT技術者のレベル判定を行い、個々のIT技術者と組織全体の現状把握を行う。また組織としてあるべき姿にもとづいて、組織、および個々のIT技術者の人材育成計画のPDCAサイクルを回す。

なお、3つのスキル標準やCCSFは、IPAが利活用推進活動を実施してきました。しかし、iCDに関しては、IPAはタスクディクショナリとスキルディクショナリのコンテンツを管理する役割だけを担い、その利活用については民間に委ねています。こうした点が、これまでの人材育成施策の進め方と異なっています。

4 ITIL（Information Technology Infrastructure Library）は情報サービスマネジメントに関するベストプラクティスをまとめたものです。そして、SWEBOK（Software Engineering Body Of Knowledge）はソフトウェア工学の、BABOK（Business Analysis Body of Knowledge）はビジネスアナリシスの知識体系です。

11.6.5 新しい人材の育成に向けて

2010年を過ぎたころから、産業界ではビッグデータやIoTなど、大容量のリアルタイムデータに対する処理ニーズが高まり、新しい分野に対応した技術者の育成が必要となってきました。加えて、組織内のシステムに対する外部からの不正アクセスが増加し、組織に深刻な影響を与える被害も生じるようになり、システムを守るセキュリティ人材の育成ニーズも高まるようになりました。

このような状況のもと、IPAは新たな人材の育成指針として、ITSS+を発表しています[5]。ITSS+は、前述したITSSと同様に、人材像とその人材に求められるタスクリストとスキルセットを明確にしています。また、2017年にデータサイエンス領域とセキュリティ領域について、2019年にIoTソリューション領域について公開しています。2019年には、アジャイル開発を実践するための指針も併せて公開しています。

IPAは2017年に、iCDのタスクセット集を公開しています[6]。これは、各組織や団体が、上述の新しい技術をもった技術者を育成するための素材として利用することを想定しており、IoTシステム・サービスのライフサイクル、セキュリティ領域、およびデータサイエンス領域に関連する業務を対象としています。

5 ITSS +
https://www.ipa.go.jp/jinzai/itss/itssplus.html
6 iCDのタスクセット集
https://www.ipa.go.jp/jinzai/hrd/i_competency_dictionary/download.html

11.7 演習

第11章では、資源マネジメントについて学びました。ここでいう資源というのはチーム資源、すなわちプロジェクトのメンバー、プロジェクト・チームのチーム・メンバーや、プロジェクトで利用するモノ（装置や資材など）のことです。プロジェクト・チームの運営を考える練習として、まずは、チーム形式の得失を考えます。

また、プロジェクト・チームをうまく運営するだけでなく、将来にわたって複数のプロジェクトを円滑に実施するには、チーム・メンバーの育成まで視野に入れて活動しなければなりません。ただし、人材育成はたいへん興味深いテーマですが、ここでは、あなた自身の学習を考えましょう。育成される立場になって、人材育成計画を考えます。すなわち、自らの成長計画を考えてみることにしましょう。

11.7.1 チーム形式の得失を考えよう（バーチャルチームとコロケーション）

本章では、バーチャルチームとコロケーションについて学びました。ここでは、バーチャルチームとコロケーションの、メリットとデメリットを整理してみます。

当然ながら、バーチャルチームではF2F（Face to Face：フェイス・トゥ・フェイス）のコミュニケーションはできません。したがって、密なコミュニケーションという面ではコロケーションが有利です。1つの端末を2人で扱ってプログラムを作成するというペアプログラミング開発方法がありますが、コロケーションでなければ実現[7]できません。

表11.2に、バーチャルチームとコロケーションのメリットとデメリットを整理するシートを用意しました。この表にそれぞれの得失を書き込んで、特徴を理解しましょう。

7　TV会議システムを使って、バーチャルなペアプログラミングは可能かもしれませんが、ペアプログラミングの利点を享受できるかというと、いささか疑問です。

表 11.2　バーチャルチームとコロケーションのメリットとデメリット

	メリット	デメリット
バーチャルチーム		
コロケーション		

11.7.2 あなたの評価をふりかえってみよう

他人に評価されることも必要ですが、まずは、自分自身を評価することも大切です。ここでは、あなたの得意な分野に関して自己評価してみましょう。

表 11.3 に簡単な自己評価シートを用意しました。このシートに、自分の得意分野、その中でもとくに得意な技術やスキル、優れていると考えている能力を書き込みましょう。また、苦手とする技術や、今後、習得していきたいスキルについても下段に書き込みます。

記入例を**表 11.4** に示しました。表に書き込んだら、これを第三者に見せて評価してもらいましょう。これにもとづき、今後、あなたがどのような学習を進めていくべきかを議論することも有意義です。

定期的にこのような自己評価を行うことによって、自己成長の指針にしていくとよいでしょう。

表 11.3　自己評価シート

自分の能力を発揮できる分野	
得意な技術、優れた能力	
不得意な技術、これから伸ばしたい能力	

表 11.4　自己評価シート（記入例）

自分の能力を発揮できる分野	プログラミング・システム構築
得意な技術、優れた能力	Cのプログラミング、システムプログラミング。システム設計、インタフェース設計と評価、など。
不得意な技術、これから伸ばしたい能力	Pythonなどスクリプト言語を修得したい。AI（人工知能）を応用したシステムの開発や、機械学習による処理、データ分析能力、など。

11.7.3 スキルレベルを確認して育成計画を策定しよう

IPAが提示しているスキルセット標準として、CCSFを紹介しました。CCSFにはIT業界で働くみなさんがどのようなスキルをもつべきか、また、それらのレベル感はどの程度なのかといった情報が網羅的に整理されており、関心のある分野だけでも、一度は目を通しておくとよいでしょう。

表11.5に、CCSFに関してIPAが提供しているコンテンツ活用ガイドに提示されているレベル定義を再掲します。能力のレベルを7段階で表し、エントリレベルであるレベル1から、高度IT人材のスーパーハイレベルであるレベル7まで、それぞれがもつ能力についてどのようなレベル感であるか、また、それらのレベルはどのようにして評価決定されるのかが説明されています。

この表を参考にして、いま自分はどのレベルにいるのか、今後のキャリア形成に向けて自分は何年後にどの段階にいたいのか、そこに到達するにはなにを学習すればよいのかを簡単な年表に表して、考えてみましょう。

表 11.5　CCSF でのレベル定義

<table>
<tr><td rowspan="4">高度IT人材</td><td rowspan="2">スーパーハイ</td><td>レベル7</td><td>国内のハイエンドかつ世界で通用するプレイヤー</td><td rowspan="3">成果（実績）ベース
↓
業務経験や面談等</td><td rowspan="3">（情報処理技術者試験での対応はレベル4まで）</td></tr>
<tr><td>レベル6</td><td>国内のハイエンドプレイヤー</td></tr>
<tr><td rowspan="2">ハイ</td><td>レベル5</td><td>企業内ハイエンドプレイヤー</td></tr>
<tr><td>レベル4</td><td>高度な知識・技能</td><td rowspan="4">スキル（能力）ベース
↓
試験の合否</td><td>高度試験</td></tr>
<tr><td colspan="2" rowspan="2">ミドル</td><td>レベル3</td><td>応用的知識・技能</td><td>ミドル試験</td></tr>
<tr><td>レベル2</td><td>基本的知識・技能</td><td>基礎試験</td></tr>
<tr><td colspan="2">エントリ</td><td>レベル1</td><td>最低限求められる基礎知識</td><td>エントリ試験</td></tr>
</table>

IPA『共通キャリア・スキルフレームワーク（第一版・追補版）コンテンツ活用ガイド〜スキル標準のより一層の活用のために〜』26ページの図2.1.5-6より筆者作成

第12章

実績の測定とコントロール

本章では、プロジェクトマネジメントで重要な位置づけとなる、プロジェクト遂行中の管理（コントロール）方法について説明します。

プロジェクト遂行中は、その進捗状況を常に把握し、計画からのズレの有無を確認します。ズレが生じた場合には、そのまま見守って進めるか、これ以上悪い方向に進まないように予防の手続きを取るか、あるいは改善のための手を打つか、といった判断を行います。PMBOKの監視・コントロール・プロセス群には、そうしたプロジェクト遂行中の管理方法を定めたプロセスを含みます。

本章ではまず、PMBOKの知識エリアである「プロジェクト統合マネジメント」の実行プロセス群に含まれる「プロジェクト作業の指揮・マネジメント」と「プロジェクト知識のマネジメント」、および監視・コントロール・プロセス群に含まれる「プロジェクト作業の監視・コントロール」と「統合変更管理」の4つのプロセスについて解説します。

さらに、さまざまな知識エリアの監視・コントロール・プロセス群の中から、4つのプロセスについて解説します。具体的には、「プロジェクト・スコープ・マネジメント」の「スコープのコントロール」、「プロジェクト・スケジュール・マネジメント」の「スケジュールのコントロール」、「プロジェクト・コスト・マネジメント」の「コストのコントロール」、「プロジェクト・リスク・マネジメント」の「リスクの監視」について解説します。

また、スケジュールとコストの進捗状況を把握する上で有効な手法である、「アーンド・バリュー分析（EVA：Earned Value Analysis）」についても解説します。

本章で解説する項目は次の通りです。

- 12.1 プロジェクト実行の管理と監視
- 12.2 統合変更管理
- 12.3 スコープ、スケジュール、コスト、リスクの監視・コントロール
- 12.4 アーンド・バリュー分析と進捗状況の確認

12.1 プロジェクト実行の管理と監視

プロジェクトは、作成された計画にもとづいて実行されます。その際、プロジェクトが計画通りに進んでいるか、成果物が確実に実現できているか、プロジェクト・メンバーの働きはどうか、また想定していたリスクが発生していないか、など、さまざまな観点からその状況を確認する必要があります。また、問題点が見つかればそれを解決します。ここでは、こうしたプロジェクトの実行時に実施すべき管理の方法について説明します。

12.1.1 プロジェクト作業の指揮・マネジメント

まずは、実行プロセス群の「プロジェクト作業の指揮・マネジメント」から解説します。このプロセスでは、プロジェクトで生成する成果物を、計画段階で定めた各種プロジェクトマネジメント計画書に従って作成しているかを確認し、記録を残します。

プロジェクト作業の指揮・マネジメントでは、スケジュール・ベースラインで規定したアクティビティを実施し、スコープ・ベースラインで規定した成果物を作成します（**図12.1**）。このため、プロジェクトマネジメント計画書に記載したあらゆる情報を参照する可能性があります。加えて、マイルストーン・リストやプロジェクト・スケジュールを含むスケジュールに関する情報や、要求事項トレーサビリティ・マトリックスに記載されている要求事項に関する情報と、プロジェクトに影響を与えるリスクに関する情報も参照します。

「プロジェクト作業の指揮・マネジメント」の主な情報源

- ■ プロジェクトマネジメント計画書
  - ✓ すべてのマネジメント計画書
- ■ プロジェクト文書
  - ✓ マイルストーン・リスト
  - ✓ プロジェクト・スケジュール
  - ✓ 要求事項トレーサビリティ・マトリックス
  - ✓ リスク登録簿
- ■ 承認済みの変更要求
- ■ 組織のプロセス資産

「プロジェクト作業の指揮・マネジメント」の主な成果物

- ■ 成果物
- ■ 作業パフォーマンス・データ
- ■ 変更要求
- ■ プロジェクトマネジメント計画書 更新
  - ✓ すべてのマネジメント計画書
- ■ プロジェクト文書 更新
  - ✓ アクティビティ・リスト
  - ✓ 要求事項文書
  - ✓ リスク登録簿
  - ✓ ステークホルダー登録簿

図12.1 「プロジェクト作業の指揮・マネジメント」の主な情報源と成果物

変更要求がステークホルダーにより承認された場合、その変更作業も実施します。承認済み変更要求には、次の3種類があります。

・是正処置

プロジェクトの進捗状況が、プロジェクトマネジメント計画書で予定した状態から逸脱しているため、それを解消するために実施する活動を指す。

・予防処置

プロジェクトの進捗状況が、プロジェクトマネジメント計画書で予定した状態から逸脱することが想定されるため、それを解消するために実施する活動を指す。

・欠陥修正

不適合と判断された成果物に対する修正作業を指す。

なお、それぞれの組織で定められているプロジェクトの推進方法やトラブル発生時の対処方法、過去に実施したプロジェクトを通じて得られた情報なども参照します。

このプロセスで得られる最も重要な成果物は、スコープ・ベースラインを構成する「成果物」と、それを作成するために実施した作業に関する情報を記載した「作業パフォーマンス・データ」です。作業パフォーマンス・データには、実施した作業にかかった時間やコストだけでなく、成果物の品質確認試験の結果なども含まれます。

さらに、判明した問題点などに対しては変更要求を発行します。なお、ここで発行するのは変更に関する要求であり、実際にその変更を実施するかどうかは、のちほど説明する「統合変更管理」プロセスで決定します。

また、情報源として与えられた承認済み変更要求にもとづいて実施した変更作業により、プロジェクトマネジメント計画書やアクティビティ・リスト、要求事項文書、などのプロジェクト文書の更新を行います。

12.1.2 プロジェクト知識のマネジメント

続いて、「プロジェクト知識のマネジメント」を解説します。このプロセスは、PMBOK第6版から新たに追加されました。組織に蓄積されている知識をプロジェクトに活用するとともに、プロジェクトで新たに得られた知識を組織にフィードバックします。なお、このプロセスは実行プロセス群に位置づけられていますが、対象となるのは、プロジェクト全体で実施される活動となります。

PMBOKの底流には、プロジェクトの遂行を通じて組織として学習する、という考えがあります。過去のプロジェクトで得られた知識を活用することで、プロジェクトマネジメントを高い精度で効率よく実施することが可能となります。また、蓄積されたプロジェクトマネジメントに関する知識は、プロジェクトの立上げから終結まで、あらゆる局面で活用できるということも重要です。

プロジェクトのすべての知識エリアがこのプロセスの対象となるため、すべてのプロジェクトマネジメント計画書を参照します（**図12.2**）。

「プロジェクト知識のマネジメント」の主な情報源

■ プロジェクトマネジメント計画書
 ✓すべてのマネジメント計画書
■ プロジェクト文書
 ✓教訓登録簿
 ✓プロジェクト・チームの任命
 ✓ステークホルダー登録簿
■ 成果物
■ 組織体の環境要因
■ 組織のプロセス資産

「プロジェクト知識のマネジメント」の主な成果物

■ 教訓登録簿
■ 組織のプロセス資産 更新

図12.2 「プロジェクト知識のマネジメント」の主な情報源と成果物

一方、任命したプロジェクト・チームのメンバーやステークホルダーがわかれば、それぞれの専門分野やこれまでの業務経験から豊富に知識をもっている分野、また逆に、経験に乏しくサポートが必要になりそうな分野があらかじめわかります。成果物や組織の置かれている環境、そして組織内に蓄積されているこれまでの実績は、実施しているプロジェクトが対象とする知識の範囲を限定する上で必要な情報です。

このプロセスの成果物には、「教訓登録簿」があります。教訓登録簿には、プロジェクト遂行中のさまざまなタイミングで発生した知識を、その都度登録したものです。ここに登録する知識には、以下のものが含まれます。

・プロジェクト文書を作成する際に、工夫して効果があったこと
・プロジェクト文書を作成する際に、条件を見落としたために失敗したこと
・専門家から得られた問題解決の方法
・プロジェクト遂行中に新たに発生したリスクの概要
・プロジェクトのさまざまな局面で得られた気づき、など

(1) 暗黙知と形式知

知識には業務を通じて体得したスキルのように、個人の頭の中にだけあって表現が難しい「暗黙知」と、文章などで表現が可能な「形式知」に分類できます。

暗黙知は集団で共有することが難しいため、教訓登録簿に文章として登録します。教訓登録簿に登録しただけでは形式知になりませんが、プロジェクトの遂行中にプロジェクト・メンバーが教訓を共有することで、新しい知識として醸成されていきます。

教訓登録簿はプロジェクト遂行中に、プロジェクト・チームで共有される文書です。しかし、プロジェクトが終了した段階で、組織のプロセス資産の1つである「教訓リポジトリ」のコンテンツとして、組織全体の知識管理の枠組みで管理されます。

12.1.3 プロジェクト作業の指揮・マネジメント

次に、監視・コントロール・プロセス群の「プロジェクト作業の監視・コントロール」を解説します。このプロセスでは、プロジェクトの状況を監視し、必要に応じて変更要求を発行します。

プロジェクトの進捗状況に関する情報は、監視・コントロール・プロセス群に含まれる10のプロセス[1]の成果物である「作業パフォーマンス情報」です（**図12.3**）。作業パフォーマンス情報とプロジェクトマネジメント計画書に記載されている計画値を比較し、同じくプロジェクトマネジメント計画書に記載されている進捗状況の判断基準により、プロジェクトをどのようにコントロールするのかを判断します。

また、プロジェクトの将来状況を予測するために、コストやスケジュールに関する見積りの根拠、コスト予測、マイルストーン・リスト、品質報告書、リスク登録簿、などのプロジェクト文書を参照します。その際、組織の置かれている状況を考慮するとともに、組織内の基準や手順にもとづいて実施することが求められます。

監視・コントロール・プロセス群に含まれるさまざまな知識エリアのプロセスから得られた作業パフォーマンス情報は、「作業パフォーマンス報告書」として

1 PMBOK第6版では、監視・コントロール・プロセス群に12のプロセスがあります。作業パフォーマンス情報は、「プロジェクト統合マネジメント」の知識エリアに含まれる2つのプロセス（プロジェクト作業の監視・コントロール、統合変更管理）を除く、10のプロセスの成果物です。

まとめ、プロジェクトの現状を客観的に判断するための情報としてステークホルダーに提供します。計画値と実績値の乖離状況が、プロジェクトマネジメント計画書に記載されている判断基準に合致した場合には、変更要求を発行します。この変更要求が承認された場合は、プロジェクトマネジメント計画書を変更します。

コスト予測、リスク登録簿、およびスケジュール予測、などは、プロジェクトの進捗状況に併せて更新されます。

プロジェクト作業が計画に比べて早く進んでいる、コストの発生が少ない、などのよいパフォーマンスとなっている場合は、その要因を確認し、問題がなければ現在の状況の維持を図ります。一方、計画に比べて遅れている、コストがかかり過ぎている、などの悪いパフォーマンスとなっている場合は、その要因を確認し、一時的な状況であればしばらく様子をみることにします。要員、機器、資材、などの資源不足が要因の場合は、資源の追加投入を検討します。また、資源以外の要因によってパフォーマンスが低下している場合は、その要因を取り除く方策を検討します。

「プロジェクト作業の監視・コントロール」の主な情報源

- プロジェクトマネジメント計画書
  - ✓すべてのマネジメント計画書
- プロジェクト文書
  - ✓見積りの根拠
  - ✓コスト予測
  - ✓マイルストーン・リスト
  - ✓品質報告書
  - ✓リスク登録簿
  - ✓リスク報告書
- 作業パフォーマンス情報
- 組織体の環境要因
- 組織のプロセス資産

↓

「プロジェクト作業の監視・コントロール」の主な成果物

- 作業パフォーマンス報告書
- 変更要求
- プロジェクトマネジメント計画書 更新
  - ✓すべてのマネジメント計画書
- プロジェクト文書 更新
  - ✓コスト予測
  - ✓リスク登録簿
  - ✓スケジュール予測

図12.3 「プロジェクト作業の監視・コントロール」の主な情報源と成果物

12.2 統合変更管理

変更要求を発行した場合、すぐに変更作業を行うわけではありません。ステークホルダーによる承認があって初めて、変更作業を実施できます。この変更要求の管理を行うプロセスが「統合変更管理」です。

12.2.1 変更要求を統合的に管理する

「統合変更管理」のプロセスでは、さまざまな理由により提出された「変更要求」を確認し、ステークホルダーによって承認されたもののみを「承認済み変更要求」とします（**図12.4**）。

「統合変更管理」の主な情報源

- ■ プロジェクトマネジメント計画書
  - ✓変更マネジメント計画書
  - ✓コンフィギュレーション・マネジメント計画書
  - ✓スコープ・ベースライン
  - ✓スケジュール・ベースライン
  - ✓コスト・ベースライン
- ■ プロジェクト文書
  - ✓見積りの根拠
  - ✓要求事項トレーサビリティ・マトリックス
  - ✓リスク報告書
- ■ 作業パフォーマンス報告書
- ■ 変更要求
- ■ 組織体の環境要因
- ■ 組織のプロセス資産

▼

「統合変更管理」の主な成果物

- ■ 承認済み変更要求
- ■ プロジェクトマネジメント計画書 [更新]
- ■ プロジェクト文書 [更新]

図12.4 「統合変更管理」の主な情報源と成果物

第6章で説明したように、プロジェクトマネジメント計画書を構成する補助マネジメント計画書は、その内容が相互に依存しています。そのため、いずれかの補助マネジメント計画書を変更した場合、関連する補助マネジメント計画書も併せて変更する可能性が生じます。この際、プロジェクト・チームの勝手な判断で変更を行ってしまうと、補助マネジメント計画書間の整合性が取れなくなり、その結果、プロジェクトマネジメントを的確に実施することができなくなる恐れがあります。そうした状況を避けるために、プロジェクトマネジメント計画書に対する変更要求を確認し、変更作業を承認するかどうかを判断することも、統合変更管理の役割の1つです。なお、プロジェクトマネジメント計画書の変更を行う際には、コンフィギュレーション・マネジメントを確実に実施することが重要です。

統合変更管理で参照するプロジェクトマネジメント計画書には、さまざまな補助マネジメント計画書が含まれます。その中でも重要なものは、変更のプロセスとコンフィギュレーション・マネジメントのやり方を規定した変更マネジメント計画書と、コンフィギュレーション・マネジメント計画書です。そして、変更対象となるスコープ、スケジュール、コストに関する3つのベースラインも参照します。

プロジェクト文書の中では、スケジュールとコストの変更を検討する際に参照する見積りの根拠や、スコープの変更を検討する際に参照する要求事項トレーサビリティ・マトリックスがあります。また、リスクに関する情報を提供するリスク報告書も参照します。

変更要求は、プロジェクトを実行する最中にさまざまな理由から提案される、変更に関する要求です。その承認の可否は組織内の手続きに従って、作業パフォーマンス報告書や、法令や契約などの組織が置かれている環境などにもとづいて判断します。

変更要求に対する承認の可否は、変更管理委員会（CCB：Change Control Board）などの公式な会議によって審議し、承認された変更要求に対して、承認済み変更要求を発行します。承認された変更要求は、その内容を確実に実施する必要があります。

承認済み変更要求を発行する際、関連するプロジェクトマネジメント計画書とプロジェクト文書も更新します。スコープ、スケジュール、コストに関する変更が行われた際には、対応する各ベースラインも更新します。

12.3 スコープ、スケジュール、コスト、リスクの監視・コントロール

次に、スコープ、スケジュール、コスト、リスクの監視・コントロールを行う4つのプロセスを解説します。これらのプロセスでは、計画値と実績値の比較を含む作業パフォーマンス情報を確認し、その差異が規定したしきい値よりも大きかった場合、それぞれのベースラインの変更要求を発行します。

12.3.1 スコープをコントロールする

まずは、監視・コントロール・プロセス群の「スコープのコントロール」を解説します。このプロセスでは、スコープ・ベースラインとプロジェクト実績を比較し、スコープ・ベースライン変更の要否を判断します（**図12.5**）。

「スコープのコントロール」の主な情報源

- ■ プロジェクトマネジメント計画書
  - ✓ スコープ・マネジメント計画書
  - ✓ 要求事項マネジメント計画書
  - ✓ 変更マネジメント計画書
  - ✓ コンフィギュレーション・マネジメント計画書
  - ✓ スコープ・ベースライン
  - ✓ パフォーマンス測定ベースライン
- ■ プロジェクト文書
  - ✓ 要求事項文書
  - ✓ 要求事項トレーサビリティ・マトリックス
- ■ 作業パフォーマンス・データ

「スコープのコントロール」の主な成果物

- ■ 作業パフォーマンス情報
- ■ 変更要求
- ■ プロジェクトマネジメント計画書 更新
  - ✓ スコープ・マネジメント計画書
  - ✓ スコープ・ベースライン
  - ✓ スケジュール・ベースライン
  - ✓ コスト・ベースライン
- ■ プロジェクト文書 更新
  - ✓ 要求事項文書
  - ✓ 要求事項トレーサビリティ・マトリックス

図12.5 「スコープのコントロール」の主な情報源と成果物

このプロセスで参照する情報には、スコープに関わる情報として、スコープ・マネジメント計画書、要求事項マネジメント計画書、要求事項文書、要求事項トレーサビリティ・マトリックスがあります。また、変更作業を規定する文書として、変更マネジメント計画書とコンフィギュレーション・マネジメント計画書があります。

そして、計画値を示すスコープ・ベースラインやパフォーマンス測定ベースラインと、実績値を示す作業パフォーマンス・データを確認し、比較・分析します。

比較・分析した結果は、作業パフォーマンス情報としてまとめます。作業パフォーマンス情報には、計画値と実績値を比較して判断した、スコープの達成状況の差異やその原因、その差異によって生じる影響範囲などを記載します。そして、その差異がスコープ・マネジメント計画書に記載されているしきい値よりも大きい場合は、プロジェクトマネジメント計画書やスコープ・ベースラインに対する変更要求を発行し、スコープに関する是正措置をとります。

変更要求が承認された場合は、スコープ・マネジメント計画書やスコープ・ベースラインが更新されるとともに、スケジュール・ベースライン、コスト・ベースラインも更新されることがあります。また、関連する要求事項文書や要求事項トレーサビリティ・マトリックスも更新されることがあります。

12.3.2 スケジュールをコントロールする

続いて、「スケジュールのコントロール」を解説します。このプロセスでは、スケジュール・ベースラインとプロジェクト実績を比較し、スケジュール・ベースライン変更の要否を判断します（**図12.6**）。

このプロセスで参照する情報には、スケジュールに関わる情報として、スケジュール・マネジメント計画書、プロジェクト・カレンダー、プロジェクト・スケジュール、資源カレンダーがあります。また、変更作業を規定する文書として、変更マネジメント計画書とコンフィギュレーション・マネジメント計画書があります。

そして、計画値を示すスケジュール・ベースライン、スコープ・ベースライン、パフォーマンス測定ベースラインと、実績値を示す作業パフォーマンス・データを確認し、比較・分析します。

「スケジュールのコントロール」の主な情報源

- プロジェクトマネジメント計画書
  - ✓スケジュール・マネジメント計画書
  - ✓変更マネジメント計画書
  - ✓コンフィギュレーション・マネジメント計画書
  - ✓スケジュール・ベースライン
  - ✓スコープ・ベースライン
  - ✓パフォーマンス測定ベースライン
- プロジェクト文書
  - ✓プロジェクト・カレンダー
  - ✓プロジェクト・スケジュール
  - ✓資源カレンダー
- 作業パフォーマンス・データ

「スケジュールのコントロール」の主な成果物

- 作業パフォーマンス情報
- スケジュール予測
- 変更要求
- プロジェクトマネジメント計画書 [更新]
  - ✓スケジュール・マネジメント計画書
  - ✓スケジュール・ベースライン
  - ✓スコープ・ベースライン
  - ✓コスト・ベースライン
- プロジェクト文書 [更新]
  - ✓プロジェクト・スケジュール
  - ✓資源カレンダー
  - ✓リスク登録簿

図12.6 「スケジュールのコントロール」の主な情報源と成果物

比較・分析した結果は、作業パフォーマンス情報としてまとめます。作業パフォーマンス情報には、計画値と実績値を比較して判断した、ワーク・パッケージやコントロール・アカウント[2]のレベルでのスケジュールの状況を記載します[3]。アーンド・バリュー分析や作業パフォーマンス・データにもとづいて、プロジェクトの今後のスケジュールを予想した「スケジュール予測」も作成します。そして、その結果がスケジュール・マネジメント計画書に記載されているしきい値よ

2 コントロール・アカウントとは、プロジェクトのパフォーマンスを測定する単位として、複数のワーク・パッケージをまとめたものです。

3 スケジュールのコントロールにおいて、計画値と実績値を比較・判断する際は、「アーンド・バリュー分析」を利用します。アーンド・バリュー分析は次節で詳しく解説します。

りも大きい場合は、プロジェクトマネジメント計画書やスケジュール・ベースライン、コスト・ベースラインに対する変更要求を発行し、スケジュールに関する是正措置をとります。

変更要求が承認された場合は、スケジュール・マネジメント計画書やスケジュール・ベースラインが更新されるとともに、スコープ・ベースラインやコスト・ベースラインも更新されることがあります。スケジュール・ベースラインを更新すると、新しい条件で再度スケジュールを作成し直すことになるので、プロジェクト・スケジュールや資源カレンダーを更新するだけでなく、新しい条件でのリスクを識別する作業も必要となります。

12.3.3 コストをコントロールする

続いて、「コストのコントロール」を解説します。このプロセスでは、コスト・ベースラインとプロジェクト実績を比較し、コスト・ベースライン変更の要否を判断します（**図12.7**）。

「コストのコントロール」の主な情報源

- ■ プロジェクトマネジメント計画書
  - ✓コスト・マネジメント計画書
  - ✓プロジェクト資金要求事項
  - ✓変更マネジメント計画書
  - ✓コンフィギュレーション・マネジメント計画書
  - ✓コスト・ベースライン
  - ✓パフォーマンス測定ベースライン
- ■ プロジェクト資金要求事項
- ■ 作業パフォーマンス・データ

▼

「コストのコントロール」の主な成果物

- ■ 作業パフォーマンス情報
- ■ コスト予測
- ■ 変更要求
- ■ プロジェクトマネジメント計画書 更新
  - ✓コスト・マネジメント計画書
  - ✓コスト・ベースライン
- ■ プロジェクト文書 更新
  - ✓見積りの根拠
  - ✓コスト見積り
  - ✓リスク登録簿

図12.7 「コストのコントロール」の主な情報源と成果物

このプロセスで参照する情報には、コストに関わる情報として、コスト・マネジメント計画書やプロジェクト資金要求事項があります。また、変更作業を規定する文書として、変更マネジメント計画書とコンフィギュレーション・マネジメント計画書があります。

そして、計画値を示すコスト・ベースラインやパフォーマンス測定ベースラインと、実績値を示す作業パフォーマンス・データを確認し、比較・分析します。

比較・分析した結果は、作業パフォーマンス情報としてまとめます。作業パフォーマンス情報には、計画値と実績値を比較して判断したワーク・パッケージやコントロール・アカウントのレベルでのコスト状況を記載します[4]。アーンド・バリュー分析や作業パフォーマンス・データにもとづいて、プロジェクトの今後のコストを予想した「コスト予測」も作成します。そして、その結果がコスト・マネジメント計画書に記載されているしきい値よりも大きい場合は、プロジェクトマネジメント計画書やコスト・ベースラインに対する変更要求を発行し、コストに関する是正措置をとります。

変更要求が承認された場合は、コスト・マネジメント計画書やコスト・ベースラインが更新されます。コスト・ベースラインを更新すると、新しい条件で再度コスト見積りを実施することになるので、見積りの根拠を更新するだけでなく、新しい条件でのリスクを識別する作業も必要となります。

12.3.4 リスクを監視する

最後に、「リスクの監視」を解説します。このプロセスでは、プロジェクトの計画段階で特定したリスクや、プロジェクトの実行段階で新たに発生するリスクを監視します。

リスクは、プロジェクトの計画段階で特定したものだけに注意を払えばよいというわけではありません。プロジェクトの実行段階では、プロジェクトを取り巻く環境の変化とともに、新しいリスクが発生している可能性があります。新しいリスクの発生に伴い、リスクの再査定行うべき状況は、たとえば、以下のようなケースが考えられます。

4　スケジュールのコントロールと同様に、コストのコントロールでも、計画値と実績値を比較・判断する際には、アーンド・バリュー分析を利用します。

【問題】

プロジェクト期間中の為替変動を最大で1%程度と考えていたが、すでに0.5%の変動が生じている。

【対策】

1%に達するリスクがあるかどうかだけでなく、最終的にどこまで変動するのかを見据えた新たなリスク分析を行う必要がある。

【問題】

欧州のA国でテロが発生したが、その時点でプロジェクトへの影響は出ていない。しかし、パートナー企業の工場があるB国でもテロが発生するリスクが生じている。

【対策】

B国でのテロ発生に伴うリスクを洗い出すとともに、テロが発生した場合に生じるプロジェクトへの影響を把握し、テロが起きたときの影響度を最小限に抑える方策を考えるといった、リスクの再査定を行う必要がある。

このプロセスで参照する情報には、プロジェクトの現状を示す作業パフォーマンス・データや作業パフォーマンス報告書があります（**図12.8**）。また、特定済みのリスクと、その全体的な傾向を説明したリスク登録簿やリスク報告書も参照します。リスク・マネジメント計画書には、リスクをいつ、どのように見直すべきかについての指針が規定されています。

これらの情報を分析することにより、計画段階で設定したリスク対応策や、特定した個別のリスクについて、状況の変化が起きていないかを判断します。さらに、プロジェクト全体のリスクレベルに変化はないか、新たなリスクは発生していないか、といった点についても確認を行います。

こうしたリスク再査定の作業は、2週間に1度や、1か月に1度のように、定期的に実施します。さらに、新たなリスクが発生した場合などは、臨機応変に対応する必要があります。

リスク再査定を含むリスク・マネジメントの実施状況は、作業パフォーマンス情報にまとめるとともに、リスク登録簿やリスク報告書も更新します。また、プロジェクト全体のリスクレベルの変化や個別のリスクの状況に応じて変更要求を発行し、リスクへの対処を求めます。変更要求が承認された場合は、関連するプロジェクトマネジメント計画書が更新されます。

「リスクの監視」の主な情報源

- ■ プロジェクトマネジメント計画書
  - ✓ リスク・マネジメント計画書
- ■ プロジェクト文書
  - ✓ リスク登録簿
  - ✓ リスク報告書
- ■ 作業パフォーマンス・データ
- ■ 作業パフォーマンス報告書

「リスクの監視」の主な成果物

- ■ 作業パフォーマンス情報
- ■ 変更要求
- ■ プロジェクトマネジメント計画書 更新
  - ✓ すべてのマネジメント計画書
- ■ プロジェクト文書 更新
  - ✓ リスク登録簿
  - ✓ リスク報告書

図12.8 「リスクの監視」の主な情報源と成果物

(1) リスクの監視とコンティンジェンシー予備

リスク・マネジメントの計画段階では、スケジュールとコストに対してコンティンジェンシー予備を設定し、リスクが顕在化した場合に対応するためのバッファを用意します（第10章参照）。

コンティンジェンシー予備は、リスクが顕在化した際に消費されます。しかし、プロジェクト実行中に当該リスクが顕在化しないと判断できたら、そのリスクに対応するコンティンジェンシー予備は使われないことになります。そのため、リスク再査定を行う際には、その都度コンティンジェンシー予備の必要性についても再確認を行い、必要に応じて更新する必要があります。

また、リスク再査定により新たなリスクが特定された場合、残っているコンティンジェンシー予備がそのリスクに対して十分なものであるかどうかを再査定する必要があります。

12.4 アーンド・バリュー分析と進捗状況の確認

ここでは、PMBOKのプロセスから離れ、進捗状況を確認する手法の1つである「アーンド・バリュー分析」について解説します。

12.4.1 進捗状況を確認する

アーンド・バリュー分析の説明に入る前に、まずは次の例題について考えてみましょう。

【例題】計画よりも早く完了したプロジェクト

- 4人で30日かかると見積ったプロジェクトがあります。
- そのプロジェクトをメンバー4人のチームで作業を開始しました。
- 予定していたプロジェクト期間の3分の1に当たる10日目に、プロジェクトに投入した工数（労働時間）を確認し、予定と実績をグラフにまとめて比較しました（**図12.9**）。
- 図に示したように、10日目（図中の「実績測定」時点）には、工数の実績（実績値を表す曲線）は、予定（計画値を表す曲線）の約2倍になっていました。
- その後プロジェクトは、計画より7日早く（図中の「完了（実績）」時点）完了しました。

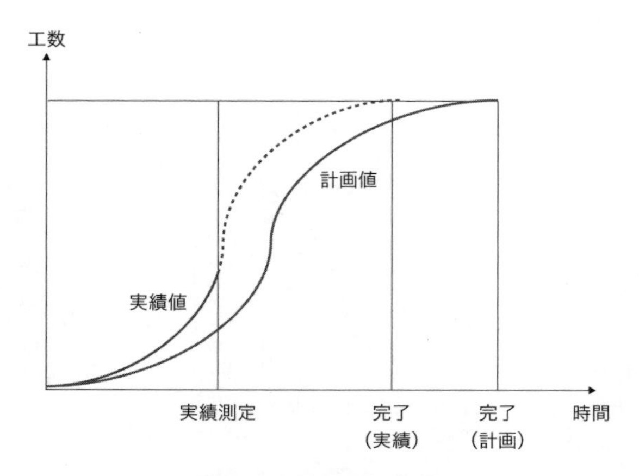

図12.9　進捗状況を確認する例題

【問題】

「実績測定」時点で、プロジェクトはどのような状況だったと考えられますか。
工数の実績値が計画値より多かった理由を考えてください。

工数の実績値が計画値を上回るということは、単純に考えると、工数が予算をオーバーしていることを意味します。そのため、プロジェクトの状況が悪くなっていると考えがちです。

しかし、プロジェクトの進捗状況が好調で、予定よりも早く進んでいる状況を想像してみてください。その場合は、計画時点よりも多くの作業が実施されているため、工数の実績値が計画値を上回っていても、おかしくはありません。

例題で示したプロジェクトでは、作業が計画を上回るペースで進んでいたため、実績測定の時点では、工数の発生状況は計画値を上回っていました。そして、その後も作業は順調に進み、計画よりも7日間早く完了したわけです。

では、ここでもう一度考えてみましょう。「実績測定の時点で作業が計画よりも進んでいて、そのまま順調に進めば、予定よりも早く完了できる可能性が高い」ということを知るためには、工数の実績以外にどのような情報が必要になるでしょうか。その答えとなるのが、「アーンド・バリュー」です。

アーンド・バリューの日本語訳は「出来高（できだか）」です。出来高とは、「実施した作業によって仕上がった量」のことです。

「出来高払い」という言葉をご存じでしょうか。一般的なオフィス業務などでは、時間単価に労働時間をかけて賃金の計算を行います。一方出来高払いでは、労働時間ではなく、完成した成果物（製品）の数量によって賃金を支払います。

12.4.2 アーンド・バリュー分析

アーンド・バリュー分析とは、上述したアーンド・バリュー（出来高）の進捗状況を把握する指標として利用し、プロジェクトの進捗状況を定量的・客観的に把握しようとするアプローチです。

基本的な考え方は、米国国防総省で1960年代の後半に開発されました。その後、1990年代になって改訂され、1998年に米国規格（ANSI）となっています。

アーンド・バリュー分析では、次の3つの値を使って、プロジェクトの進捗状況を確認します。

・出来高計画値（PV：Planned Value）
ある時点までに完了していなければならない出来高の計画値。スケジュールや予算に対応する。横軸に時間、縦軸に工数を取ったグラフ上にPVをプロットすると、横軸方向がスケジュール・ベースライン、縦軸方向がコスト・ベースラインを表すことになる。

・出来高実績値（EV：Earned Value）
ある時点までに実際に完了した出来高。計画値（PV）と実績値（EV）を比較することで、プロジェクトの進捗状況が確認できる。PVとEVを同じグラフにプロットした場合、PVよりも下にEVがプロットされると、計画よりも遅れていることを示している。逆に、PVよりも上にEVがプロットされると、計画を上回る進捗状況であることを示す。

・投入実績値（AC：Actual Cost）
ある時点までに実際に実施された作業量。PVとVEを同じグラフにプロットした場合、PVよりも上にACがプロットされると、予算をオーバーしていることを示す。逆に、PVよりも下にACがプロットされると、予算内に収まっていることを示している。

図12.10は、あるプロジェクトの進捗状況をアーンド・バリュー分析で示したものです。「実績測定」の時点で、出来高計画値（Planned Value）として示した線よりも下に出来高実績値（Earned Value）として示した線があり、計画よりも遅れていることを示しています。一方、出来高計画値の線よりも上に投入実績値（Actual Cost）として示した線があり、予算をオーバーしていることを示しています。プロジェクトが完了するまでのEVとACを予測して、PVとともに図に描くことにより、予測されるスケジュールの遅れと工数の増加を知ることができます。

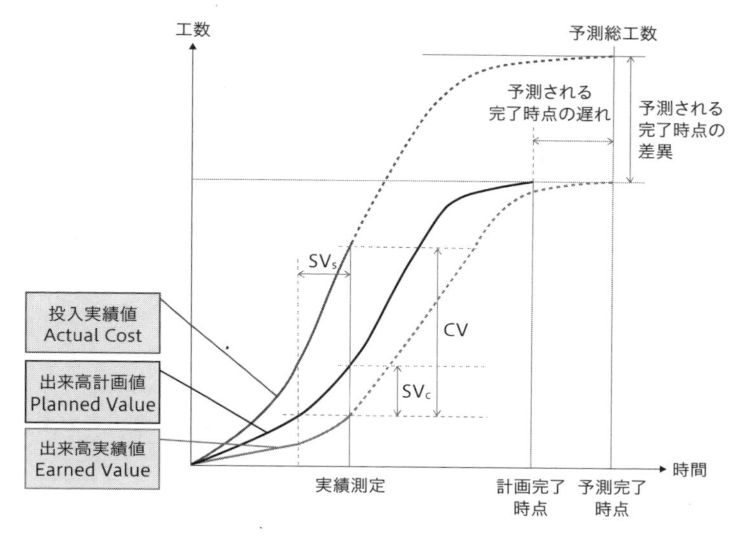

図12.10　アーンド・バリュー分析の図

次に、アーンド・バリュー分析で使われる用語をいくつか紹介しておきます。アーンド・バリュー分析では、プロジェクトの現状、および完了時点の状況を予測する指標を数多く用意しています。そのため、プロジェクトの進捗状況を客観的に理解するのに活用できます。

・スケジュール差異（SV：Schedule Variance）

出来高計画値（PV）と出来高実績値（EV）の差のこと。プロジェクトの進捗がスケジュール・ベースラインと比較して、どのようになっているのかを示す指標。

$$SV = EV - PV$$

SVが正の値であれば、計画よりも前倒しで作業が進んでいることを示す。一方、負の値であれば、計画から遅れていることを示す。

図12.10では、SVとしてSV_cとSV_sの2種類を示している[5]。SV_cは工数上のスケジュール差異、SV_sは時間上のスケジュール差異を表している。

・コスト差異（CV：Cost Variance）
出来高実績値と投入実績値の差のこと。成果物を作成するために計画していた工数と、実際にかかった工数の差を示す指標。

$$CV = EV - AC$$

CVが正の値であれば、計画よりも少ない工数で作業が実施されたことを示す。一方、負の値であれば、計画よりも多くの工数を費やしたことを示している。

・スケジュール効率指数（SPI：Schedule Performance Index）
計画値に対して、実際の作業がどれくらい効率的に実施できたかを示す指標。

$$SPI = EV \,/\, PV$$

SPIが1.0を超えると、計画よりも効率よく作業が実施できていることを示している。

・コスト効率指標（CPI：Cost Performance Index）
実際に費やした工数が、どれくらい効率的に成果物の完成に寄与したかを示す指標。

$$CPI = EV \,/\, AC$$

CPIが1.0を超えると、計画よりも少ない工数で、効率的に作業が実施されていることを示している。

5　SV_cとSV_sの添え字のcとsは、本書で説明するために便宜上付けたものです。通常はこの2つを区別せずに、単にSVとしているケースが多いようです。

12.5 演習

第12章では、実績を管理し、コントロールする方法について学びました。プロジェクトを適切に遂行するには、常に遂行状態を監視・管理し、不備があればなんらかのコントロールで適正な状態に修正することが必要です。

12.5.1 実績測定ツールを使ってみよう

プロジェクトの実績を測定し、適正に管理するためには、プロジェクト管理ツールを使うべきです。ごく小規模なプロジェクトであれば、表計算ソフトやテキストファイルでメモ書きする程度でも管理できるかもしれません。しかし、多少なりとも規模が大きくなれば、それらの流用ではなく、プロジェクト管理専用のソフトウェアを使わないと、整合性のとれた管理を実現できません。

プロジェクトの実績を測定して管理するツール（プロジェクト管理ツール）にはさまざまなものがありますが、オープンソース・ソフトウェアのRedmine[6]というツールは比較的簡単に試してみることができます。本書の付録に、Redmineの使い方を示します。

12.5.2 暗黙知と形式知に分類してみよう

知識のあり方として、暗黙知と形式知という違いがあるということを説明しました。身近な知識を題材として、それは暗黙知なのか、形式知なのかを表にまとめてみましょう。**表12.1**に、一部、サンプルを入れた分類例を示します。

6 https://www.redmine.org/

表 12.1　暗黙知と形式知

暗黙知	・一子相伝の護身術 ・秘伝のたれの成分 （その他、暗黙知と思う知識の例を書き込んでいこう）
形式知	・ハンバーガーチェーンの接客マニュアル ・プロジェクトで得られた知見をデータベース化したもの （その他、形式知と思う知識の例を書き込んでいこう）

第13章

コミュニケーションとステークホルダー

この章では、プロジェクトにおけるコミュニケーションとステークホルダーの管理方法について解説します。

プロジェクトでは、計画段階でスコープやスケジュールといったプロジェクトの進め方が定められますが、それに従って黙々と作業をすれば成功裏にプロジェクトを完了できるでしょうか。実際にプロジェクトを実施してみるとすぐに気づくと思いますが、プロジェクト遂行中には進捗確認や課題検討など、多くの場面でプロジェクト・メンバーが会話（コミュニケーション）を行い、調整する作業が必要となります。また、ステークホルダーに進捗状況を説明したり、要求事項が途中で変わっていないかを確認する必要もあります。

コミュニケーション管理やステークホルダー管理が不十分だった場合、プロジェクトの終盤になって成果物が仕様（スコープ）と合致していなかったり、スコープがステークホルダーの要求事項と合致していなかったりといった事態に陥いる可能性があります。その結果、スケジュール遅延やコスト超過となり、目的を達せられずにプロジェクトが中止に追い込まれることも考えられます。

本章では、PMBOKの知識エリアである「プロジェクト・コミュニケーション・マネジメント」の計画プロセス群に含まれる「コミュニケーション・マネジメントの計画」、実行プロセス群の「コミュニケーションのマネジメント」、監視・コントロール・プロセス群の「コミュニケーションの監視」の3つのプロセスを前半で解説します。そして、「プロジェクト・ステークホルダー・マネジメント」の計画プロセス群に含まれる「ステークホルダー・エンゲージメントの計画」、実行プロセス群の「ステークホルダー・エンゲージメントのマネジメント」、監視・コントロール・プロセス群の「ステークホルダー・エンゲージメントの監視」の3つについて、後半で解説します。

本章で解説する項目は次の通りです。

- 13.1 コミュニケーション・マネジメントの重要性
- 13.2 コミュニケーション・マネジメントの計画
- 13.3 コミュニケーションのマネジメント
- 13.4 コミュニケーションの監視
- 13.5 ステークホルダー・マネジメントの重要性
- 13.6 ステークホルダー・エンゲージメントの計画
- 13.7 ステークホルダー・エンゲージメントのマネジメント
- 13.8 ステークホルダー・エンゲージメントの監視

13.1 コミュニケーション・マネジメントの重要性

「プロジェクト・コミュニケーション・マネジメント」で定める3つのプロセスの目的は、プロジェクトの遂行に必要な情報を、プロジェクト・メンバーを含むステークホルダーに正確に届けることです。そのためには、ステークホルダーごとに適切な手段や形式を用いて、必要な情報を正確に、過不足なく届けることが重要です。

ステークホルダーに伝達された情報が不正確だったり、不足していた場合にはどのようなことが起きるでしょうか。プロジェクト・メンバーに間違った情報が届けられた場合は、その情報にもとづいてスコープと合致しない成果物が作成されてしまいます。また、プロジェクトの状況に関して不正確な情報が届けられた場合には、スケジュール遅延などのリスク発現の予兆を見逃してしまうかもしれません。

一方、ステークホルダーに伝達された情報が過剰だった場合はどうでしょう。プロジェクト・メンバーが参加する定例会議やレビュー会議に大量の情報がもち込まれると、それらを確認するだけで非常に多くの時間が費やされてしまいます。

また、意思決定をする立場のステークホルダーに大量の資料を渡しても、確認して意思決定するのが遅れたり、読まれずに肝心の情報が見逃される可能性もあります。

こうしたことを防ぐためには、コミュニケーションの方法を適切に決めておくことが大切です。定例会議を行う場合も、その方法（常に対面で行うか）や頻度（週1回必要か）、参加メンバー（全員参加する必要があるか）を定めることで、効率的・効果的な会議運営が実現できます。また、情報伝達の手段（電子ファイルの送付で十分か）や形式（定型フォーマットを定めるか）を決めておくことも重要です。

13.2 コミュニケーション・マネジメントの計画

まずは、「プロジェクト・コミュニケーション・マネジメント」の計画プロセス群に含まれる「コミュニケーション・マネジメントの計画」から解説します。このプロセスは、プロジェクトでのコミュニケーションをどのように実施するのかを定めることが目的です。

プロジェクトに対する要求事項や、ステークホルダーやプロジェクト・メンバーの特徴にもとづき、コミュニケーションの頻度や手段を定めた「コミュニケーション・マネジメント計画書」を作成します。

13.2.1 コミュニケーション・マネジメント計画書を作る

コミュニケーション・マネジメント計画書を作成するためには、プロジェクトに参加するステークホルダーを「ステークホルダー登録簿」で確認します（**図13.1**）。その上で、プロジェクト・メンバーに関するマネジメント計画書（資源マネジメント計画書）、およびステークホルダーに関するマネジメント計画書（ステークホルダー・エンゲージメント計画書[1]）を確認し、どのように取り扱うべきかを検討します。

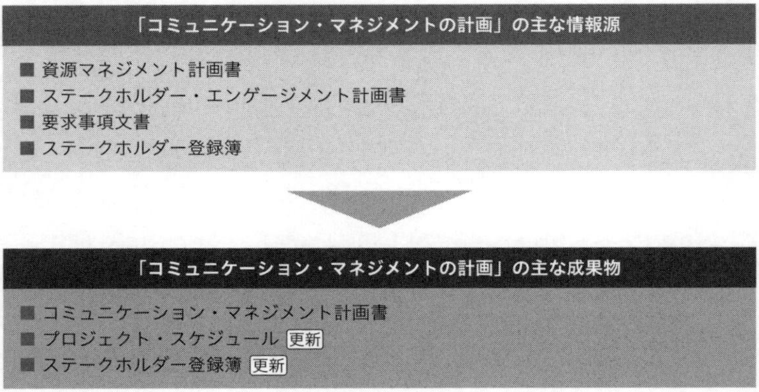

「コミュニケーション・マネジメントの計画」の主な情報源

- 資源マネジメント計画書
- ステークホルダー・エンゲージメント計画書
- 要求事項文書
- ステークホルダー登録簿

「コミュニケーション・マネジメントの計画」の主な成果物

- コミュニケーション・マネジメント計画書
- プロジェクト・スケジュール 更新
- ステークホルダー登録簿 更新

図13.1 「コミュニケーション・マネジメントの計画」の主な情報源と成果物

1 「ステークホルダー・エンゲージメント計画書」は、本章の「13.6 ステークホルダー・エンゲージメントの計画」で説明します。

プロジェクトにおけるコミュニケーションに関する要求事項や制約事項は「要求事項文書」に記載されている場合があるため、そちらも注意深く確認しておきましょう。たとえば契約書に添付される仕様書に、「定例会議を1か月に1度程度開催すること」「中間報告を○月○日までに行うこと」などが記載されている場合、その要求にもとづいたコミュニケーションの計画を立てる必要があります。

コミュニケーション・マネジメント計画書には、できるだけ多くのコミュニケーションに関する取り決めを記載します（**表13.1**）。とくに、情報の詳細度と書式や、どのような情報を、誰が誰に対して、いつ連絡すべきかを定めておかないと、多くの問題を引き起こしかねません。これらについては次節で詳細に説明します。

表 13.1　コミュニケーション・マネジメント計画書に記載する内容の例

・ステークホルダーのコミュニケーションに関する要求事項
・伝達すべき情報の言語、書式、内容、詳細度
・エスカレーションが必要な場合の条件やプロセス
・情報を配布するタイミングと頻度
・情報を伝達する責任者
・情報を受信するステークホルダー
・コミュニケーション活動に割り当てる資源（ヒト、モノ）

コミュニケーション・マネジメント計画書を作成する過程で、コミュニケーション活動に割り当てる資源（ヒト、モノ）を明確にしておくことも重要です。とくに、遠隔地にいるステークホルダーとの定例会議を対面で行うことを決めたのであれば、人が移動する時間も含めて必要な資源を確保しておく必要があります。

また、コミュニケーション・マネジメント計画書を作成した際に、プロジェクト全体のスケジュールに影響を与えるような決定が必要になることもあります。定例会議やフェーズごとの報告会などをタイムリーに実施するために作業の順序を入れ替えたり、一部の成果物の完成を早める必要が生じることもよく起きます。特定のステークホルダーに対するコミュニケーション上の留意点などが見つかった場合は、ステークホルダー登録簿にその旨を記載して更新します。

13.2.2 コミュニケーション・マネジメントの計画の勘どころ

コミュニケーション・マネジメント計画書には、プロジェクトにおけるコミュニケーションに関するさまざまな取り決めが記載されます。ここでは、とくに注意すべきポイントを説明します。

(1) 情報の詳細度と書式

コミュニケーションでいちばん重要なポイントは、状況に応じて情報量を適切に保つことです。たとえば、時間の限られた会議にも関わらず、1つの話題だけを詳細に説明しすぎて、残りの話題の時間が足りなくなるといったことがよく起こります。時間が限られているのであれば、その時間内で簡潔に説明できるまで情報量を絞ることが求められます。また、トラブルなどが発生した緊急対応時にも、できるだけ簡潔な情報提供を心掛けましょう。最初の1ページを読むだけで概要が理解できるように工夫することなどが必要になります。

定型フォーマットを利用すると、必要な情報を短時間に伝えることができるようになります。組織内で決済を取るための「稟議書」などはその典型例です。定型フォーマットの文書を作るのは時として煩雑で時間がかかりますが、その情報を受け取る立場になると、短時間で必要な情報が確認できる便利なツールといえます。

コミュニケーション・マネジメント計画書でも、さまざまな情報をどの粒度（ボリューム）で、どの形式で、作成・配布すべきかを定めておくことが求められます。

(2) どのような情報を誰が誰に対していつ連絡すべきか

プロジェクトで生成される情報は非常に多岐にわたり、その重要度も千差万別です。プロジェクト全体に関わる情報であれば、すべてのステークホルダーとプロジェクト・メンバーが知っておくべきです。一方、プロジェクト内の特定の作業や成果物に関する情報であれば、それに関与するステークホルダーやプロジェクト・メンバーのみが知っていれば十分です。

プロジェクトで定例会議を開催する場合、すべての情報伝達を定例会議で行おうとしがちです。しかし、多くのプロジェクト・メンバーが参加する定例会議で些末な情報まで伝達するようにすると、会議時間が長引くとともに、自分に関係のない情報まで聞かされることになり、非効率になりかねません。また、緊急に検討すべき内容にもかかわらず、次回の定例会議開催まで待ってしまうことで、リスクが顕在化してしまう可能性もあります。定例会議と非定期な会議を組み合わせることで、コミュニケーションをタイムリーに実施することが肝要です。

さらに、情報伝達を主眼に置いたコミュニケーションについては、誰が誰に対して情報を伝達すべきかを明確に定めておくことも求められます。情報の種別ごとに報告担当者を定めることで、コミュニケーションにおける役割と責任をプロジェクト・メンバーに割り当てます。一方、報告を受けるべき「被報告者」を定めておくことも重要です。たとえば、単に定例会議で報告する内容だけを決めてしまうと、その定例会議の参加者ではないステークホルダーや、会議に欠席したステークホルダーに情報が伝達されないことにもなりかねません。情報の種別ごとに、どのステークホルダーを被報告者とすべきかを、コミュニケーション・マネジメント計画書に明記しておくことをお勧めします。

13.3 コミュニケーションのマネジメント

次に、実行プロセス群の「コミュニケーションのマネジメント」を解説します。このプロセスは、計画段階で定めたコミュニケーション・マネジメント計画書に従って、プロジェクトで生成した情報を配布することが目的です。ステークホルダーやプロジェクト・メンバー間のコミュニケーションを効率的かつ効果的にするために、適切な形態の「プロジェクト伝達事項」を成果物として作成します。

13.3.1 プロジェクト伝達事項を作る

プロジェクト伝達事項といわれても、漠然としすぎていてイメージが付きにくいかもしれません。定例会議やその他の非定期な会議を通じて、ステークホルダーに提供する情報を、ステークホルダーごとの要求に応じて個々の形式で取りまとめたものだと考えてください。

プロジェクト伝達事項を作成するためには、コミュニケーションやステークホルダーに関連する計画書（コミュニケーション・マネジメント計画書、資源マネジメント計画書、ステークホルダー・エンゲージメント計画書）を確認します（**図13.2**）。また、ステークホルダーの特徴や、このプロジェクトですでに得られている教訓を確認するために、ステークホルダー登録簿や教訓登録簿も確認しておきましょう。

ステークホルダーの主要な関心事項であるスケジュールの進捗状況については、「プロジェクト統合マネジメント」の「プロジェクト作業の監視・コントロール」プロセスで作成する「作業パフォーマンス報告書」を確認して、個々のステークホルダーに報告すべき内容を検討します。

主なプロジェクト伝達事項には、プロジェクトの最終目的である成果物の作成状況やスケジュールの進捗情報、コストの発生状況などを含めることが一般的です。また、作業パフォーマンス報告書の内容も、必要な詳細度に加工した上で伝達事項に含めることがあります。通常の報告書の形式のみならず、要点のみをまとめたプレゼンテーション資料の形式を用いることもあります。

プロジェクト伝達事項をステークホルダーに提供した際に、各種計画書が更新されることがあります。また、報告をより詳細に実施する必要が生じた場合には、追加の報告会を開催するなどのスケジュール上の変更が生じることもあります。

コミュニケーションを実施することで新たに見つかった教訓や課題があれば、それぞれ教訓登録簿や課題ログに記録します。

「コミュニケーションのマネジメント」の主な情報源

- コミュニケーション・マネジメント計画書
- 資源マネジメント計画書
- ステークホルダー・エンゲージメント計画書
- 作業パフォーマンス報告書
- ステークホルダー登録簿
- 教訓登録簿

「コミュニケーションのマネジメント」の主な成果物

- プロジェクト伝達事項
- コミュニケーション・マネジメント計画書 更新
- ステークホルダー・エンゲージメント計画書 更新
- プロジェクト・スケジュール 更新
- ステークホルダー登録簿 更新
- 教訓登録簿 更新
- 課題ログ 更新

図13.2 「コミュニケーションのマネジメント」の主な情報源と成果物

13.4 コミュニケーションの監視

次に、監視・コントロール・プロセス群の「コミュニケーションの監視」を解説します。このプロセスは、プロジェクトでステークホルダーなどに行われたコミュニケーションの状況を検証し、コミュニケーション上の問題や効率的でないコミュニケーション手段などがあれば、それを修正することが目的です。ステークホルダーに提示した「プロジェクト伝達事項」や、コミュニケーションに費やした時間などのデータから、コミュニケーションに伴う作業のパフォーマンス情報を取りまとめ、必要に応じて「変更要求」を提示します。

13.4.1 コミュニケーションのやり方を検証する

コミュニケーションのやり方を検証するためには、ステークホルダーに提示した各種成果物である「プロジェクト伝達事項」と、コミュニケーションに費やした時間などが記録された「作業パフォーマンス・データ」を確認します（**図13.3**）。また、コミュニケーションに関連した各種計画書（コミュニケーション・マネジメント計画書、資源マネジメント計画書、ステークホルダー・エンゲージメント計画書）と照らし合わせて、計画と実績を比較します。また、コミュニケーションに関連する教訓や課題があれば、それらも併せて検証の対象とします。

コミュニケーションがどのように行われたかの実態は「作業パフォーマンス情報」として取りまとめ、ステークホルダーに配布できるようにします。定例会議開催の予実管理や、プロジェクト伝達事項の各種資料を作成するために費やした時間の計画値との比較などを含めることで、非効率な会議や効果的でないコミュニケーション手段などが浮かび上がってきます。

検証の結果、参加者がほとんど同じだが個別に開催されている会議や、開催準備や移動に時間がかかっているが実質的な内容に乏しい会議などが見つかった場合は、それらの会議の頻度ややり方を変えるための「変更要求」を提出します。提出された変更要求は、ステークホルダーの承認を経て、実際にプロジェクトへの変更として反映されます。

また、検証結果を反映するために、各種計画書が更新されることもあります。ステークホルダーとのコミュニケーションを通じて、新たな教訓や課題が見つかることもあります。コミュニケーションに関する課題のうち、解決されたものがあればその結果も課題ログに反映します。

「コミュニケーションの監視」の主な情報源

- コミュニケーション・マネジメント計画書
- 資源マネジメント計画書
- ステークホルダー・エンゲージメント計画書
- プロジェクト伝達事項
- 作業パフォーマンス・データ
- 教訓登録簿
- 課題ログ

「コミュニケーションの監視」の主な成果物

- 作業パフォーマンス情報
- 変更要求
- コミュニケーション・マネジメント計画書 [更新]
- ステークホルダー・エンゲージメント計画書 [更新]
- ステークホルダー登録簿 [更新]
- 教訓登録簿 [更新]
- 課題ログ [更新]

図13.3 「コミュニケーションの監視」の主な情報源と成果物

13.5 ステークホルダー・マネジメントの重要性

「プロジェクト・ステークホルダー・マネジメント」で定める3つのプロセスの目的は、ステークホルダーのニーズや期待を把握し、ステークホルダーとの継続的なコミュニケーションを通じて、プロジェクトに対するステークホルダーの適切な関与を促すことです。そのためには、ステークホルダーごとに異なるニーズや期待を継続的・能動的に確認し、すべてのステークホルダーがプロジェクトの遂行の阻害要因にならないように工夫することが重要です。

プロジェクトを実施していると、担当者同士で合意したスコープが、プロジェクトの終盤になって上司に覆されることもよく起きます。これは、その上司を重要なステークホルダーとして位置づけておらず、プロジェクトへの適切な関与を促す努力を怠っていたことに起因すると考えられます。

一方、プロジェクトの遂行状況を過剰に気にするステークホルダーが、頻繁な進捗報告と課題への即時対応を求めるケースもあります。とくに、スケジュール遅延などのトラブルを抱えたプロジェクトではそうした傾向が強くなりがちです。しかし、その対応のためにプロジェクト・メンバーの多くのリソースが使われることで、さらなるスケジュール遅延が起きかねません。

また、ステークホルダーのニーズや期待は、常に変化するものと考えた方が安全です。とくにプロジェクト遂行期間が長い場合、社会情勢や組織の経営状況の変化などに起因して、ステークホルダーのニーズや期待は変わる可能性が高まります。組織変更や異動に伴って、ステークホルダーのキーパーソンが交代した場合にも、変化することがあります。

こうしたことを防ぐために、ステークホルダーの役割や責任に応じて、プロジェクトに適度に関与させるように仕向けることが必要になります。プロジェクト・ステークホルダー・マネジメントでは、その方法を計画し、プロジェクトの遂行期間中に継続的に実施することで、プロジェクト終了時点ですべてのステークホルダーのニーズや期待を満足させることを目指します。

13.6 ステークホルダー・エンゲージメントの計画

まずは、「プロジェクト・ステークホルダー・マネジメント」の計画プロセス群に含まれる「ステークホルダー・エンゲージメントの計画」から解説します。このプロセスは、プロジェクトを通じてすべてのステークホルダーを適切に関与させるための戦略を策定することが目的です。

ステークホルダーごとの特性や、プロジェクトで想定されるリスクや契約書などに記載された条件を勘案して、ステークホルダーに適切な関与を促す方法を定めた「ステークホルダー・エンゲージメント計画書」を作成します。

13.6.1 ステークホルダー・エンゲージメント計画書を作る

ステークホルダー・エンゲージメント計画書を作るためには、プロジェクトに参加するステークホルダーを「ステークホルダー登録簿」で確認します（**図13.4**）。加えて、コミュニケーションやプロジェクト・メンバーに関連するマネジメント計画書（コミュニケーション・マネジメント計画書、資源マネジメント計画書）を確認し、それらと整合性のとれた計画を策定します。

「ステークホルダー・エンゲージメントの計画」の主な情報源

- コミュニケーション・マネジメント計画書
- 資源マネジメント計画書
- ステークホルダー登録簿
- リスク登録簿
- 合意書

▼

「ステークホルダー・エンゲージメントの計画」の主な成果物

- ステークホルダー・エンゲージメント計画書

図13.4 「ステークホルダー・エンゲージメントの計画」の主な情報源と成果物

ステークホルダーに関連したリスクや契約書に記された条件を確認するために、「リスク登録簿」や「合意書」（契約書など）も確認します。

ステークホルダー・エンゲージメント計画書には、ステークホルダーの特性に応じた個々の対応方法が記載されます。とくに、ステークホルダーの「現在の関与度」と「望ましい関与度」については、「ステークホルダー関与度評価マトリックス」(次節で詳細に説明します）などを用いて記録します。

ステークホルダーとのコミュニケーションの方法についても、ステークホルダー・エンゲージメント計画書に記載します。ただし、同様の情報はコミュニケーション・マネジメント計画書にも記載していますので、矛盾なく一貫性がとれるようにする必要があります。

また、ステークホルダーのニーズと期待がプロジェクトの途中で変化した場合に、プロジェクトに大きな影響が出る可能性があることが想定されるのであれば、それも記載しておくことをお勧めします。

13.6.2 ステークホルダー関与度評価マトリックス

ステークホルダーのプロジェクトに対する関与度を整理・分析するためには、「ステークホルダー関与度評価マトリックス」を利用することをお勧めします。ステークホルダーの関与度を「不認識」「抵抗」「中立」「支持」「指導」の5つに分類して、ステークホルダーごとに「現在の状態（C)」と「望ましい状態（D)」を定めます（**表13.2**)。

たとえば、意思決定権をもつ重要なステークホルダー(表中のα氏）が現在「不認識」の状態であれば、プロジェクト遂行中の早い段階で「支持」の状態になってもらえるような働きかけをします。また、プロジェクトが対象とする分野の専門家（表中のβ氏）が現在「中立」の状態であれば、「指導」の状態になるように働きかけて、さまざまな助言をもらえるような状態にします。プロジェクトの発案者（表中のγ氏）は現在「支持」の状態なので、プロジェクトが終了するまでその状態を維持してもらえるように働きかけをします。

表13.2　ステークホルダー関与度評価マトリックスの例

ステークホルダー	ステークホルダーの関与度				
	不認識	抵抗	中立	支持	指導
α氏	C			D	
β氏			C		D
γ氏				CD	

凡例　C：現在の状態／D：望ましい状態

13.7 ステークホルダー・エンゲージメントのマネジメント

次に、実行プロセス群の「ステークホルダー・エンゲージメントのマネジメント」を解説します。このプロセスは、計画段階で定めたステークホルダー・エンゲージメント計画書に従って、ステークホルダーのニーズや期待を満足させることが目的です。そのために、ステークホルダーとコミュニケーションを行い、プロジェクトの途中で発生した課題や、ニーズや期待の変化に対処します。また、ステークホルダーのプロジェクトに対する関与が適切なものとなるように調整を行います。

13.7.1 ステークホルダーのニーズや期待の変化を確認する

ステークホルダーのニーズや期待の変化を確認するためには、ステークホルダーと積極的にコミュニケーションを行い、計画策定時から変化が無いかを分析します。そのために、ステークホルダーやコミュニケーションに関連する計画書（ステークホルダー・エンゲージメント計画書、コミュニケーション・マネジメント計画書）を確認します（**図13.5**）。

「ステークホルダー・エンゲージメントのマネジメント」の主な情報源

- ステークホルダー・エンゲージメント計画書
- コミュニケーション・マネジメント計画書
- ステークホルダー登録簿
- 教訓登録簿
- 課題ログ

「ステークホルダー・エンゲージメントのマネジメント」の主な成果物

- 変更要求
- ステークホルダー・エンゲージメント計画書 更新
- コミュニケーション・マネジメント計画書 更新
- ステークホルダー登録簿 更新
- 教訓登録簿 更新
- 課題ログ 更新

図13.5 「ステークホルダー・エンゲージメントのマネジメント」の主な情報源と成果物

また、ステークホルダーの特徴や、このプロジェクトですでに得られている教訓を確認するために、ステークホルダー登録簿や教訓登録簿も確認しておきましょう。さらに、ステークホルダーからすでに提示されている課題がないか、課題ログも確認します。

ステークホルダーのニーズや期待がプロジェクトの計画段階から変化があった場合、その内容をプロジェクトに反映すべきか否か検討します。検討の結果、反映すべきと判断した場合は、その内容を含めた「変更要求」を提出します。

また、ステークホルダーとのコミュニケーションの中で確認された教訓や課題を含めて、計画段階から変更された内容については、各種計画書や関連する文書を更新して反映します。

13.8 ステークホルダー・エンゲージメントの監視

次に、監視・コントロール・プロセス群の「ステークホルダー・エンゲージメントの監視」を解説します。このプロセスは、プロジェクトでステークホルダーへの対応の状況を検証して、不十分な対応や効率的・効果的でない対応などがあれば、それを修正することが目的です。ステークホルダーに提示した「プロジェクト伝達事項」や、ステークホルダーへの対応に費やした時間や現状の各ステークホルダーの関与度などのデータから、ステークホルダー対応に伴う作業のパフォーマンス情報を取りまとめ、必要に応じて「変更要求」を提示します。

13.8.1 ステークホルダー対応のやり方を検証する

ステークホルダー対応のやり方を検証するためには、ステークホルダーに提示した各種成果物である「プロジェクト伝達事項」と、ステークホルダー対応に費やした時間やその時点の各ステークホルダーの関与度などが記録された「作業パフォーマンス・データ」を確認します（**図13.6**）。

「ステークホルダー・エンゲージメントの監視」の主な情報源

- ステークホルダー・エンゲージメント計画書
- コミュニケーション・マネジメント計画書
- プロジェクト伝達事項
- 作業パフォーマンス・データ
- ステークホルダー登録簿
- リスク登録簿
- 課題ログ

「ステークホルダー・エンゲージメントの監視」の主な成果物

- 作業パフォーマンス情報
- 変更要求
- ステークホルダー・エンゲージメント計画書 更新
- コミュニケーション・マネジメント計画書 更新
- 資源マネジメント計画書 更新
- ステークホルダー登録簿 更新
- リスク登録簿 更新
- 課題ログ 更新

図13.6 「ステークホルダー・エンゲージメントの監視」の主な情報源と成果物

また、ステークホルダーに関連した各種計画書（ステークホルダー・エンゲージメント計画書、コミュニケーション・マネジメント計画書）と照らし合わせて、計画と実績を比較します。

また、ステークホルダーに関連するリスクや課題があれば、それらも併せて検証の対象とします。

ステークホルダー対応がどのように行われたかの実態は、「作業パフォーマンス情報」として取りまとめます。ステークホルダーとコミュニケーションを行った頻度や、その際に提示したプロジェクト伝達事項の各種資料を作成するために費やした時間の計画値との比較などを含めることで、個々のステークホルダー対応の効果や効率性が確認できるようになります。

計画段階で作成したステークホルダー関与度評価マトリックスを用いて、現時点での各ステークホルダーの関与度を再検証することもお勧めします。すべてのステークホルダーが「望ましい」状態になっていればよいのですが、そうでない場合は、そのステークホルダーに対する対応を強化した方がよいかもしれません。

検証の結果、計画通りに進んでいない対応が確認された場合、それを是正するために「課題ログ」に登録して、対応状況を監視する必要があります。また、計画通りに進めても効果が上がっていないのであれば、計画を見直して別の取り組みを行うことも含めて「変更要求」を提案した方がよいでしょう。

また、検証の過程で新たなリスクが確認された場合は、リスク登録簿を更新することで、そのリスクの発現を抑制する工夫をすべきでしょう。

13.9 演習

第13章では、ステークホルダーの取扱いとコミュニケーションのマネジメントについて学びました。すでに第4章の演習で、ステークホルダー分析をやりました。分析を行うことで、数多くいるステークホルダーに対する向き合い方を整理することができました。

この演習では、コミュニケーションについて、より考察を深めていくことにしましょう。コミュニケーションの重要性を理解し、身近なコミュニケーション手段の特徴と対象について、整理してみることにします。

13.9.1 コミュニケーションの重要性を確認しよう

子供のころに「伝言ゲーム」という遊びをしたことはありますか。伝言ゲームは大勢で遊ぶゲームです。人数としては20人～30人くらいいるとよいでしょう。

8人～10人を1組として、いくつかのグループを作ります。グループを1列として、グループの数だけ列を作ります。伝言ゲームのルールはいたってシンプルで、列の端から反対側まで、メッセージを伝えていくだけの単純なゲームです。伝えるべきメッセージは、あらかじめ紙に書いておきましょう。各グループで、最初の人だけが伝えるべきメッセージを見ることができます。そのメッセージを、順々に伝えていくというゲームです。

ただし、メッセージを伝える際に、そのメッセージをメモしてはいけません。また、メッセージを伝えるときには、先に並んでいる人に聞こえないように小声で伝えて、次の人だけに聞こえるようにしなければなりません。

メッセージは単純なもので構いませんが、少し長さがあるほうがよいでしょう。たとえば、次のようなメッセージを伝言するようにします。

「プロジェクトマネジメントの重要性は、しっかりとした計画を立てることだけでなく、適切な監視とコントロールを行うことにより、計画通り実行することです。また、必要に応じて計画を修正していくことで、最終的に目標を実現してプロジェクトを成功させることが大切です。そのために、PMBOKをはじめとするプロジェクトマネジメント体系が必要になるのです。」

さすがにこのくらいの長さのメッセージを1回聞いただけで丸暗記することは

難しいでしょう。そこが伝言ゲームの面白さです。メッセージを伝えていくに従い、ノイズが混じります。最後にメッセージの伝言を受けたゲームの参加者は、メッセージを紙に書き出します。最初に発信されたメッセージと比べて、どれだけ正確にメッセージを伝えることができたでしょうか。

途中に入る人間の数が増えれば増えるほど、メッセージは変化してしまうはずです。このことから、重要なメッセージは、直接コミュニケーションをとって連絡することの大切さがわかるはずです。情報はできるだけ一次情報にあたれ、という教訓も同じ理由です。伝聞を重ねるに従い、情報の不確かさは増えていくからです。

実際に伝言ゲームで遊んでみて、直接的なコミュニケーションの重要性を確かめてみるとよいでしょう。

13.9.2 身近なコミュニケーション手段の特徴を整理しよう

ICTが進化して、さまざまなコミュニケーション方法で意思疎通を図ることができるようになりました。時間と距離の制約も、いまやほとんどありません。地球規模でコミュニケーションをする際に、唯一まだ残されている障害になりそうな制約は「時差」くらいでしょうか。

そのような環境で、うまくコミュニケーションを行い、意思疎通を図るには、コミュニケーション手段の特徴を十分に理解し、適切な手段を選択できるコミュニケーションスキルが必要です。本演習では、身近なコミュニケーション手段の特徴を整理します。各コミュニケーション手段の特徴を理解し、適切に使い分けできるようになりましょう。

表13.3は、コミュニケーション手段とその特徴を整理するための表です。

左端の列には、思いつく限りのコミュニケーション手段を並べましょう。真ん中の列には、そのコミュニケーションは1対1なのか、それとも複数を相手にするのか、あるいは複数対複数なのかといったコミュニケーションの参加形態を記入します。右端の列は、そのコミュニケーションはリアルタイムに行われるものなのか、それともタイムラグがあるものなのかを記載しましょう。

表13.3には、途中まで整理した状態を示しています。これ以外にも多数のコミュニケーション手段があるでしょう。表13.3の空欄を埋めて表を完成させましょう。

表 13.3　コミュニケーション手段の特徴

コミュニケーション手段	参加者の形態	リアルタイムか否か
電話	1対1	リアルタイム
メール	1対1、1対複数	タイムラグあり
メーリングリスト	1対複数	タイムラグあり
SNS（メッセンジャー）	1対1、1対複数	タイムラグあり（ただし、リアルタイムで「既読」確認可能）
TV会議システム	複数対複数	リアルタイム
手紙		
対面の会議		
（以下、さまざまなコミュニケーション手段を挙げてみよう）		

13.9.3 コミュニケーション手段と対象を考えてみよう

次は、コミュニケーションの手段と対象について考えてみましょう。相手があってこそのコミュニケーションですので、相手が使えるコミュニケーション手段でなければ、そもそもコミュニケーションが成立しません。そのため、あなたも自然と相手に合わせたコミュニケーション手段を選択しているはずです。

表13.4は、コミュニケーション対象とそれに合わせた手段を列挙したものです。例として、友人とのコミュニケーションを挙げています。友人とは会って話すこと（対面のコミュニケーション）も多いでしょう。また、携帯電話で話したり、SNSなどを使ってメッセージのやり取りをしたりすることも多いはずです。その他のコミュニケーション対象についても考えてみましょう。

ところで、複数のコミュニケーション対象が共通のコミュニケーションを行わなければならないときに、共通の手段がないときはどうすればよいでしょう。このような表で整理することで、問題点を浮かび上がらせることができます。

表 13.4　コミュニケーションの対象と手段

コミュニケーション対象	コミュニケーション手段
例） 友人	例） 対面、電話（ケータイ）、SNS
家族	
先生	
同僚、上司	
顧客	
プロジェクト関係者	
（以下、さまざまなコミュニケーション対象と手段を挙げてみよう）	

第14章

成果物の品質管理

この章では、プロジェクトで作成する成果物の品質管理の方法について解説します。

プロジェクトでは、WBSの単位でさまざまな成果物が作成されます。成果物がすべて完成したときにプロジェクトが完了しますが、それらの成果物が不完全であればどうなるでしょう。スケジュールに余裕があれば、修正や作り直しを行うことで完成を目指しますが、余分な手間がかかるためにプロジェクトが赤字になってしまうかもしれません。スケジュールに余裕がなければ、プロジェクトは成果物が完成しないまま失敗に終わることもあります。

そうしたトラブルが起きないように、成果物を作成する過程で品質を確認し、最終的に十分な品質をもつよう、しっかりと管理することが重要になります。

本章では、PMBOK の知識エリアである「プロジェクト品質マネジメント」の計画プロセス群に含まれる「品質マネジメントの計画」、実行プロセス群の「品質のマネジメント」、監視・コントロール・プロセス群の「品質のコントロール」の3つのプロセスを前半で解説します。次に、「プロジェクト・スコープ・マネジメント」の監視・コントロール・プロセス群に含まれる「スコープの妥当性確認」を解説したあと、最後にソフトウェア開発における品質管理について説明します。

本章で解説する項目は次の通りです。

- 14.1 品質管理の重要性

・14.2 品質マネジメントの計画
・14.3 品質のマネジメント
・14.4 品質のコントロール
・14.5 スコープの妥当性確認
・14.6 ソフトウェア開発における品質管理

14.1 品質管理の重要性

成果物の品質管理を適切に行うことで、プロジェクトで作成する成果物の品質を高めるとともに、途中で修正したり作り直したりする手戻りを防ぐことができます。手戻りが多く発生すると、スケジュールやコストに影響が出るなど、プロジェクト全体に大きな影響が出かねません。一方、品質管理を過剰にやりすぎると、成果物の品質は確保できるものの、余計に時間やコストがかかって、プロジェクト全体がコスト高になってしまいます。PMBOKでは、そうしたプロジェクト全体への影響を最小限にすべく、品質管理に関するプロセスが定められています。

14.1.1 品質管理における6つのポイント

品質管理を行う上で、PMBOKでは6つの重要点を示しています。ここではその概要を解説します。

(1) 顧客満足

まず挙げられているのが、「顧客満足」です。これは、自分たちで決めた品質水準を満たせばよいというわけではなく、顧客（ステークホルダー）が期待する品質を目指すことを示唆しています。そのためには、顧客がどのような品質を要求しているのかを理解することが第一です。また、顧客の要求はプロジェクト遂行中に変化することも考えられるため、要求が変化した場合にはそれを満たすべく、成果物の目標を調整します。万が一、顧客が無理な要求をしてきた場合には、交渉などを行うことで実現可能な要求に調整することも必要です。

(2) 検査よりも予防

成果物を作成したものの、検査の結果欠陥が見つかれば、それを直さなければなりません。軽微な欠陥であれば少ない工数で修正できますが、大規模な欠陥が見つかるとゼロから作り直す必要がある場合もあり、プロジェクトとしては大きな損失です。

成果物を作り終えてから検査で欠陥が明らかになって修正するコストよりも、成果物を作成する過程で予防するコストの方が、はるかに少ないことが一般的です。PMBOKでは、成果物の作成過程で適切に予防するための方法が多数示されています。

(3) 継続的改善

計画時点で決められた手順で淡々と品質管理を行うだけでは、不十分な場合があります。想定していなかったプロジェクトの特性や、顧客の新たな要求などに適用するためには、品質管理の方法を継続的に改善する必要があります。プロジェクトマネジメントのさまざまなプロセスでPDCAサイクルが使われますが、品質管理も例外ではありません。

(4) 経営者の責任

品質管理の活動には、プロジェクト・メンバーが総力を挙げて対応するのは当然ですが、経営者のコミットメントも欠かせません。順調に遂行しているプロジェクトであれば経営者が登場するまでもありません。しかし、大きな欠陥が見つかり、プロジェクトの遂行が困難となったときには、トラブル解決に必要となる資源を提供する決断を経営者に求めなければなりません。この際に、経営者が他人事のようにプロジェクト・チームを責めるのではなく、自らがプロジェクトの一員として積極的に取り組む姿勢が求められます。

14

成果物の品質管理

(5) 品質コスト

品質を確保するためには、一定のコストがかかることを認識する必要があります。そのコストは「品質コスト（COQ：Cost of Quality）」と呼ばれます。品質コストには、プロジェクトの中で品質を確保するために予防的に実施した作業や、欠陥が見つかったときにそれを修正する作業などのコストが含まれます。また、プロジェクト終了後に成果物に欠陥が見つかった際の、修理対応、返品対応、欠陥に伴う保証、リコール対応、などのコストも品質コストに含まれます。品質コストに関しては、のちほど詳しく解説します。

(6) サプライヤーとの互恵的なパートナーシップ

成果物の品質を確保するためには、サプライヤー（調達先）との関係も重要です。たとえばソフトウェア開発を外部に委託した際に、プロジェクトの都合を優先して無理なスケジュールやコストを強要した場合、開発されたソフトウェアの品質が低下することもよく起こります。PMBOKでも、サプライヤーに無理を強いるのではなく、互恵的な関係を築くことが重要だと指摘しています。サプライヤーと対等な立場で、Win-Winな関係を築くことで、顧客にとって価値のある成果物を作成する体制が強化できます。

14.1.2 プロジェクト品質マネジメント

成果物の品質を確保するために、PMBOKでは計画段階から最終的に成果物が完成するまで、標準化された手順で進める方法を提供しています。

本章の冒頭でも説明した通り、PMBOKの知識エリアである「プロジェクト品質マネジメント」には、「品質マネジメントの計画」「品質のマネジメント」「品質のコントロール」の3つのプロセスが含まれます。また、「プロジェクト・スコープ・マネジメント」には、成果物が目的としていたスコープを満たしていることを確認する「スコープ妥当性確認」のプロセスが含まれます。これらのプロセスを介して、成果物の品質を確保していきます。

14.2 品質マネジメントの計画

まずは、計画プロセス群の「品質マネジメントの計画」から解説します。このプロセスは、プロジェクトで作成する成果物の品質をどの水準にするのかを定めて、それを実現するための方法を決めることが目的です。

プロジェクトの特性やプロジェクトで作成すべき成果物の内容などにもとづき、品質管理のやり方を定めた「品質マネジメント計画書」を作成し、成果物の品質水準を定めた「品質尺度」を用意します。

14.2.1 品質マネジメント計画書を作る

品質マネジメント計画書を作成するためには、まずプロジェクトで作成すべき成果物を確認することが必要です。成果物はWBSで細分化されたワーク・パッケージ（作業）（第7章参照）に紐づいています。そのため、「スコープ・マネジメントの計画」プロセスで作成した「スコープ・ベースライン」で作業と成果物の関係を確認し、その成果物がどのように作成されるのかを分析します（**図14.1**）。成果物の中には、その品質が利益に大きく影響を与えたり、あるいは事故や人命に結び付く性質のものもあります。そうした成果物の性質に応じて、品質水準を定めていくことになります。

「品質マネジメントの計画」の主な情報源

- ■ プロジェクトマネジメント計画書
  - ✓ステークホルダー・エンゲージメント計画書
  - ✓スコープ・ベースライン
- ■ 組織体の環境要因
- ■ 組織のプロセス資産

「品質マネジメントの計画」の主な成果物

- ■ 品質マネジメント計画書
- ■ 品質尺度
- ■ リスク・マネジメント計画書 更新
- ■ リスク登録簿 更新
- ■ ステークホルダー登録簿 更新

図14.1 「品質マネジメントの計画」の主な情報源と成果物

成果物に求める品質水準には、ステークホルダーの要求も大きな影響を与えます。作成する成果物の一般的な性質としてはそれほど品質水準が高くないものでも、特定のステークホルダーが高い品質水準を求める場合には、それを達成するべく、品質確保の方法を検討する必要があります。

また、ステークホルダーの一部になりますが、組織体の環境要因についても留意が必要です。たとえば、直近に製品の品質に関連するトラブル（製品リコールなど）が発生してしまった組織の場合、通常以上に慎重に品質管理を行う必要が生じます。さらに、多くの組織では、品質を確保するために定められたプロセス（中間レビューや成果物検査の実施方法など）があるため、そうしたプロセスも取り入れる必要があります。

品質マネジメント計画書には、成果物の品質を確保するための具体的な方法を記述します。そこには、上述した組織で定められた標準的なプロセスに加えて、プロジェクト独自の取り組みを含めます。品質マネジメント計画書には、品質管理のための活動を実施する頻度やタイミング、対応するメンバーの役割と責任、なども記述します。

品質尺度も重要です。成果物の品質と一口にいっても定量化することが難しい場合が多く、仮に定量化されたとしても、その高低は人によって異なります。そのため、客観的に判断できる品質尺度を定めることが重要です。品質尺度については、あとの節で詳しく解説します。

品質マネジメント計画書を作る過程で、あらたなリスクや、見逃していたステークホルダーの要求事項が発見されることもあります。それらが発見されたときには、「リスク・マネジメント計画書」「リスク登録簿」「ステークホルダー登録簿」などを忘れずに更新し、品質マネジメント計画書と食い違いが出ないようにすることが必要です。

14.2.2 品質コスト

品質コストには、さまざまな種類があります。大きく分けると、欠陥を回避するために支出する「適合コスト」と、不良の発生によって支出を余儀なくされた「不適合コスト」の2つがあります（**表14.1**）。

適合コストには、欠陥を出さないように予防的に対処するための「予防コスト」と、欠陥がないことを確認するための「評価コスト」があります。予防コストには成果物を作成するメンバーを教育したり、成果物作成時に使用する機器や作業時間が該当します。予防コストをかけすぎると、プロジェクト全体の収支にも影響を与えます。逆に不足すると成果物に欠陥が生じる可能性が高まるため、適度な費用をかけることが大切です。また、評価コストには、成果物に欠陥がなく、目指すべき品質を満足していることを検査するためのさまざまなコストが含まれます。評価コストも予防コストと同様に、適切なコストをかけて検査をする必要があります。

不適合コストには、プロジェクト期間中に見つかった不良に対処するための「内部不具合コスト」と、プロジェクト期間後に見つかった場合の「外部不具合コスト」があります。内部不具合コストは、軽微な不良であればそれを手直しするコストになりますが、重大な不良であれば成果物を廃棄して一から作り直すコストになります。外部不具合コストには、リリースした製品に対する返品対応や、場合によっては損害賠償などの費用が含まれます。また、そうした不良を出したことが公になり、組織の信用失墜によって間接的に生まれた損失も外部不具合コストとみなせます。

品質コストを考える際には、適合コストを適切にかけることで、不適合コストの発生をできるだけ抑制することを大前提に考えることが重要です。

表 14.1　品質コスト（適合コストと不適合コスト）

適合コスト 欠陥を回避するためにプロジェクト期間中に支出する金額	**不適合コスト** 不良によりプロジェクト期間中および期間後に支出する金額
■ 予防コスト ✓メンバーのトレーニング ✓文書化 ✓品質を高める機器、など ✓間違いなく作業するためにかかる時間	■ 内部不具合コスト ✓不良品の手直し ✓不良品の廃棄と再作成
■ 評価コスト ✓成果物作成中の性能試験 ✓破壊試験による成果物の損失 ✓成果物完成時の検査	■ 外部不具合コスト ✓契約書等にもとづく法的責任（損害賠償、など） ✓製品保証に伴う作業（返品、交換、など） ✓契約破棄、信用失墜、ビジネスの衰退、など

14.2.3 品質尺度

品質尺度とは、成果物の品質を定量的に表すものです。

品質尺度の代表例として、「稼働率」があります。稼働率は、サーバ機器やクラウドサービスなどが、どれくらい無停止で稼働し続けるのかを示す「継続性」の尺度としてよく使われます。たとえば、稼働率99.99%のクラウドサービスであれば、月間4分程度の停止時間があり得ると考える必要があります。稼働率の計算には、「平均故障間隔（MTBF）」と「平均復旧時間（MTTR）」が使われますが、それぞれシステムの安定性や保全性を示す指標とする、品質尺度として使われることがあります（**表14.2**）。

また、ソフトウェア開発プロジェクトで作成したプログラムの試験の際に用いられる品質尺度には、テストケース密度や検出バグ密度などがあります。

プロジェクトで開発するシステムの稼働率を品質尺度とする場合、どのような値に設定するのかは、そのシステムの性質に依存します。IPA（情報処理推進機構）が公開している「非機能要求グレード2018　システム基盤の非機能要求に関するグレード表」[1]においては、「社会的影響がほとんど無いシステム」であれば稼働率99%、「社会的影響が極めて大きいシステム」であれば稼働率99.999%、と例示しています。このように、稼働率を含めた品質尺度は、その対象とする成果物の性質に応じて適切に設定することが重要です。

表14.2　品質尺度の例（稼働率）

■ 平均故障間隔（MTBF：Mean Time Between Failures）
- ✓システムが故障するまでの時間の平均値
- ✓安定性の指標

■ 平均復旧時間（MTTR：Mean Time To Repair）
- ✓故障したシステムが復旧するまでに要する時間の平均値
- ✓保全性の指標

■ 稼働率＝MTBF÷（MTBF＋MTTR）
- ✓期間中にシステムが停止できる時間
- ✓継続性の指標
- ✓稼働率99.99%のシステムは1か月に約4分停止できるが、稼働率99.999%のシステムは1か月に約26秒しか停止できない。

1 https://www.ipa.go.jp/sec/softwareengineering/std/ent03-b.html

14.3 品質のマネジメント

続いて、実行プロセス群の「品質のマネジメント」を解説します。このプロセスは、計画段階で定めた品質マネジメントのプロセスに準じてプロジェクトを確実に遂行し、非効率なプロセスや課題があればそれを修正することが目的です。「品質のマネジメント」プロセスは、「品質保証」と呼ばれることもあります。品質マネジメントのプロセスが適切に行われているか否かを確認して、その結果を「品質報告書」に取りまとめます。

14.3.1 品質報告書を作る

品質報告書を作成するためには、プロジェクトでどのように品質マネジメントのプロセスが実施されているのかが記録された「品質コントロール測定結果」を確認します。品質コントロール測定結果は、次節で説明する「品質のコントロール」プロセスで作成される成果物で、プロジェクトで作成した成果物を検査した際の結果が記録されています。

プロジェクトの成果物にどのような品質を求めるのかは「品質尺度」を、品質をどのようなプロセスで確認するのかは「品質マネジメント計画書」を確認します（**図14.2**）。

「品質のマネジメント」の主な情報源

- 品質コントロール測定結果
- 品質尺度
- プロジェクトマネジメント計画書
  - ✓品質マネジメント計画書

「品質のマネジメント」の主な成果物

- 品質報告書
- 変更要求
- 品質マネジメント計画書 [更新]
- 課題ログ [更新]
- 教訓登録簿 [更新]
- リスク登録簿 [更新]

図14.2 「品質のマネジメント」の主な情報源と成果物

品質報告書には、品質尺度に対して実際の成果物がどのような品質でできあがったのかを、グラフや表などを用いて示されるのが一般的です。グラフや表を用いることで、目指していた品質に対する高低が容易に確認できるようになります。品質のマネジメントに活用されるグラフには、「パレート図」が使われることがあります。パレート図については次節で詳しく説明します。

一部の成果物の品質が悪いだけでなく、プロジェクト全体で品質が悪かった場合、そのプロジェクトにおける品質マネジメントの方法に問題があるのかもしれません。たとえば、個々の成果物の品質を確認する頻度が低すぎて、十分な品質の確認をする前に完成に至ってしまっているのかもしれません。そのような場合は、品質を確認する頻度を上げるような「変更要求」を出したり、品質マネジメント計画書で定めたプロセスを変更します。一方、目指していた品質よりも高い成果物が多い場合は、他のプロジェクトよりも優れた取り組みが行われている可能性があります。その場合には、なにが高品質を生み出しているのかを確認し、それを「教訓登録簿」に登録します。そうすることで、そうした優れた取り組みが維持できるように働きかけます。

品質マネジメントのプロセスを確認する過程で、新たなリスクが発見されることもあります。たとえば、一時的なプロジェクト・メンバーの離脱によって品質の指標が少し低下している場合には、そのメンバーの離脱が長引くようであれば品質上の欠陥に結び付くかもしれません。そうした際は、新たなリスクとしてリスク登録簿に記録するとともに、その対応戦略を検討します。

14.3.2 パレート図とパレートの法則

パレート図は、ヒストグラム（度数分布を示すグラフ）の一種です（**図14.3**）。品質マネジメントのプロセスで使用する場合、品質上の欠陥としてその原因のタイプや、区分ごとの発生頻度順に並べたグラフが用いられます。そのグラフを分析することで、欠陥の原因を特定し、その対策を検討します。

パレート図は、比較的少数の原因が大多数の問題や欠陥を生むという「パレートの法則」の考え方にもとづいています。パレートの法則は、問題の80%は20%の原因によって起きるという経験則から、80対20の法則とも呼ばれています。

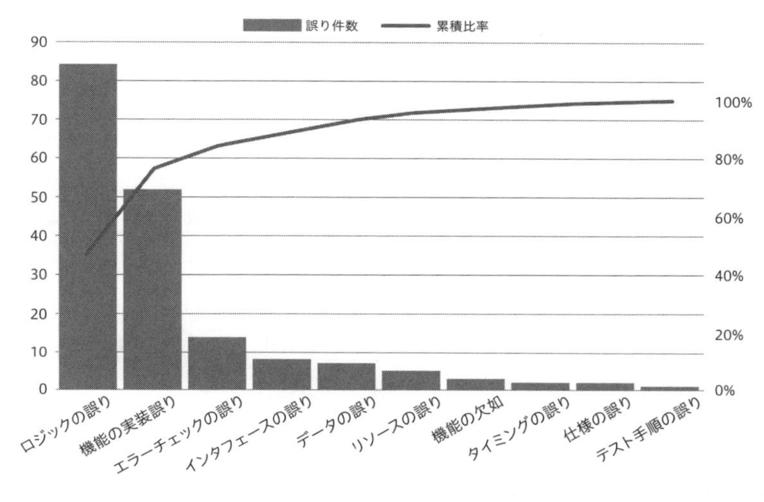

図14.3　パレート図の例（ソフトウェア実装におけるバグ区分）

14.4 品質のコントロール

次に、監視・コントロール・プロセス群の「品質のコントロール」を解説します。このプロセスは、プロジェクトで作成した「成果物」を確認し、品質要求を満たした「検証済み成果物」を作成することが目的です。確認した成果物に不備があれば、その不備が直るように「変更要求」を提案します。品質のコントロールプロセスは、「品質監査」と呼ばれることもあります。

加えて、このプロセスでは、成果物を作成する際に行われた作業についても確認し、その結果として「作業パフォーマンス情報」を作成します。

14.4.1 検証済み成果物を作る

検証済み成果物を作るためには、プロジェクトを通じて作成された「成果物」を、「品質マネジメント計画書」で定められたプロセスに従って確認します（**図14.4**）。

その際、成果物に関してステークホルダーが承認した「承認済み変更要求」があれば、その変更も含めた要件を成果物が満たしていることを確認する必要があります。

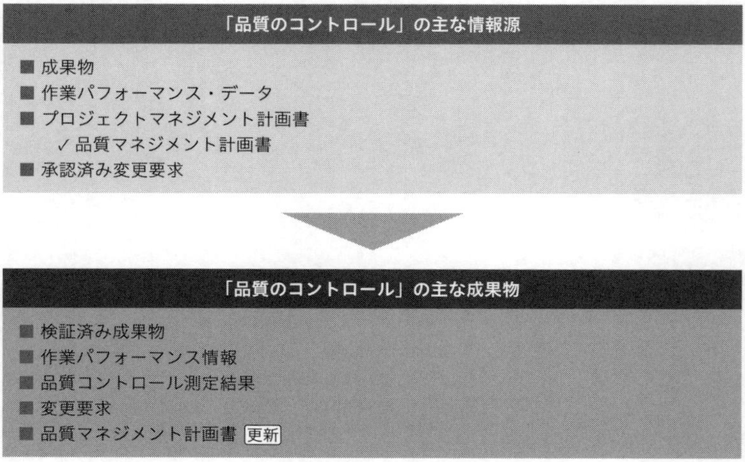

「品質のコントロール」の主な情報源

- 成果物
- 作業パフォーマンス・データ
- プロジェクトマネジメント計画書
  - ✓ 品質マネジメント計画書
- 承認済み変更要求

「品質のコントロール」の主な成果物

- 検証済み成果物
- 作業パフォーマンス情報
- 品質コントロール測定結果
- 変更要求
- 品質マネジメント計画書 更新

図14.4 「品質のコントロール」の主な情報源と成果物

作業パフォーマンス情報を作成するためには、各成果物を作成した際に行われた作業結果を記録した「作業パフォーマンス・データ」を確認します。

検証の結果、品質面で問題ないことが確認できた成果物は、「検証済み成果物」として管理されます。検証済み成果物は、まだプロジェクト内で検証された段階であるため、このままではプロジェクトは完了できません。検証済み成果物は、ステークホルダーによって確認されたのちに、「受入れ済み成果物」となります。受入れ済み成果物については、次節の「スコープの妥当性確認」プロセスで説明します。検証の結果、品質面で問題が発見された場合は、その修正を行う必要があるため、修正に必要な内容を「変更要求」としてまとめます。

成果物を作成する際に行われた作業の状況については、「作業パフォーマンス情報」としてまとめます。各成果物は、計画段階でWBSに紐づけられ、どのようなリソースと時間で作成するかが計画されます。加えて、実際に成果物を作成した結果がどうであったのかを確認するために、作業パフォーマンス情報が作成されます。たとえば、計画よりも大幅に多くのリソースと時間を必要とした成果物があれば、その原因を確認し、可能であればその原因を取り除くように働きかけます。

検証済み成果物を作成する過程で、成果物の品質を確認した結果を「品質コントロール測定結果」としてまとめます。その結果、たとえば成果物によって品質に大きなバラツキがあった場合には、プロジェクト全体としてなんらかの問題を抱えている可能性があります。また、品質のコントロールプロセスを通じて、計画時に策定した品質マネジメントの方法に問題があれば、それを是正するために、品質マネジメント計画書の更新を行います。

14.5 スコープの妥当性確認

次に、「スコープの妥当性確認」を解説します。このプロセスは、前節で解説した「品質のコントロール」と同じ監視・コントロール・プロセス群に含まれますが、知識エリアは「プロジェクト・スコープ・マネジメント」になります。

このプロセスは、品質のコントロールで作成した「検証済み成果物」について、スコープに合致していることをステークホルダーが確認し、公式な承認を受けることで、「受入れ済み成果物」を作成することが目的です。また、成果物そのものだけではなく、その成果物がどのような作業で作成されたのかも「作業パフォーマンス情報」として文書化され、ステークホルダーに報告されます。

14.5.1 受入れ済み成果物を作る

受入れ済み成果物を作るために、ステークホルダーによる検証済み成果物の試験を行います。この試験は、ソフトウェア開発では「ユーザー受入れ試験(UAT：User Acceptance Test)」などと呼ばれます。

試験を行う際には、検証済み成果物がスコープや要求事項に合致していることを確認するため、「スコープ・ベースライン」や「要求事項文書」、「要求事項トレーサビリティ・マトリックス」などを参考にします（**図14.5**）。

また、作業パフォーマンス情報を作成するためには、各成果物を作成した際に行われた作業結果を記録した「作業パフォーマンス・データ」を確認します。

試験に合格した検証済み成果物は、「受入れ済み成果物」として管理されます。このように、適切なタイミングでステークホルダーの公式な承認を得て、最終的に完成した成果物を確保することは、プロジェクト遂行にとって非常に重要です。これは、時間の経過によってプロジェクトを取り巻く環境が変化し、その結果として要求事項やスコープが変更を余儀なくされることがあるからです。

一方、プロジェクトの内部で問題がないことを確認した検証済み成果物であっても、ステークホルダーの要求をすべて満たしているかどうかは定かではありません。実際に成果物ができあがってみると、ステークホルダーが求める要求事項やスコープの解釈が曖昧であったり、不十分であったりするケースもよくあります。こうした場合、試験に不合格となった成果物を修正するために、「変更要求」

を提出する必要があります。また、試験を行う過程でステークホルダーの要求事項が変更された場合は、その変更内容を「要求事項文書」や「要求事項トレーサビリティ・マトリックス」に反映します。加えて、試験を実施する過程で得られた教訓についても、教訓登録簿に反映します。

さらに、成果物を作成する際に行われた作業の状況については、「作業パフォーマンス情報」としてまとめられ、ステークホルダーに提示されます。

「スコープの妥当性確認」の主な情報源

- 検証済み成果物
- スコープ・ベースライン
- 要求事項文書
- 要求事項トレーサビリティ・マトリックス
- 作業パフォーマンス・データ

「スコープの妥当性確認」の主な成果物

- 受入れ済み成果物
- 作業パフォーマンス情報
- 変更要求
- 要求事項文書 更新
- 要求事項トレーサビリティ・マトリックス 更新
- 教訓登録簿 更新

図14.5 「スコープの妥当性確認」の主な情報源と成果物

14.6 ソフトウェア開発における品質管理

ソフトウェア開発プロジェクトにおいては、プロジェクトマネジメントの中でも品質管理の重要性が際立ちます。広く世の中に流通しているソフトウェアにも不具合（バグ）はつきものですが、それをプロジェクトの中でどれだけ発見して修正できるのかは、ソフトウェア開発における永遠の課題かもしれません。

本節では、ソフトウェア開発プロジェクトでバグを発見するために行われる試験（テスト）に関する話題と、ソフトウェア脆弱性と情報セキュリティ対策に関する話題を取り上げます。

14.6.1 ソフトウェアの不具合とテスト技法

非常に小規模なソフトウェアであれば、不具合のないソフトウェアを作ることも可能かもしれません。しかし、ある程度の規模のソフトウェアになると、完全に不具合のないものを作るのは非常に困難です。不具合のないソフトウェアを開発する手法として「形式手法（formal method）」がありますが、一般的なソフトウェア開発と比べて非常に多くの工数がかかります。また、その実施も難易度が高いため、宇宙開発などの限定した分野以外での利用はあまりありません。

そのため、一般的なソフトウェア開発では、作成したソフトウェアを試験することで、不具合を発見して修正するという手法が取られます。しかし、一口に「試験」といっても、どのように試験を行えばよいのでしょう。多くのソフトウェアは外部（ユーザーインタフェース経由など）から入力を受け付けて、なんらかの計算をし、結果を再度外部に出力します。すべての入力値・出力値と内部状態を与えて、想定通りにソフトウェアが稼働することを確認する「全数試験」が実施できるのであれば、それを実施したいところです。小規模なソフトウェアであって、かつ、入出力値が限定的なものであれば、全数試験も現実的です。しかし、世の中のソフトウェアはある程度の複雑性をもつ規模であり、ほぼ無限の入出力値と内部状態を取りうるのが一般的です。

そこで、ソフトウェアの試験では、全数試験ができないことを前提に、限られたテストケースで効率よく不具合を見つけ出す工夫を行う必要があります。不具合を効率的、効果的、網羅的に特定する方法として、さまざまなテスト技法やツールが考案されてきました。以下では、そうしたテスト技法やツールのいくつかを紹介します。

(1) 自動化ツール

少数のテストケースを実行するのであれば、人が手順に沿って実行してもそれほど時間がかかりませんが、テストケースが膨大だった場合はどうでしょう。ゲームソフトのテストで多数のテスター（ヒト）が膨大な時間をかけるような場面もあります。しかし、すべてのソフトウェアでそのようなテストを行うと、テストケースの網羅性を担保することが難しく、またテストにかかる人件費が膨れあがってしまいます。

そこで、多くのソフトウェア試験では、なんらかの自動化ツールが活用されます。自動化ツールでは、用意された入力データを試験用のスクリプトを使ってプログラムに投入して、その結果を確認することが基本となります。最近ではブラウザを使ったユーザーインタフェースに対応した自動化ツールも多く、AI技術を応用したRPA（ロボティクス・プロセス・オートメーション）を用いたものもあります。

(2) 回帰テスト

ソフトウェアの試験は、そのソフトウェアが完成したときに1度だけやるものではありません。開発中や運用中に不具合が発見された場合は、その不具合に対応して修正した箇所の試験だけではなく、すべての試験をやり直すことが一般的です。とくに、共通的に使っているソフトウェア（共通ライブラリ）を修正した結果、ソフトウェア全体の挙動が変わることもあります。

「回帰テスト（リグレッションテスト）」は、一部のソフトウェアの修正が、ソフトウェア全体に悪影響を与えていないことを確認するために実施する試験です。すべての試験をやり直すことが原則になりますが、規模の大きなソフトウェアの場合は、その都度多くの時間と工数がかかってしまいます。そこで、ソフトウェア設計時にソフトウェアモジュールの構成を細分化・独立化させることで、回帰テストが一部のテストケースのみで済むような工夫が行われます。

(3) テスト駆動開発

ソフトウェア試験の重要性に着目して、コーディングを行う前にテストケースを作成する「テスト駆動開発（Test Driven Development）」も考案されています。テスト駆動開発では、テストケースを書いたのち、そのテストケースを最小限網羅するプログラムを書いて試験を行います。その後、そのプログラムに肉付けするやり方でソフトウェア開発を進めます。テスト駆動開発は、アジャイル開発の一手法ともいえます。

(4) バグ曲線

大規模なソフトウェア開発になると、試験も長期間にわたります。その期間に試験をどのように実施するのかを計画し、実際に実施した実績値と確認すること（予実管理）が、プロジェクトマネジメントの観点からも求められます。一方、試験を実施した結果、不具合（バグ）がどの程度発見され、修正されたのかを確認することも重要です。一般的なソフトウェア開発であれば、試験の実施とともに多数のバグが発見されますが、試験が進行して終盤に近付くと、新たなバグはあまり発見されず、累積不具合数は増えなくなります。この累積不具合数をグラフ化したものを、「バグ曲線」と呼びます（**図14.6**）。バグ曲線を確認して、その形が横ばいになってくると、試験が終盤に差し掛かってきたことがわかります。

一方、バグ曲線が横ばいにならず、累積不具合数が増え続けていると、試験期間はまだ続くことが予想されます。さらに、試験期間の序盤でもバグ曲線が横ばいに近い場合には、試験が順調に進んでいないか、あるいはテストケースの設定が不適切で、潜在的な不具合が発見できていない可能性が考えられます。

14.6.2 ソフトウェア脆弱性と情報セキュリティ対策

ソフトウェアの不具合の一種として、昨今ではソフトウェアの「脆弱性」が注目されています。脆弱性とは、第三者がそれを悪用した場合に、情報セキュリティ上の問題が起こりうるソフトウェアの不具合を指します。ソフトウェア脆弱性を生まないためには、その他の不具合と同様にソフトウェア開発時の考慮と試験が重要になりますが、それだけでは防ぎきれないため、取扱いが厄介です。

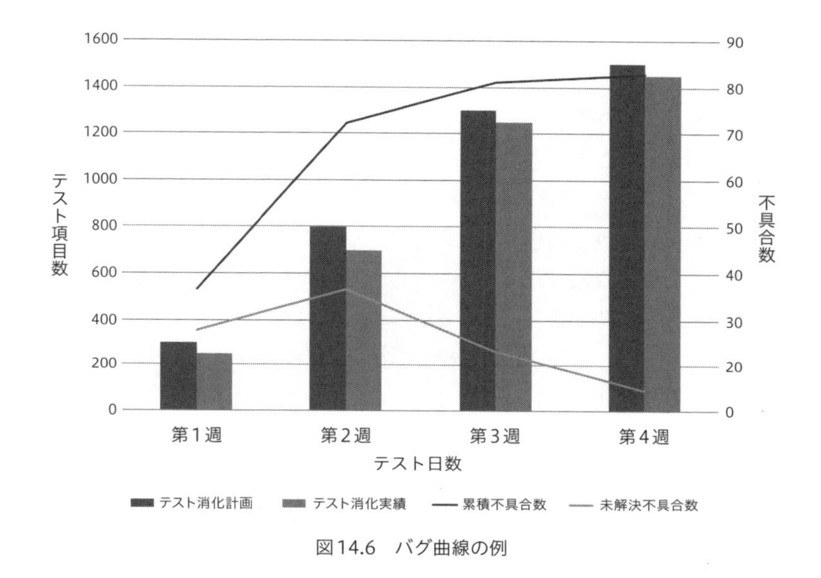

図14.6　バグ曲線の例

悪意のある第三者にとって、ソフトウェア脆弱性を発見することは魅力的です。世界中の非常に多くの人が使っているパソコンやスマートフォン向けのソフトウェアであれば、その脆弱性を悪用することで広範囲に影響を与えられます。また、発電所や鉄道などの社会インフラで使われているソフトウェアの脆弱性であれば、社会生活に大きな影響を与えたり、場合によっては人命を奪うこともできてしまいます。さらに、そうした重要なソフトウェア脆弱性は、ブラックマーケットで高額取引が行われることもあります。そのため、悪意のある第三者は、多くの知識と時間をかけてソフトウェア脆弱性の発見に注力し、ときにはこれまで誰も考えつかなかった新しい手法を考案します。

ソフトウェア脆弱性には、基本的な手法が広く知られています。ソフトウェアのメモリ管理の不備を突く「バッファー・オーバーフロー」や、データベースの操作命令の取扱いの不備を突く「SQLインジェクション」などはその代表です。これらの既知の手法であれば、ソフトウェア開発時に注意し、試験をすることで不具合を発見することも可能でしょう。しかし、悪意のある第三者が将来考案するかもしれない新たな手法は、ソフトウェア開発時には考慮しようがありません。

そこで、ソフトウェアの脆弱性については、開発時だけでは防ぎきれないことを前提に、ソフトウェアの設計・開発・運用・廃棄のすべてのライフサイクルを通じて対応することが重要です。具体的には、そのソフトウェアがすべて廃棄されるのが何年後なのかをソフトウェア設計時から検討することや、運用時に発見された脆弱性を修正しやすいように、ソフトウェアのモジュール設計をすることなどが考えられます。社会インフラ向けソフトウェアの場合、20年以上使用することもまれではありません。また、ソフトウェアで用いる暗号化モジュールを複数用意して、新たな暗号化方式のモジュール追加や、脆弱性が発見されてしまったモジュールの削除が容易にできるようにしておくことも有効です。

最近では、ソフトウェアのライフサイクル全体に情報セキュリティ対策の視点を含めた「DevSecOps（デブセックオプス）[2]」の概念のもとに、ソフトウェア開発と運用に加えて、情報セキュリティも一体的に効率化する活動も盛んになってきています。

2 DevSecOpsは、DevOpsにセキュリティの要素も加えた考え方です。DevOpsについては第2章2.1.4を参照。

14.7 演習

第14章では、プロジェクトにおける品質管理について学びました。品質を管理して一定以上の品質を保証することは、プロジェクト・チームやプロジェクトを実施している組織の信用を維持するためにも、たいへん重要な配慮です。

ソフトウェア開発においては、バグの修正が品質を左右します。バグだらけでまともに使えないソフトウェアは、誰も使いたいとは思わないでしょう。ソフトウェアの品質を左右するポイントの1つ[3]がバグの管理です。この演習では、バグ管理ツールが実際にどのように使われているのかを確認してみることにしましょう。

14.7.1 さまざまな品質尺度を調べてみよう

ソフトウェアの品質をバグの多寡で測ることができると説明しましたが、品質を測る尺度は対象によって異なります。ここでは、世の中のさまざまなサービスに関して、品質を測る尺度について考えてみることにしましょう。

サービスの品質を測る尺度として、「SERVQUAL（サーブクォル）」と呼ばれる品質尺度モデルがあります。このSERVQUALは、次の5つの観点についてサービスの品質を調査するものです。

- **信頼性**：そのサービスが確実に提供されているか
- **反応性**：従業員が顧客のニーズに迅速に対応してサービスを提供しているか
- **確信性**：従業員が十分な知識をもち信頼を与えつつサービスしているか
- **共感性**：顧客への関心や配慮が行き届いているか
- **有形性**：施設や従業員の服装などの物的なサービスが適切か

SERVQUALは、レストラン向けのDINESERVやホテル向けのLOGESERV、公共図書館向けLibQUAL、などのさまざまなバリエーションが提案されています。

3　もちろん、使用性などの非機能要件も品質を左右する重要なポイントではあります。

これらに関する文献を入手し、その詳細について調べてみましょう。また、新たなサービス分野に関して応用するとしたら、どのようなものが考えられるでしょうか。

14.7.2 バグ管理ツールへアクセスしてみよう

とはいえ、ソフトウェア開発においてはやはり、バグをいかにして減らすかが重要な課題です。バグを減らすには、バグを特定し、バグの原因を究明し、バグを回避するコードに修正するという手順が必要です。

バグを特定するには、再現性[4]がないといけません。そのため、実行時の環境やなにを入力したら不具合が出たのかなど、どのような状況でバグが発生したかをきちんと管理する必要があります。そのために、バグ管理ツール、あるいは、BTS（Bug Tracking System：バグトラッキングシステム）と呼ばれるシステムが重要な役割を担うのです。

図14.7と**図14.8**は、オープンソース・ソフトウェアの有名なコンパイラであるGCC（GNU Compiler Collection）に関するBTSです。このように、インターネット上に公開されているBTSはいろいろありますので、どのようなものがあるか探して、バグ報告の中身を確認してみましょう。

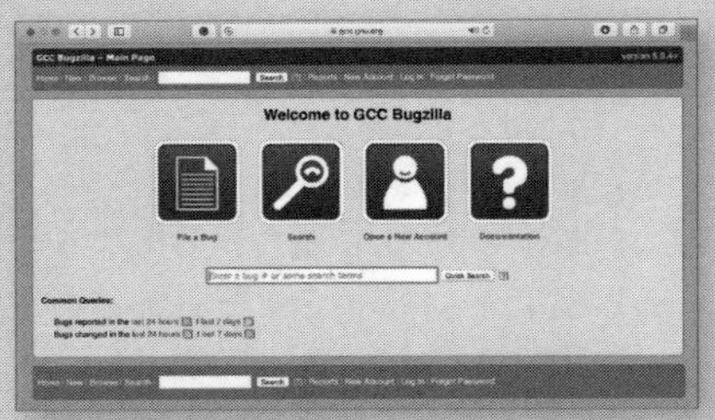

図14.7　GCC Bugzilla

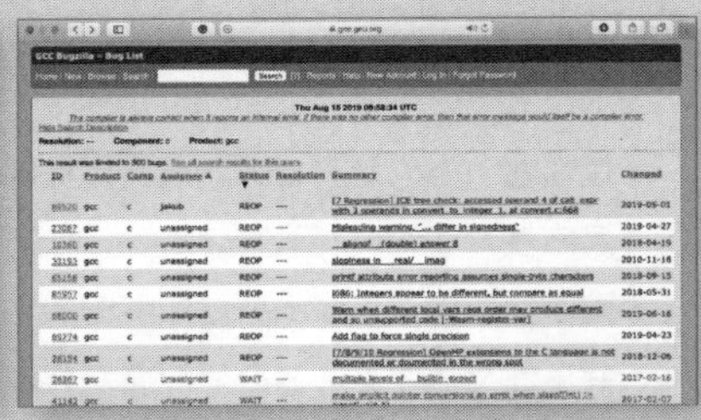

図14.8　バグ報告の一覧画面

4　バグの状況を再現すること。特定の条件で必ずバグが発生することが確認できないと、そもそもバグの原因を究明することすら困難です。

第15章

調達の管理とプロジェクトの終結

この章では、昨今のプロジェクトでは欠かせない調達と、プロジェクトの終結方法について解説します。

調達とは、プロジェクトで実施する作業や、ヒトやモノを外部から取得することで、外注（外部発注）とも呼ばれます。ソフトウェア開発においては、自社で要件定義および設計を行ったあとに、プログラム開発を社外のソフトウェアベンダーに依頼するケースが調達の典型例です。また、ソフトウェア開発に必要なパソコンをレンタルしたり、開発作業に必要なサーバをクラウドサービスから調達するケースも該当します。

プロジェクトの終結とは、プロジェクト・チームが経験した教訓などを組織にフィードバックしてプロジェクトを終わらせる作業です。たとえば、順風満帆で終わったプロジェクトであれば、なぜトラブルなく終われたのかという教訓を、将来のプロジェクトでもぜひ活用したいものです。また、トラブル続きだったプロジェクトであれば、発生した課題とその解決策は、同様のトラブルプロジェクトを再び生まないためにも重要です。

本章では、PMBOKの知識エリアである「プロジェクト調達マネジメント」の計画プロセス群に含まれる「調達マネジメントの計画」、実行プロセス群の「調達の実行」、監視・コントロール・プロセス群の「調達のコントロール」の3つのプロセスと、「プロジェクト統合マネジメント」の終結プロセス群に含まれる「プロジェクトやフェーズの終結」を解説します。

本章で解説する項目は次の通りです。

15.1 プロジェクト調達マネジメント

プロジェクトを遂行する際、調達をどうするかという問題は非常に重要です。本来は自分たちではできない作業や、不足するリソースを補うために調達を行いますが、そのためにかえって時間がかかってしまったり、極端に品質が下がってしまう可能性もあります。調達を上手に行うことで、プロジェクト全体のスケジュール短縮や、高い品質の確保が可能となり、多くのメリットが期待できます。

15.1.1 調達の難しさ

プロジェクト・マネージャーを実際に経験しないと、調達の難しさはピンとこないかもしれません。初めてプロジェクト・マネージャーの立場になって、いきなり調達を任せられると、手順や勘所もわからないというケースがよくあります。

プロジェクトで行う作業の中で、どの部分を調達するのかを決めるのも難しいポイントです。自分たちが得意でない作業があった場合でも、調達すべきか、自組織内でプロジェクト・メンバーを教育して内製化すべきかは、自組織の状況によって変わります。

調達のやり方も、プロジェクトの性質によって異なります。民間企業の一般的なプロジェクトにおける調達でも、所属する組織によって調達ルールが定められているケースがほとんどです。官公庁などの公的機関のプロジェクトでは、調達の公共性が問われます。とくに、世界貿易機関（WTO）の「政府調達に関する協定」（通称：国際調達）に従わなければならないケースでは、調達に関するさまざまな書類を用意し、十分な期間を費やす必要があります。

15.1.2 プロジェクト調達マネジメントに含まれるプロセス

前述した調達の難しさを克服するために、PMBOKでは標準化された調達の進め方を提供しています。PMBOKの知識エリアである「プロジェクト調達マネジメント」には、「調達マネジメントの計画」「調達の実行」「調達のコントロール」の3つのプロセスが含まれます。プロジェクトの中でどのように調達を行うのかをしっかりと計画し、それを着実に実行・コントロールすることを求めています。

15.2 調達マネジメントの計画

まずは、計画プロセス群の「調達マネジメントの計画」から解説します。このプロセスは、調達の方針を定めて、具体的な調達のやり方を決めることが目的です。

プロジェクトで実施すべき作業内容が記載されたスコープ・ベースラインなどをもとに、調達のやり方を定めた「調達マネジメント計画書」を作成して、具体的な調達作業に必要な「入札文書」を用意します。

15.2.1 調達マネジメント計画書を作る

調達マネジメント計画書を作成するために、まずは、プロジェクトのどの範囲を調達（外注）するのかを定める必要があります。プロジェクト全体のスコープは、「スコープ・マネジメントの計画」プロセスで作成した「スコープ・マネジメント計画書」、および「スコープ・ベースライン」に記載されているため、それらを参照し、どの範囲を調達するのかを決定します（**図15.1**）。

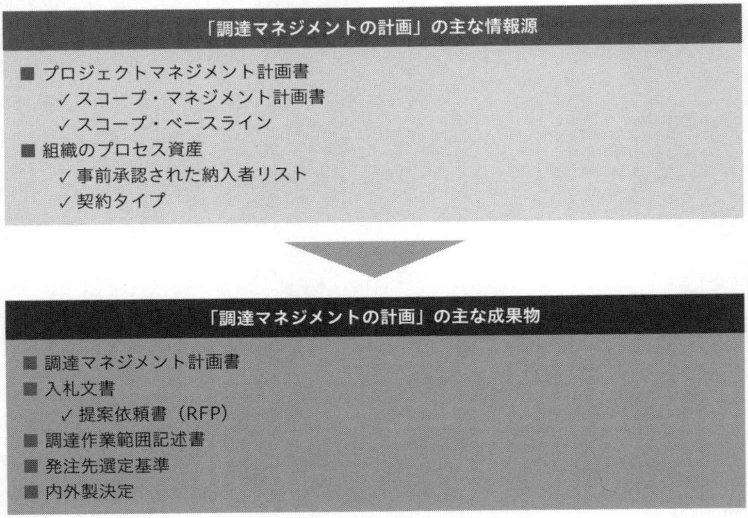

「調達マネジメントの計画」の主な情報源

■ プロジェクトマネジメント計画書
　✓スコープ・マネジメント計画書
　✓スコープ・ベースライン
■ 組織のプロセス資産
　✓事前承認された納入者リスト
　✓契約タイプ

「調達マネジメントの計画」の主な成果物

■ 調達マネジメント計画書
■ 入札文書
　✓提案依頼書（RFP）
■ 調達作業範囲記述書
■ 発注先選定基準
■ 内外製決定

図15.1 「調達マネジメントの計画」の主な情報源と成果物

また、どの会社（組織）に、どの範囲の仕事をお願いするのかは、所属する組織によって判断基準が異なります。たとえばソフトウェア開発や翻訳など、技術レベルや成果物の品質、対応できる言語（プログラミング言語、外国語）が会社によって異なるため、過去の実績にもとづいて優良な会社のリストを作っている組織もあります。そうしたリストは、「組織のプロセス資産」の「事前承認された納入者リスト」として、PMBOKでも活用すべき情報とされています。

実際に調達先が決まった場合に、どのような契約にするのかを決めておくことも重要です。日本では、「請負契約」か「委任契約」のいずれかの契約タイプ（**表15.1**）を選択するケースが多数です。

表 15.1　日本における主な契約タイプ

■ 請負契約
- ✓成果物の納入に責任をもつ。
- ✓契約後は、受注者側が主体的にプロジェクトを遂行する。
- ✓成果物が不十分な場合には、完成するまでプロジェクトが終わらない。
- ✓金額は契約時に決まる。

■ 委任契約
- ✓作業の実施に責任をもつ。
- ✓契約後も発注者側が指示をする。
- ✓プロジェクト期間の終了とともにプロジェクトが終了する。
- ✓プロジェクト終了後に精算が行われて金額が確定する。

スコープがしっかり決まっていて、求める成果物も確定している場合は、「請負契約」で行うことが一般的です。一方、契約時に最終的な成果物が定まっていない場合は、「委任契約」として作業をしながら具体化を行うことが一般的です。最近では、請負契約と委任契約の中間くらいの性質をもつ「準委任契約」が用いられるケースも増えています。

調達マネジメント計画書には、実際に調達を開始してから終了するまでにどのようなプロセスで実施するのかを記述します。所属する組織で定められたプロセスがある場合はそれに従うことが多いと思いますが、その際でも各プロセスを誰が担当するのか、選択肢がある場合にどれを選んだのかを明記し、記録することが重要です。

調達を行う際に必要となる書類もこの段階で作成します。調達の範囲（スコープ）を「調達作業範囲記述書」に示すとともに、調達先を決めるのに必要な文書も整備します。

複数の提案者から調達先を選定する場合は、一般的に「入札」という形式がとられます。価格のみで評価し、最も安価に実施できる提案者を選定する場合には、それぞれに費用の見積書を提出させ、その提示金額で評価します。価格のみならず、提案内容の良し悪しで評価する場合は、複数の提案者に提案書の提出を求めます。その手続きなどを示した文書が「提案依頼書（RFP：Request for Proposal）」です。提案依頼書には、提案書に記載すべき項目や体裁、提出期限などが記されています。

複数の提案者から提案書を受け取る場合、評価する基準を明確に定めておくことも重要です。提案書で求める項目・要件のうち、どのポイントを重視しているのかなどを明確にし、「発注先選定基準」として取りまとめます。多くの場合、項目・要件ごとに点数をつけて、その合計点で提案書の評価ができるようにしておきます。こうすることで、提案書の評価を担当するメンバーの主観によらない、客観的な評価ができるようになります。なお、この選定基準を提案者に示すことで、その調達で求めていることが具体的に伝わり、優れた内容の提案書が提出される効果も期待できます。発注先選定基準の具体的な作り方は、次の節で説明します。

プロジェクト全体のスコープから一部を調達することに決めた場合には、そのように決定した理由や状況などを「内外製決定」として記録しておくことも必要です。プロジェクト開始時点で調達することに決めた場合でも、プロジェクトが終盤になってスケジュール遅延やコスト超過に陥ったりすると、その原因が調達先だとしてやり玉に挙げられることもあり得ます。その場合に、なぜその調達をする必要があったのかを詳細に記録した内外製決定が残されていれば、プロジェクト開始時点での判断理由などを正確に思い出せます。

15.2.2 発注先選定基準の作り方

発注先選定基準を作る際には、さまざまな観点から選定基準を定めて、候補者の能力を総合的に評価することが重要です（**表15.2**）。最終的な成果物を提供する能力があることはもとより、過去の経験の有無やスタッフの確保、適切なマネジメントや作業計画なども含めた選定基準を定めるべきです。コストに関しても、直接の購入コストに加えて、保守料などの将来のコストも評価対象としたいところです。

表 15.2　発注先選定基準の項目の例

選定基準	選定基準の概要
能力と意欲	要求事項を満たす能力と意欲をもっているか？
ニーズの理解	調達作業範囲記述書の内容やニーズを十分理解しているか？
コスト	低い総コストを実現できるか？
技術力	要求事項を満たすために必要なスキルや知識を有しているか？
マネジメントの仕組み	プロジェクトを確実に遂行できるマネジメント・プロセスや手順を有しているか？
プロジェクトに関連する経験	過去に類似したプロジェクトに対応した経験が豊富か？
スタッフの資格や経験	プロジェクトに対応するスタッフは必要な資格や経験を有しているか？
作業計画の妥当性	適切な作業計画が立てられているか？
財務の安定性	必要な資金を有しているか？

15.3 調達の実行

次に、実行プロセス群の「調達の実行」を解説します。このプロセスは、計画プロセスで定めた調達のやり方に従って、調達先（選定済み納入者）を決めて契約することが目的です。

「調達マネジメントの計画」で準備した入札文書や発注先選定基準を用いて、複数の納入候補から提出されたプロポーザル（提案書）を評価し、最終的な外注先を決めます。

15.3.1 調達先を決めて契約する

調達先を決めるために、まずは納入候補にプロポーザルを提出してもらう必要があります。そのためには、提案依頼書を含めた入札文書を納入候補に提示します（**図15.2**）。作業範囲が比較的単純であれば入札文書を提示するだけですが、複雑な内容で納入候補が十分に理解できない可能性がある場合には、入札説明会を開催して、口頭の説明や質疑応答によって補うこともあります。

「調達の実行」の主な情報源

- ■ プロジェクトマネジメント計画書
  - ✓ 調達マネジメント計画書
- ■ 調達文書
  - ✓ 入札文書
  - ✓ 独自コスト見積り
  - ✓ 発注先選定基準
- ■ 納入候補のプロポーザル

▼

「調達の実行」の主な成果物

- ■ 選定済み納入者
- ■ 合意書
- ■ 調達マネジメント計画書 更新
- ■ スコープ・ベースライン 更新
- ■ スケジュール・ベースライン 更新
- ■ コスト・ベースライン 更新

図15.2 「調達の実行」の主な情報源と成果物

調達を行う際に、入札価格がいくらになるのかは大きな関心事です。ある程度入札価格が予測できれば、予算を適切に確保することが可能となります。一方、入札価格の予測が不十分のまま調達を行ってしまうと、予算をオーバーして調達範囲を変更する必要が生じたり、逆に予算が大幅に余って調達範囲以外のスコープを変更する必要が生じたりする可能性があります。

入札価格を予測するためには、「独自コスト見積り」を使用します。たとえば、機材の購入費用やレンタル費用などは比較的市場価格がわかりやすいため、自ら調査をして積算することも可能です。技術派遣などの人件費でも、一般的なスキルであれば市場価格からある程度積算が可能です。一方、ソフトウェア開発などの独自性のある作業を依頼する場合は、その難易度は容易に判断できず、価格の積算も簡単ではありません。この場合、実際に調達を行う前に、納入候補やその他の第三者から「参考見積」を提出してもらい、そこから入札価格を予測し、「予定価格」として予算化の参考資料とします。

納入候補からプロポーザルを提出してもらったら、「発注先選定基準」を用いてそのプロポーザルを評価します。この際、同じ選定基準を用いても、人によって評価が異なることが予想されます。そのため、できるだけ多くの人に評価してもらい、会議などを開いて評価結果を取りまとめます。

調達の内容が複雑な場合、納入候補のプロポーザルを文書上で評価するだけでなく、プレゼンテーションと質疑応答を行うことで評価することもよくあります。また、評価を行う際には、プロジェクト・メンバーによる評価に加えて、専門家による評価を加えることもあります。

評価の結果、複数の納入候補から絞り込まれ、「選定済み納入者」が確定します。「調達の実行」プロセスでは、この選定済み納入者を適切に記録し、どのような内容で発注するのかを合意して契約を結びます。

契約する際の仕様書の内容は、計画プロセスで定めた「調達作業範囲記述書」が基本となりますが、実際に調達を行った結果、その一部が修正されることもあります。選定済み納入者のプロポーザルが優れた内容だった場合、その内容を反映したスコープで合意することもよくあります。また、プロポーザルが予定価格をオーバーした場合、スコープを縮小して予定価格以内に収めることで合意することもあります。

このように、実際に調達を実行すると、調達のスコープ、スケジュール、コストなどが、計画段階の想定からずれてしまうこともあります。その場合、調達マネジメント計画書に加えて、プロジェクト全体のスコープ・ベースライン、スケジュール・ベースライン、コスト・ベースラインにも修正を加えます。

15.4 調達のコントロール

次に、監視・コントロール・プロセス群の「調達のコントロール」を解説します。このプロセスは、調達先が順調に作業を実施していることを確認し、最終的に調達を成功裏に完了することが目的です。

調達先の作業の実施状況を「作業パフォーマンス・データ」から確認し、合意書の内容と差異がないことを確認したあとに、対価の支払いを含めて調達を完了させます。

15.4.1 調達先を管理する

調達先の管理は、基本的には調達マネジメント計画書にもとづいて行われます。たとえば、定例会議をどの頻度で開催するのか、進捗報告をどのような形式で行うのかは、調達マネジメント計画書に書かれています（**図15.3**）。

「調達のコントロール」の主な情報源

- ■ プロジェクトマネジメント計画書
  - ✓ 調達マネジメント計画書
- ■ 合意書
- ■ 承認済み変更要求
- ■ 作業パフォーマンス・データ

「調達のコントロール」の主な成果物

- ■ 終結済み調達
- ■ 作業パフォーマンス情報
- ■ 変更要求
- ■ 調達マネジメント計画書 [更新]
- ■ スコープ・ベースライン [更新]
- ■ スケジュール・ベースライン [更新]
- ■ コスト・ベースライン [更新]

図15.3 「調達のコントロール」の主な情報源と成果物

調達先がどのように作業を進めているのかは、「作業パフォーマンス・データ」として調達先から提出を求めます。作業パフォーマンス・データには、合意された作業計画に対して、現在どのアクティビティが、どの程度実施済みか、などが含まれます。受け取った作業パフォーマンス・データを分析することで、その納入者の作業進捗状況（予定より進んでいるか、遅れているか、など）や、納入者の総合的な能力（プロポーザルで提示された内容との差異や特徴など）がわかります。それらは「作業パフォーマンス情報」として取りまとめて、納入者の評価に活用します。

調達先の作業が進むにつれて、当初の計画通りに進まずに、さまざまな変更が生じることがあります。たとえばスケジュールが遅延した場合には、全体的なスケジュールを調整し、場合によっては納入期限を延長することも必要になります。コストが超過した場合でも、その理由が発注者側の責任であった場合には、合意した金額を増額することも検討します。また、なんらかの理由で予定していたスコープが遂行できなくなった場合は、作業範囲を変更することもあります。

そうした変更を行う場合、一部の関係者だけで決めることはせず、「変更要求」としてその内容を記録し、プロジェクト全体の「統合変更管理」プロセスでの検討を依頼します。検討の結果、変更要求が承認された場合に初めて、「承認済み変更要求」として正式に変更を行います。

調達先が作成した成果物や作業進捗の状況を検査した結果、その内容が思わしくない場合には、実際に調達先が作業を行っている事業所などに出向いて、合意書（契約書）通りに遂行できているのかを確認することもあります。これは監査と呼ばれ、契約書などにそのやり方が明記されることが一般的です。

調達先で実際に作業を行ってみると、計画時に決めていた進捗報告のやり方などが非効率だとわかることもあります。進捗報告の頻度を高めて作業の手戻りを防いだり、定例会議の参加者を必要最小限に抑えたりすることで、効率を高めることが可能となります。そうした変更すべき点があれば、変更要求を提出して、承認されれば調達マネジメント計画書を更新します。

15.5 プロジェクトやフェーズの終結

本章の最後は、「プロジェクト統合マネジメント」の終結プロセス群に含まれる「プロジェクトやフェーズの終結」を解説します。このプロセスは、プロジェクトで定められたすべての作業を終了し、プロジェクト全体や個々のフェーズを正式に終了させることが目的です。個別の調達を終了させる際にもこのプロセスが使われます。

プロジェクトを通じて作成した成果物を実際に利用する組織に移管して、プロジェクトで得られたさまざまな教訓を記録します。

15.5.1 調達やプロジェクトを終えて教訓を残す

プロジェクトで計画していた成果物がすべてできあがり、「受入れ済み成果物」としてステークホルダーによって確認済みとなれば、プロジェクトはいよいよ終結へと向かいます。プロジェクト全体でなくとも、プロジェクトのフェーズ単位や調達単位でも、その範囲の成果物ができあがれば終結へと向かいます。

調達やプロジェクトの終結の仕方は、プロジェクトの立上げ時、および計画時に定めたプロジェクトマネジメント計画書に記載された方法に従います（**図15.4**）。多くの場合、顧客や調達先と取り交わした合意書（契約書）に記載された方法で成果物を納品し、請求書を発行して経費の精算が行われます。

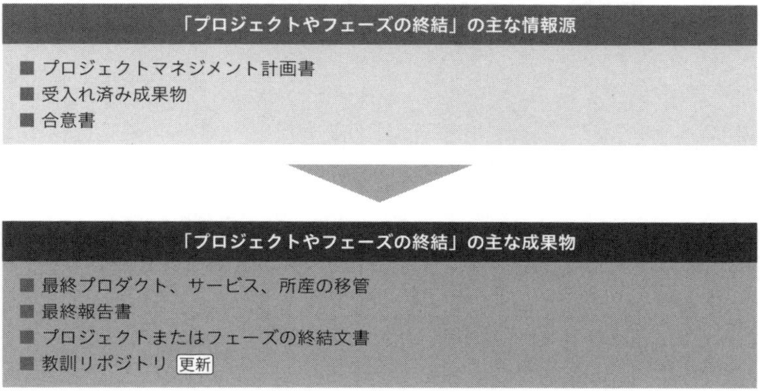

「プロジェクトやフェーズの終結」の主な情報源

- ■ プロジェクトマネジメント計画書
- ■ 受入れ済み成果物
- ■ 合意書

↓

「プロジェクトやフェーズの終結」の主な成果物

- ■ 最終プロダクト、サービス、所産の移管
- ■ 最終報告書
- ■ プロジェクトまたはフェーズの終結文書
- ■ 教訓リポジトリ 更新

図15.4 「プロジェクトやフェーズの終結」の主な情報源と成果物

納品された成果物は、その成果物を使用する組織に移管されます。移管先は契約相手である顧客の場合が一般的ですが、第三者に移管されることもあります。成果物の形態はさまざまで、PMBOKの中では「プロダクト、サービス、所産」とされていますが、具体的には契約書で明示された成果物がその対象となります。

成果物の移管の際に、プロジェクトの実施事項を取りまとめた最終報告書が作成されることがあります。最終報告書には成果物に加えて、プロジェクト実施の概要や、プロジェクト開始時点での計画と実績との差異分析結果などが含まれます。また、主要なステークホルダーを集めて最終報告会を開催し、最終報告書の説明を行うこともあります。

プロジェクトの遂行途中では、さまざまな教訓が残されます。プロジェクトの終了時には、これらの教訓を整理し、とくに組織の教訓集（教訓リポジトリ）に残すべきものを選定します。こうして残された教訓は、その組織で将来実施される新たなプロジェクトで活用され、プロジェクト遂行の効率化やリスク回避などに役立ちます。

PMBOK第6版の49のプロセスは、ここで学習した「プロジェクトやフェーズの終結」でもって、すべて学んだことになります。今後、実際のプロジェクトに参加する際には、ここで学んだ各プロセスのポイントを思い出して、プロジェクトを成功裏に終えられるように、ぜひ活用してください。

15.6 演習

第15章では、調達について学びました。現代の複雑な課題を解決するプロジェクトは、自分たちだけの手で成し遂げるのは困難です。他者の協力を得て、いかに効率的にプロジェクトを遂行するのかが、プロジェクトを成功に導く秘訣といえるでしょう。

15.6.1 調達の実際を調べてみよう

政府、官公庁で使用するシステムやソフトウェアは、いわば国民の財産でもあります。その開発に対する予算は、税金があてられます。したがって、できるだけ公正・公平な開発提案が求められます。そのため、各府省情報化統括責任者（CIO）連絡会議は、「情報システムに係る政府調達の基本方針」[1]という文書を2007年3月1日に発行しました。この文書は、政府による情報システムの調達をできるだけ効率的、かつ適正に執行するための基本方針を説明しているものです。

この文書には、公平性の確保や、効果的な開発を実現するために、さまざまな指針が記載されています。**表15.3**は、同文書で説明されているポイントのいくつかを整理したものです。文書を読んで、各課題に関する解決策をできるだけわかりやすく記入してみましょう。

15.6.2 RFP（Request for Proposal）を書いてみよう

以下の例題を読んでRFP（Request For Proposal）を書いてみましょう。

これは東京の下町に本社を置く中小企業M社の話です。M社は堅実な経営が功を奏し、これまで順調に売上を伸ばしてきました。西日本方面の業務が増えてきたため、大阪に支社を出すことにしました。ただし、支社といっても大阪支社に勤務する従業員は10人程度のもので、まずは出張所のレベルからのスタートです。

あなたは大阪支社をスタートさせるプロジェクトのマネージャーに抜擢されま

1 https://www.soumu.go.jp/main_content/000070266.pdf

表 15.3 「情報システムに係る政府調達の基本方針」のポイント

既存の問題点	基本方針で述べられている解決策	ヒント
物品に関する調達は意見招集の期間を20日、入札公告の期間を50日とする標準があるが、情報システムに関してはこの期間は短すぎて大手事業者が有利になる。		同文書の5～11ページに記載
情報システムの仕様が曖昧に記載されていると、業務情報を熟知している事業者が有利であり、他社の参入を阻害している。		同文書の19ページに記載
特定事業者の特定技術を前提とした調達仕様書が作成されてしまうと情報システム全体が特定事業者の特定技術に依存してしまい、その後に不利な契約となる恐れがある。		同文書の20ページに記載

した。オフィスの手配や人事関係の調整、大阪のスタッフを新規に採用するなど、まだ支社ができる前から東京と大阪を行ったり来たりして、大忙しの日々を送っています。

さまざまな準備を進めていく中で、情報システム関連の整備も必要だということになりました。情報システムの整備は、システムベンダーに一括でお願いしたいと考えています。

以下のざっくりとした要件を踏まえ、細かな仕様についてはインターネットで最新情報を調べるなどして、RFPを書いてみましょう。

- 常勤の正社員と派遣スタッフを含めて、10名が使用する事務処理端末として、ある程度以上のスペックを備えたパソコンを10台、さらには一時的にアルバイトなどが使用する予備用のパソコンを3台導入する。
- それぞれのパソコンはオフィス内LANにWi-Fiで接続される。Wi-Fiのアクセスポイントは、大阪支社の執務室、会議室、支社長室（応接室）の3部屋に設置する
- オフィス内LANには大阪支社内のみで使用するサーバが1台設置されている。サーバにはファイルサーバの機能をもたせる。

・LANはルータを介してインターネットに接続されている。インターネットとの接続は公衆回線を用い、ISP（Internet Service Provider）は東京の本社が使用しているものと同じものを用いる。なお、同ネットワーク上にVPN（Virtual Private Network）を構築し、社内VPNとして東京本社および大阪支社でセキュリティ的に閉じたネットワークを構築する。
・VPNで接続できるTV会議システムを会議室に設置する。TV会議システムは、東京本社の会議室にも設置し、東京と大阪で、いつでもTV会議ができるようにする。

付　録

Redmineの試用

付録として、オープンソース・ソフトウェアとして提供されているプロジェクトマネジメントツールRedmineを試しに使ってみる手順を説明します。

Bitnami Redmineインストーラーのページ（https://bitnami.com/stack/redmine）にアクセスすると、さまざまな環境でRedmineを試してみることができます。今回は、VirtualBox上の仮想マシン[1]をダウンロードして試してみることにします（**図A-1**）。

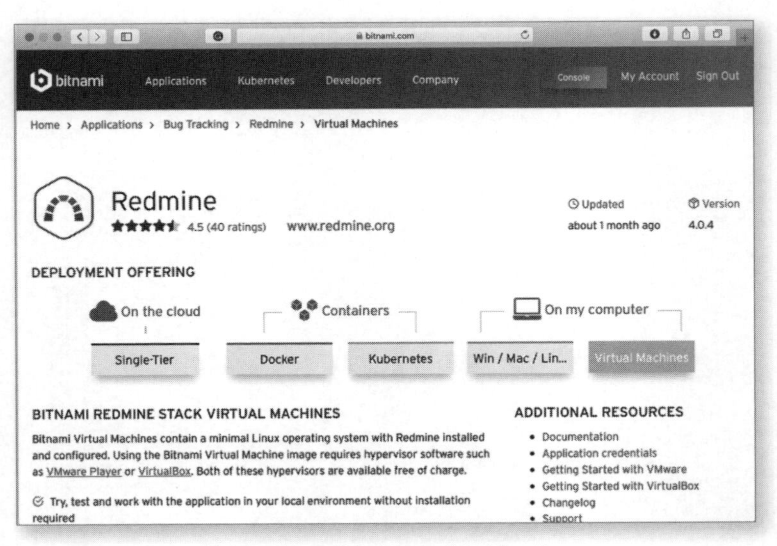

図A-1　Bitnami Redmine インストーラー

1　お使いのシステムにVitrualBoxの仮想環境がインストールされていることを前提としています。

いちばん右の「Virtual Machines」を選び、画面を下までスクロールしてダウンロードするボタンをクリックしましょう。アカウントのサインインが求められますが、適宜、SNSなどのアカウントを利用して仮想マシンのOVAファイル[2]をダウンロードしてください。

ダウンロードしたOVAファイルのアイコンをダブルクリックすると、VirtualBoxの環境にインポートするかどうか問われるので（**図A-2**）、そのまま「インポート」ボタンをクリックして導入しましょう。

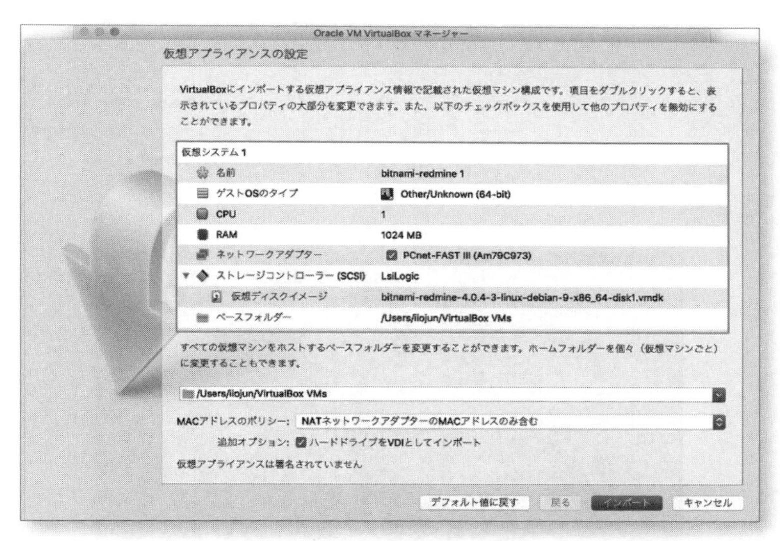

図A-2　仮想アプライアンスのインポート

VirtualBoxのコンソールで、インポートされた仮想マシン（bitnami-redmine）を起動します（**図A-3**）。起動すると、Debian GNU/Linuxをベースとした仮想マシンが立上がります（**図A-4**）[3]。この時点で、すでにRedmineのサービスは利用できるようになっています。

2　Open Virtualization (format) Archiveという形式のファイルで、仮想マシンに必要なファイルを1つのファイルにまとめたものです。

3　最近の高解像度ディスプレイだと、起動直後の仮想マシン画面が小さすぎる場合があります。その場合は、Viewメニューから「Scaled Mode (Host+C)」を選択し、画面の大きさを調整するとよいでしょう。

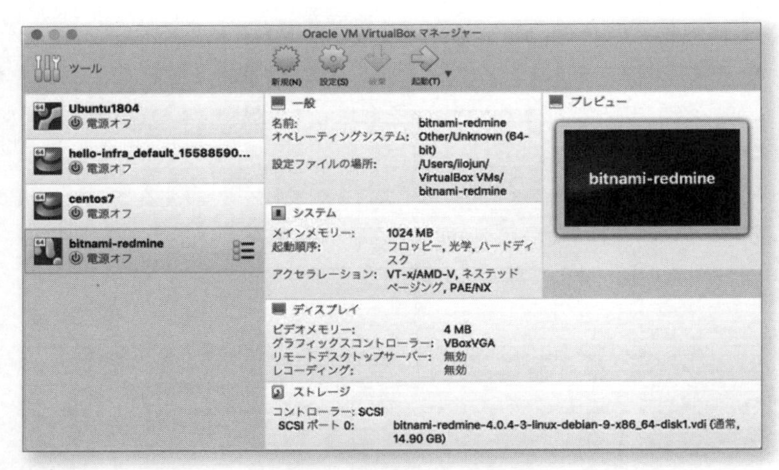

図A-3　インポートされた仮想マシン（bitnami-redmine）

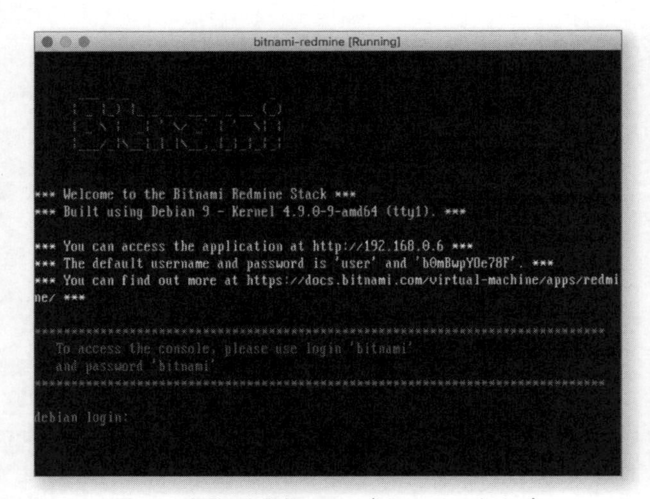

図A-4　起動した仮想マシン（bitnami-redmine）

ホストマシン側で、Webブラウザを立上げましょう。図A-4の情報を頼りに、Redmineにアクセスします。図A-4には、http://192.168.0.6にアクセスせよと書いてあるので、その通りにしてみます。

なんとも素っ気ない画面ですが、Redmineの初期画面にアクセスすることができました（**図A-5**）。

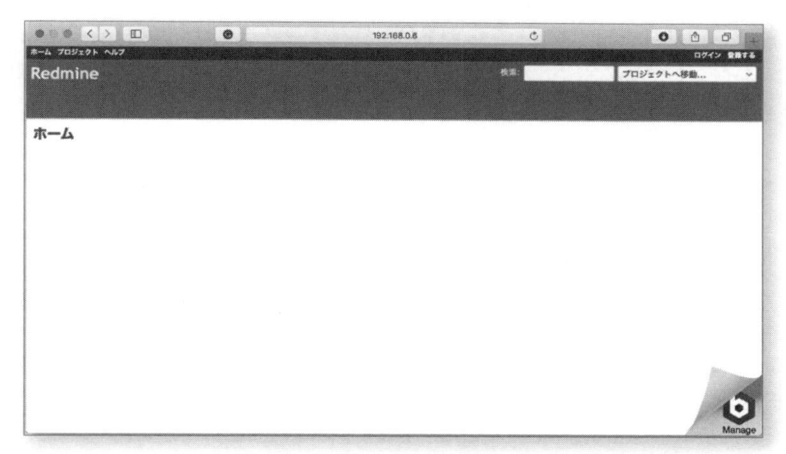

図A-5　Redmineの初期画面

実際に使用してみるには、ログインする必要があります。右上に「ログイン」とあるので、その文字をクリックしてみましょう。ログイン画面（**図A-6**）に遷移しましたか。なお、ログインに必要なユーザー名とパスワードも、図A-4の画面に書いてある情報を使います。

図A-6　ログイン画面

初期画面は日本語で表示[4]されますが、ログインユーザー（user）の初期設定は英語になっているため、右上の「my account」をクリックして設定画面を開き、日本語で表示させるようにしましょう。Languageを「Japanese（日本語）」にし、左下の「Save」ボタンをクリックして変更します（**図A-7**）。

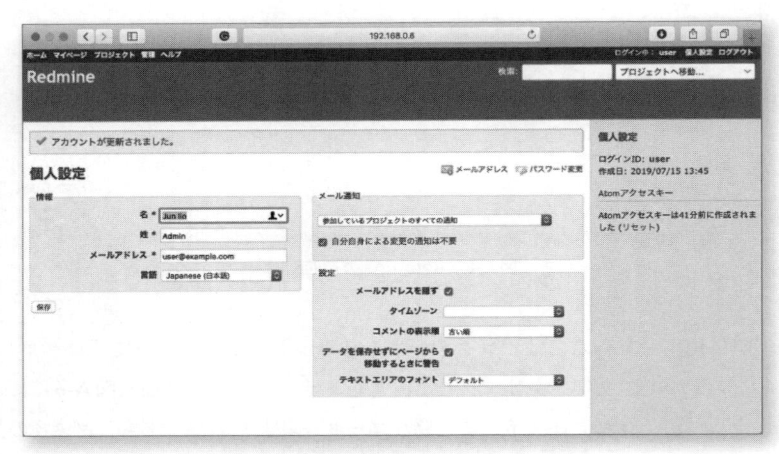

図A-7　個人設定画面（日本語表示に変更）

いよいよプロジェクトを登録していきます。左上の「プロジェクト」をクリックすると、プロジェクト画面が表示されます（**図A-8**）。右上に「新しいプロジェクト」と書かれた箇所があるので、そこをクリックすると、プロジェクト登録画面に移ります（**図A-9**）。

プロジェクトの情報を記入し、左下の「作成」ボタンをクリックしましょう。すると、プロジェクトが作成されます。ここで再び、左上の「プロジェクト」をクリックすると、いま作成したプロジェクトが登録されていることを確認できます（**図A-10**）。

4　クライアントであるWebブラウザの言語設定に依存しています。

図A-8　プロジェクト画面

図A-9　プロジェクト登録画面

図A-10　プロジェクト画面（プロジェクト登録済み）

これで、プロジェクトを管理する準備が整いました。プロジェクト名をクリックすると、プロジェクトのサマリが表示され、さらに、このプロジェクトで管理すべきさまざまな項目を入力できます。**図A-11**は、デモ画面の様子です。実際にはこのように利用されています。

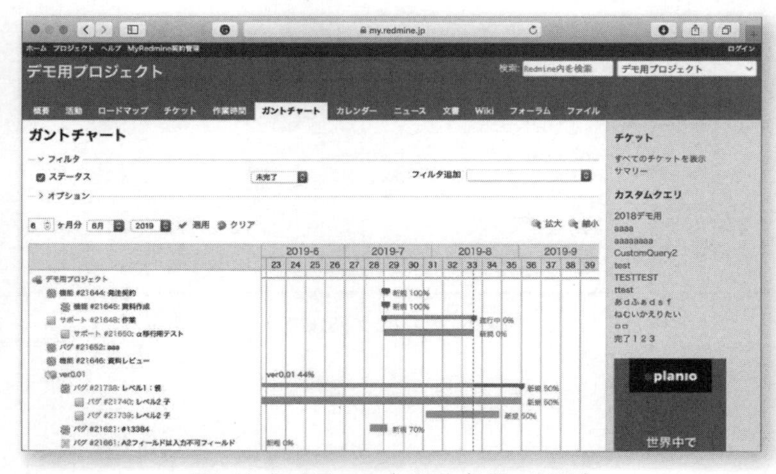

図A-11　Redmineのデモ画面（実際の使用例）

索引

欧文

あ行

か行

さ行

た行

な行

は行

ま行

や行

ら行

わ行

＜著者略歴＞

澤部 直太（さわべ なおた）

株式会社三菱総合研究所 デジタル・イノベーション本部 主席研究員
IPA 情報処理技術者試験委員、JIPDEC ISMS 専門部会委員
米国 PMI 認定 PMP、CISSP、情報処理安全確保支援士
1989 年、慶応義塾大学大学院理工学研究科計測工学専攻修士課程修了。
同年、株式会社三菱総合研究所入社。
専門は、情報セキュリティ、制御システムセキュリティ、等。
入社以来、情報通信技術（ICT）に関する調査研究プロジェクトに携わり、多数のプロジェクトでプロジェクトマネージャとして従事した実績を有する。
近年は、サイバーセキュリティ、人工知能、量子コンピュータに興味をもっている。

西山 聡（にしやま さとし）

株式会社三菱総合研究所 科学・安全事業本部 シニア・エキスパート
米国 PMI 認定 PMP
1981 年、慶応義塾大学大学院工学研究科管理工学専攻修士課程修了。
同年、株式会社三菱総合研究所入社。
専門は、ソフトウェア工学、人材育成、等。
これらのテーマにおける調査研究プロジェクトのマネジメント業務の他、大規模情報システムの再構築に関わる PMO 業務への従事実績を有する。
「2025 年の崖」を乗り越えるために実施されるレガシーマイグレーションの実施内容に興味をもっている。

飯尾 淳（いいお じゅん）

中央大学 国際情報学部 国際情報学科 教授
特定非営利活動法人 人間中心設計推進機構（HCD-Net）理事
博士（工学）、技術士（情報工学部門）、HCD-Net 認定 人間中心設計専門家
1994 年、東京大学大学院工学系研究科計数工学専攻修士課程修了。
同年、株式会社三菱総合研究所入社。
2009 年から東京農工大学国際センター客員准教授を兼務。
株式会社三菱総合研究所主席研究員を経て、2013 年、中央大学文学部社会情報学専攻、准教授、兼、理工学研究所、社会科学研究所、研究員。2014 年、同学部教授。
2019 年より、現職。
人間とシステムのインタラクション、人間と IT の関わり方について、強い興味を示す。

編集：ツークンフト・ワークス
本文デザイン：リブロワークス・デザイン室

- 本書の内容に関する質問は、オーム社ホームページの「サポート」から、「お問合せ」の「書籍に関するお問合せ」をご参照いただくか、または書状にてオーム社編集局宛にお願いします。お受けできる質問は本書で紹介した内容に限らせていただきます。なお、電話での質問にはお答えできませんので、あらかじめご了承ください。
- 万一、落丁・乱丁の場合は、送料当社負担でお取替えいたします。当社販売課宛にお送りください。
- 本書の一部の複写複製を希望される場合は、本書扉裏を参照してください。

ITエンジニアのためのプロジェクトマネジメント入門

2020年9月5日　第1版第1刷発行

著　者　澤部直太・西山 聡・飯尾 淳
発行者　村上和夫
発行所　株式会社 オーム社
郵便番号 101-8460
東京都千代田区神田錦町3-1
電話 03(3233)0641(代表)
URL https://www.ohmsha.co.jp/

印刷・製本　三美印刷
ISBN978-4-274-22592-5　Printed in Japan

本書の感想募集 https://www.ohmsha.co.jp/kansou/
本書をお読みになった感想を上記サイトまでお寄せください。
お寄せいただいた方には、抽選でプレゼントを差し上げます。

リスクの概念、そしてリスクマネジメントを理解し、迅速な意思決定に役立てよう！

意思決定のためのリスクマネジメント

榎本 徹［著］

本書は、リスクマネジメントにおける、リスクの概念からの解説から始まり、リスクマネジメントの経営システム化、そして意思決定の質の改善までを一貫して取り上げた、リスクマネジメントのナビゲーターともいえる書籍です。

リスクマネジメントとリスクアセスメントの国際規格化もなされ、リスクの新時代を迎えています。これまで以上に経営システムへの導入を含め、注目が集まるリスクマネジメントの活用ガイドとしても最適です。

A5判・224頁
定価（本体2500円【税別】）

事故・技術者倫理・リスクマネジメントについて詳解！

技術者倫理とリスクマネジメント
事故はどうして防げなかったのか？

中村 昌允［著］

本書は、技術者倫理、リスクマネジメントの教科書であるとともに、事故の発生について深い洞察を加えた啓蒙書です。技術者倫理・リスクマネジメントを学ぶ書籍の中でも、事故・事例などを取り上げ、その対処について具体的に展開するかたちをとっているユニークなものとなっています。

原発事故、スペースシャトル爆発、化学プラントの火災などを事例として取り上げ、事故を未然に防ぐこと、起きた事故を最小の被害に防ぐことなど、リスクマネジメント全体への興味が高まっている中、それらに応える魅力的な本となります。

A5判・288頁
定価（本体2000円【税別】）